보노보   핸드셰이크

보노보 핸드셰이크

Bonobo Handshake

디플롯　버네사 우즈　김진원 옮김

말루Malou를 위하여

2007년 여름, 나는 남편 브라이언과 함께 한국에서 온 신동화 PD와 인터뷰했다. 그는 내가 지금껏 같이 작업한 다큐멘터리 제작자 가운데에서 정말 재능이 뛰어난 사람이었다. 우리는 보노보와 침팬지, 두 종이 어떻게 다른지, 또 우리 인간에 대해 무엇을 알려줄 수 있는지를 주제로 여러 시간 동안 이야기를 나누었다.

신동화 PD의 마음을 울렸다는 이야기가 하나 있었다. 한 어린 보노보가 병에 걸려 죽었다. 그런데 나이든 암컷 우두머리 미미Mimi가 그 시체를 내어주려고 하지 않았다. 미미는 몹시 화를 내며 사육사가 시체를 옮기려고 들고 있던 기다란 막대를 밀쳐냈다. 보호구역 수의사가 어쩔 수 없이 마취 총을 들었다. 마취 총은 미미에게 진짜 총이나 마찬가지였다. 보호구역에 온 보노보 대다수는 바로 그렇게 생긴 총에 맞아 피 흘리며 죽어가

7

는 어미를 눈앞에서 지켜보았기 때문이다. 미미는 시체를 내어 줄 마음이 눈곱만큼도 없었다. 오히려 자신의 몸으로 시체를 감싸 안았다. 그러고는 살살 쓰다듬으며 손가락으로 머리카락을 빗어 넘겼다. 그 어린 보노보는 죽은 게 아니라 잠들어 있을 뿐이라는 듯이.

브라이언이 그에게 말했다.

"그 어린 보노보는 미미네 집단에 속해 있지 않았어요. 미미와 함께 지낸 시간도 1년이 채 안 되었지요. 그런데도 미미는 목숨을 걸고 그 시체를 지켰어요."

그는 콩고에서 우리 부부와 함께 며칠을 보냈다. 우리는 보노보가 평화롭게 서로 먹이를 나누는 모습을, 사소한 다툼이 불거지더라도 늘 화해하는 모습을, 언제나처럼 암컷이 어떤 수컷도 지배하려 들거나 공격하려 들지 못하도록 다스리는 모습을 바라보았다.

그는 인터뷰를 마치고 나서 내게 말했다.

"한국인은 보노보를 참 좋아할 것 같습니다. 우린 아주 빈번하게 갈등을 겪고 있거든요. 보노보가 보다 평화로운 삶의 방식을 보여줄 수 있다는 점에 깊은 관심을 가질 것이라고 생각해요."

얼마 후 신동화 PD가 우리에게 편지를 보내왔다. 다큐멘터리가 매우 성공했다는 내용이 담겨 있었다.* 한국인은 정말 보노보를 사랑했다. 나는 저 멀리 바다 건너 또 다른 나라가 나처럼 보노보를 알게 되고 사랑하게 되었다는 사실에 무척 흐뭇했다.

　벌써 15년 전 일이다. 《보노보 핸드셰이크》가 한국에서 출간된다는 소식을 들으니 매우 기쁘다. 이제 나도 나이가 제법 들었고, 나를 둘러싼 세상이 변한 듯 보이면서도 그렇지 않은 듯 보이기 때문에 더욱 그렇다. 우리가 그 다큐멘터리를 찍었을 때에는 스마트폰이 아직 세상에 나오지 않았다. 문자도 140자 이상은 보낼 수 없었다. 전 세계에서 민주주의가 안정적으로 확장되고 성장해 나갈 듯 보였다. 지금 나는 우리 아이들이 쓰는 애플리케이션을 절반도 이해하지 못하지만, 민주주의와 평화는 여전히 우리 모두가 노력을 기울여 쟁취해 나가야 하는 가치라는 것은 알고 있다. 그 발걸음을 하루도 지체해서는 안 된다는 것을.
　그런데 보노보는 변하지 않았다. 보노보가 사는 사회는 여전히 암컷이 다스린다. 암컷이 서로 쌓아올리는 우정은 매우 견고해서 수컷이 결코 독재자처럼 군림할 수도, 폭력을 함부로 휘두를 수도 없다. 여전히 아무리 작은 갈등이라도 항상 반드시 해결해 나가며 모두 하나가 되어 평화롭게 살아간다. 여전히 낮

---

*　　2007년 SBS 창사특집 자연사 다큐멘터리 〈침팬지, 사람을 말하다〉로 제작·방영되었고, 2008년 방송위원회 우수작품상을 수상했다.

선 이들을 따뜻하게 맞이한다. 얼마나 멀리서 왔든 상관하지 않고 친구처럼 반긴다. 여전히 친구를 가족처럼 지킨다.

한국에서 《보노보 핸드셰이크》가 즐겁게 읽히기를 바란다. 언젠가 꼭 한국을 방문하고 싶다. 내가 낯선 이방인일지라도 한국인은 나를 친구처럼 반갑게 맞이하리라는 걸 알고 있으니까. 보노보가 그렇듯.

2022년 10월
버네사 우즈

차례

콩고에서 마침내 전쟁이 물러갔다네
오, 벗이여
그런데 보노보는 왜 숲을 떠나
보호구역으로 큰물 지듯 밀려들까?

여기 롤라에
여기 롤라 야 보노보 Lola ya Bonobo[*]에
보노보가 꿈꾸는 낙원이 있다네

키크위트 Kikwit야, 로마미 Lomami야,
주술사가 너희 손가락을 잘랐으니 이제 어찌 나무에 오를까?
키콩고 Kikongo야, 로멜라 Lomela야,
그 사무치는 고통을 어이 잊을 수 있을까?

여기 롤라에
여기 롤라 야 보노보에
보노보가 꿈꾸는 낙원이 있다네

── 롤라 야 보노보의 마마들 The Mamas이 노래하다.

[*]   콩고 현지어로 '보노보의 천국'이란 뜻이다.

1

새벽 2시 17분, 파리의 한 호텔 방. 식은땀이 비 오듯 흘러 침대를 흥건히 적신다. 벌써 몇 시간째 오돌토돌하게 꾸민 천장을 뚫어져라 쳐다보고 있다. 자잘한 석회 망울이 금방이라도 딱딱한 비가 되어 쏟아질 듯하다. 옴짝달싹 못하게 나를 가둔 벽은 방공호만큼이나 두껍다. 착륙하는 비행기가 내는 폭음도 이웃한 방에서 달아오른 연인이 내는 괴음도 들리지 않을 만큼.

불안이 내 가슴에 숭숭 구멍을 낸다. 잠을 자야 하는데 그럴 수 없기 때문이다. 두어 시간이 지나면 나는 끔찍한 일이 벌어질 곳으로 향한다. 쉬어두어야 한다. 정신을 단단히 붙들어매야 한다.

그런데 그러기는커녕 땀범벅인 채 온몸을 부들부들 떨고 있다. 이미 발을 내디딘 이번 여행보다 어리석은 짓을 저질러본 적이 없다. 두 눈이 퉁퉁 부어올라 거의 뜰 수도 없을 지경이다.

계속 눈 감고 있을 수만도 없는 노릇이다. 나는 몇 날 며칠 동안 내가 짊어지고 온 이 두려움에 짓눌려 탈장이 난 사람처럼 움츠러들고 바스러진다.

한 남자가 내 곁에서 곤히 자고 있다. 곱슬곱슬한 머리카락 몇 가닥이 얼굴로 흘러내리고 방이 몹시 더운 탓에 두 뺨이 발그레하다. 속눈썹이 요염하리만치 길고 입술이 도톰하다. 튀어나온 아래턱이나 네안데르탈인 같은 눈썹만 아니라면 꼭 여자 같다. 숨이 부드럽게 허파를 들락날락거린다. 잠이 아주 깊이 들어 손가락이 옴찔대고 두 눈동자가 눈꺼풀 아래에서 움직거린다.

내가 지금 여기 있는 이유는 바로 이 남자 때문이다. 이 남자는 보물을 찾고 있다. 유인원이었던 우리의 과거가 드리운 그림자를 쫓으며 역사상 가장 심오한 질문에 해답을 구하고 있다.

찰싹 때려서라도 그의 단잠을 깨우고 싶다. 내 눈앞에는 헛것이 아른대고 있는데 곁에서 이토록 달게 잘 수 있다니 도무지 믿기지 않는다. 두 발로 밀어 침대 밑으로 떨어뜨리고 싶다. 얇게 바른 시멘트 바닥에 크게 쿵 부딪히는 소리를 듣고 싶다. 우리는 이미 오늘 밤 한 시간이나 싸웠다. 나는 악돌이처럼 박박 악을 써댔다. 주먹도 휘둘렀지만 애꿎은 침대에만 내꽂았다. 그래서 그 면상이 겨우 내 주먹맛을 보지 않을 수 있었다.

집으로 가고 싶은 마음이 간절하다. 가족에게로 돌아가 이 남자와 함께 꾸린 새 삶이 정말 지독한 실수였다고 털어놓고 싶다.

혀가 목구멍 안쪽으로 말려들었는지 코 고는 소리가 자그맣게 새어나온다. 이내 그 소리는 내가 갇힌 이 감방이 떠나가도록 울려 퍼지며 온 신경을 갈퀴처럼 긁는다.

우리는 결혼을 앞두고 있다. 그리고 내 평생 누군가를 이토록 미워해보기는 처음이다.

2

약혼자를 베란다 아래로 밀어버리고 싶은 마음이 늘 들던 건 아니었다. 1년 전만 해도 그를 위해서라면 베란다에서 뛰어내리는 일도 마다하지 않았다. 하지만 1년 사이에 뽕나무밭이 푸른 바다도 될 수 있는 법이다.

우리는 우간다에서 만났다. 은감바 아일랜드Ngamba Island라는 침팬지 보호구역을 세운 데비 콕스Debby Cox네에서였다. 나는 데비와 여러 해 동안 친분을 쌓아 오고 있었다. 데비를 처음 만났을 때 스물 두 살이었다. 대학을 갓 졸업한 사회 초년생으로 시드니에 있는 타롱가 동물원Taronga Zoo에서 자원활동하고 있었다. 그때 데비가 침팬지 보호구역을 설립하여 부시미트bushmeat*거래로 어미가 죽은 고아 침팬지를 돌본다는 소식을 들었다.

---

*　　　주로 아프리카에서 식용을 위해 사냥되는 야생동물 고기.

데비가 마련해놓은 보호 프로그램에는 부동고Budongo숲에 사는 침팬지 개체수를 파악하는 일도 들어 있었다. 세계 최대 침팬지 서식지는 콩고에 있었다. 하지만 도살당하며 식탁에서 소비되는 침팬지 수가 빠르게 늘어나고 있었다. 우간다에서는 예로부터 원숭이를 잡아먹는 행위를 금기로 여겼다. 우간다는 그 개체수가 세계에서 두 번째로 많은 곳이었다. 하지만 아무도 침팬지가 얼마나 남아 있는지 어디에 살고 있는지 알지 못했다. 내가 맡은 임무는 개체수 조사를 맡은 우간다 팀을 이끄는 일이 었다. 내게는 결코 그럴 만한 자격이 없었다. 데비가 나를 고용 한 이유는 단 하나였다. 자격을 잘 갖춘 영장류 동물학자가 말 라리아에 걸려버려 마지막 순간에 빠졌기 때문이다.

긴장감이 감돌던 때였다. 1999년, 고릴라 관광객 8명이 브 윈디 국립공원Bwindi National Park에서 마체테machete** 에 난도질당 해 목숨을 잃었다. 발견된 시신은 온통 깊게 베인 상처로 뒤덮 였다. 머리뼈는 산산조각이 나 있었다. 진지를 에워싼 150명 남 짓 반군은 1994년 르완다에서 집단학살을 자행하던 잔당이었 으며 그 주변 산을 근거지로 삼고 있었다.

데비는 3일 뒤면 도착하는 내게 편지를 썼다. 너무 위험하니 이번 여행은 취소하는 게 좋겠다고 했다. 하지만 혈기 왕성하고 세상 물정 모르던 나는 반군 따위는 개의치 않는다며 무슨 일

**　　　　밀림에서 길을 내는 용도나 무기로 사용하는 넓고 길다란 칼.

이 있어도 가겠다고 전했다. 이에 응답이라도 하듯 데비는 나를 축구공처럼 뻥 차서 밀림 속으로 던져 넣었다. 살아 돌아오기를 바라며.

윤기 나는 머리를 바짝 동여매고 광대뼈 아래에 멋들어지게 흙을 묻히며 나뭇잎을 쓱쓱 베어내는 내 모습을 마음속으로 그렸다. 반짝이는 햇살 아래 둥근귀코끼리 사이를 거닐겠지. 비단구렁이를 몸에 감고 반군 지도자 사이에서 여신 같은 존재로 추앙받을 거야. 어쩌면 집으로 데려가 놀라운 문명의 이기를 보여줄 나만의 타잔을 만날지도 몰라.

정글에서 맞닥뜨린 건 온갖 벌레와 활동하기엔 턱없이 비좁은 공간뿐이었다. 시야를 가로막는 빽빽하게 우거진 풀과 나무를 헤쳐 나가는 일이 인디애나 존스가 해보이던 것만큼 쉽지 않았다. 심지어 침팬지도 거의 보지 못했다. 간혹 만난 침팬지들은 목청이 터져라 날카롭게 소리를 질렀다. 분명 우리 내장을 짓찢고 싶었으리라.

나는 넉 달을 보낸 뒤 떠날 채비를 했다. 집으로 돌아가고 싶진 않았다. 그래서 데비를 도와 사무소 근처에서 교육 과정을 맡기 시작했다.

그러던 어느 날 오후였다. 동물 이동장 하나가 사무소 문간에 놓였다. 그 이동장은 내 인생을 송두리째 바꿔버렸다. 이동장 뒤쪽에는 두 살 난 침팬지 한 마리가 오들오들 떨고 있었다. 발루쿠Baluku였다. 사냥꾼이 어미를 총으로 쏘아 죽인 뒤 발루쿠를 두 달 동안 석탄 창고에 가두어놓았다. 우간다 경찰이 압수했을 때 발루쿠는 오랫동안 햇볕을 쬐지 못해 털 아래가 백지장처럼 하얬다. 자신을 묶은 밧줄에서 벗어나려 얼마나 몸부림쳤는지 사타구니에 난 상처 두 군데에서 고름이 흘러나왔다.

데비가 발루쿠를 이동장에서 꺼내 내 품에 안겼다. 발루쿠는 한 달 동안 내 품을 떠나지 않았다. 데비가 내게 평생 잊지 못할 경험을 선사할 의도로 그런 건 아니었다. 발루쿠에게는 꼭 달라붙어 있을 누군가가 필요했고, 데비에게는 발루쿠가 옮길 질병을 알려줄 커다란 배양접시가 필요했다. 내게 벌레가 있다면 발루쿠에게도 벌레가 있다는 의미였다. 내게 편모충이 있다면 발루쿠에게도 편모충이 있다는 소리였다.

그 조그마한 손가락들이 내 티셔츠를 꼭 움켜쥐던 순간부터 나는 전혀 다른 사람이 되었다. 발루쿠를 만나기 전에 내가 했던 사랑은 이기적인 사랑이었다. 가족을 당연하게 여겼다. 남자친구도 그저 과시하고 싶은 허영심의 발로였을 뿐이다. 친구도 시간을 즐겁게 보내기 위한 방편이었다. 그런데 그 정도로는 발루쿠의 성에 차지 않았다. 발루쿠는 내 전부를 원했다. 한시도 떨어지지 않았다. 요리하거나 샤워할 때도, 잠을 자거나 화장실에 갈 때도 가냘픈 두 팔로 내 목을 휘감았다. 잠시 1분 동안만이라도 다른 이에게 맡겨보려 했지만 그 손가락들은 내 팔을 힘껏 붙들며 떨어지지 않았다. 억지로 떼어냈다면 발루쿠는 바닥으로 떨어져 머리를 땅에 찧고 말았으리라. 두 팔로 무릎을 감싼 채 끔찍하리만치 텅 빈 눈빛을 띠고서 몸을 시계추처럼 흔들었으리라.

태어나서 처음으로 내 자신을 온전히 내주어야 했다. 옥죄는 기분도 억울한 심정도 들지 않았다. 단 한 순간도 쉬지 못했고 단 하룻밤도 푹 자지 못했지만 발루쿠의 사랑이 그 자체로 보상이 되었기 때문이다.

우리는 날마다 오래된 망고나무 아래 앉아 줄다리기나 술래잡기를 하며 놀았다. 나는 발루쿠를 잡으러 쫓아가며 깊게 주름진 나무 밑동을 돌았다. 그러다 마침내 발루쿠를 잡으면 바람을 넣듯 배에 입술을 대고 푸푸 불며 발루쿠가 까르르 터뜨리는 웃음소리에 귀를 기울였다. 나는 발루쿠가 상처투성이 아기에서 장난꾸러기 아이로 성장하는 모습을 지켜보았다. 종종 발루쿠가 싼 오줌에 흠뻑 젖은 채 잠을 자고 발루쿠가 싼 똥을 샅샅이 헤치며 기생충이 있나 살펴보았다. 밤에는 두 시간마다 일어나 우유병을 따뜻하게 데워야 했다. 하지만 아침마다 어느 때보다 행복한 기분에 휩싸여 깨어났다. 나는 변화를 만들고 있었다. 발루쿠가 사는 세상을 보다 나은 곳으로 일구고 있었다.

그때 데비 같은 사람이 되겠노라고 결심했다. 데비에게 침팬지는 자신의 일부였다. 데비는 무뚝뚝한 데다 자존심도 강하고 고집도 셌다. 한번 화를 내면 벼락이 내리치는 듯해서 다들 가구 밑으로 숨곤 했다. 하지만 그 삶은 의미와 목적으로 충만

했다. 12만 평(0.4제곱킬로미터)에 이르는 숲에 자리 잡은 은감바 아일랜드에는 침팬지가 40마리 이상 살고 있었다. 이들 침팬지가 여기에 도착했을 때에는 발루쿠와 상태가 별다르지 않았다. 어미를 잃고 두려움에 휩싸여 온몸을 바들바들 떨고 있었다.

나는 침팬지를 구하는 일에 인생을 바칠 작정이었다. 침팬지를 죽음의 손아귀에서 끌어내어 '침팬지 파라다이스'라고 부를 보호구역으로 데려올 거야. 어디에 있든 그곳을 다스리는 지도자와 돈독한 관계를 맺어야지. 그 지도자는 침팬지 보호구역을 설립하려는 내 계획에 유심히 귀를 기울이겠지. 산림파괴도 막을 거야. 지구온난화도 끝장내버릴 거야.

그런데 안타깝게도 돈이 똑 떨어졌다. 데비가 내게 케냐의 얼룩말 보호 프로젝트에서 일자리를 구해주었다. 급료는 받지 않았지만 대초원에 설치해놓은 천막에서 먹고 잘 수 있었다. 나는 나이로비에서 에티오피아로 향하는 내내 얼룩말 개체수를 세었다. 그리고 다시 에티오피아에서 나이로비로 돌아오며 얼룩말 개체수를 세었다. 그러다 결국 땡전 한 푼 없는 알거지가 되었다.

나는 오스트레일리아로, 집으로 돌아왔다. 돈을 모아 다시 우간다로 돌아갈 생각이었다. 하지만 인생이 뜻대로 흘러가지 않았다. 나는 가리지 않고 이런저런 잡다한 일을 했다. 비서도 했다가 접수안내원도 했다가 피자집 종업원도 했다. 보다 재미나는 일자리로 옮기기도 했다. 하지만 끝까지 해낸 일이 없었다.

남극대륙으로 건너가 해류 온도를 측정했다. 하지만 발표하진 못했다. 어린이 책을 쓰고 잡지에 글을 몇 편 실었다. 하지만 글쓰기를 진지하게 받아들이지 않았다. 텔레비전 방송국에서도 일했다. 하지만 제대로 교육을 받아본 적이 없던 터라 촬영 기술은 허접했다. 나는 금붕어였다. 헤엄치다가 유리벽에 부딪히고 나서야 방향을 바꾸는, 그리고 다시 유리벽에 가서 부딪히고 마는.

남자친구와 언짢게 헤어지고 난 뒤, 나는 이 모든 것이 시작된 곳으로 돌아가는 일이야말로 지금 내게 필요하다고 결정했다. 그곳은 바로 정글이었다. 아프리카에서 침팬지를 연구하고 싶었다. 하지만 내가 가장 빨리 얻을 수 있는 일이 코스타리카에서 원숭이를 좇는 것이었다. 나는 그 일을 맡았다. 그리고 코스타리카에 도착하자마자 내가 정글을 그토록 지긋지긋해했던 이유가 전부 떠올랐다. 벌레, 덩굴, 출발 시간 새벽 4시.

내가 머지않아 그 일을 그만두었을 때 아무도 놀라지 않았다. 스물여덟 살이었다. 무엇하나 제대로 이루어놓은 것이 없었다. 그저 원숭이를 좇기만 한 경험이 전부라는 생각이 들자 당혹감이 들며 살짝 충격마저 받았다. 그렇게 나는 유리벽에 부딪혔고 다시 방향을 틀었다.

그 무렵 나는 디즈니Disney 측과 중앙아메리카의 여러 동물을 담아내는 5분짜리 영상 촬영 계약을 막 마친 참이었다. 디즈니를 설득하여 계약을 하나 더 맺었다. 이번에는 아프리카의 동물을 찍는 것이었다. 나는 우간다로 다시 가서 발루쿠를 비롯해 은감바 아일랜드의 다른 침팬지들을 촬영할 수 있는지 데비에게 물었다. 데비가 좋다는 대답을 보내오자 비행기 표를 끊고 날아갔다.

내 계획은 이랬다.

은감바 아일랜드를 순례해야지. 숲에 가서 발루쿠를 부를 거야. 발루쿠는 배에 한 손을 얹고 담담하게 거리를 헤아리며 생각에 잠기겠지. 당연히 나를 기억하고말고. 나를 보면 두 손을 맞잡고 가까이 몸을 기대어 내가 따라야 할 운명을 속삭일 테지.

아무튼 계획은 그랬다.

데비가 사는 집은 엔테베Entebbe에 있었다. 보호구역에서 배를 타고 45분쯤 들어가는 곳이었다. 데비는 집에 없었다. 나는 꾀죄죄했고 몹시 피곤했다. 비행기가 나이로비 공항에서 열다섯 시간이나 연착했다. 게다가 촬영 장비가 든 가방을 우간다와 잔지바르 사이 어디쯤에서 잃어버렸다. 나는 몸을 질질 끌다시피 계단을 올라 흐느적흐느적 거실로 들어섰다. 소파에 웬 젊은 남자가 앉아 책을 읽고 있었다.

별일이다 싶어 다시 흘낏 눈길을 주었다. 침팬지 보호소에서는 남자가 드물었다. 대개는 내가 그랬듯이 다리에 털이 북슬북슬하든 말든 아랑곳하지 않고 깔깔거리는 여자들만 북적였다.

그 남자가 책을 내리고 나를 바라보았다. 파란 두 눈이 헝클어진 곱슬머리 사이로 반짝 빛났다. 문득 나는 시궁창에서 막 기어 나온 몰골을 하고 있다고 날카롭게 깨달았다. 그 남자가 한쪽 눈썹을 치켜올렸다. 까마귀 날갯짓만큼이나 또렷했다. 그 남자가 인사를 건넸다.

"안녕하세요. 브라이언입니다."

미국 말씨에 비음이 살짝 섞인 남부 억양이었다.

나는 불쑥 물었다.

"여기서 하는 일이 뭐예요?"

"앞으로 여기서 일할 게 될 겁니다. 아직은 희망사항이지만."

"자원활동가세요?"

"연구자입니다."

"박사예요?"

"막 마쳤어요."

브라이언이 곱슬머리를 뒤로 쓸어 넘겼다. 나를 바라보는 모습에 화재경보기가 앵 울리는 줄 알았다. 나는 스스로에게 단단히 일렀다.

'이 남자와 사랑에 빠지지 않을 거야. 이 남자와 자는 일은 결단코 없을 거야.'

물론 나는 브라이언과 사랑에 빠지고 잠도 잤다.

나는 이틀 만에 브라이언과 자고 사흘 만에 사랑에 빠졌다.

너무 빨랐다. 내 기준에 비추어 보아도.

데비는 우리를 진자Jinja로 데리고 갔다. 나일강의 시원지인 그곳에서 데비의 친구가 작은 호텔을 운영했다. 발코니에 서면 나일강이 이집트로 향해 도도히 흘러가는 광경이 보였다. 초콜릿 케이크 같은 강기슭에서 가장자리 곳곳이 허물어져 내렸다. 폭포 아래로 쏟아지는 강물은 도시 전체에 전력을 공급할 정도로 힘이 거셌다. 사방천지가 성교를 표현하는 거대한 은유였다.

나는 여섯 달 동안 죽은 듯이 있다가 고개를 막 쳐들고 있는 성감대를 향해 "쉿, 참아"라고 속삭였다. 브라이언의 행동거지 하나하나가, 시도 때도 없이 풍기는 매력부터 헤픈 미소까지 차라리 길고양이가 내게 더 헌신적이리라는 점이 분명해 보였다.

"은감바 아일랜드는 내게 익숙한 환경과 정말 딴판이에요. 내가 생체의학 연구소에서 일한 적이 있다는 거 알아요?"

브라이언이 말하면서 내 발을 주물렀다. 우리가 서로 얼마나 어울리지 않는지 깨닫지 못하고서.

내면에서 오가던 대화가 비명에 가까운 소리로 변하며 뚝 그쳤다. 오싹 소름이 돋아 재빨리 뒤로 물러났다. 생체의학 연구소에서 어떤 일이 벌어지는지 아주 조금은 알고 있었다. 브라이언이 어떻게 데비의 탐지망을 뚫고 이곳에 들어올 수 있었을까 믿어지지 않았다. 데비라면 생체의학 연구자가 은감바 아일랜드 침팬지에 가까이 다가가도록 절대 허락할 리가 없었을 텐데. 브라이언이 두 손을 들었다. 고통에 시달리는 원숭이를 단

한 마리도 주머니 속에 숨겨놓지 않았다고 보여주려는 듯이.

"맞아요. 데비도 압니다. 내가 연구소에서 연구를 시작한 이유는 그저 침팬지에 홀딱 반했기 때문이었어요."

브라이언은 열아홉 살 때 에머리대학교에 진학했다. 여키스 국립영장류 연구소Yerkes National Primate Research Center에서 침팬지를 연구할 수 있다고 알고 있었기 때문이다. 브라이언은 첫날 연구소 조교를 따라 연구소를 둘러보았다. 침팬지를 곧 볼 수 있다고 생각하니 마음이 얼마나 벅차오르는지 모른다고, 침팬지는 정말 놀라운 동물이라며 빨리 안아보고 싶어 한시도 기다릴 수 없다고 재잘거리자 연구소 조교는 눈을 휘둥그레 떴다.

연구소 조교가 브라이언을 어느 통로로 데려갔다. 한쪽 벽면에 콘크리트 우리가 나란히 줄지어 있었다. 각 우리마다 안쪽과 바깥쪽에 방이 하나씩 놓여 있고 두 방이 문으로 연결되어 있었다. 단단하게 보강한 쇠창살이 달려 있어 통로에 서 있는 사람을 보호했다. 완벽하지는 않았지만.

연구소 조교가 가리켰다.

"자, 여기 서 있어보세요."

연구소 조교가 옆방으로 들어가 창문으로 브라이언을 지켜보았다. 갑자기 섬뜩한 비명이 흘러나오며 통로를 채웠다. 그 소리가 어찌나 크던지 브라이언은 쓰러질 뻔했다. 검은 섬광이 휙 스쳐 지나가더니 90킬로그램이 넘는 침팬지 열두 마리가 바깥쪽 방에서 달려 들어왔다. 키가 브라이언만큼 컸으며 넓적다리가 나무둥치만큼 두꺼웠다. 털을 꼿꼿하게 곤두세운 채 울부짖으며 브라이언의 피를 탐했다. 쇠창살을 힘껏 후려치고 이를 한껏 드러내면서 분노에 휩싸여 침을 줄줄 흘렸다.

첫 번째 똥 덩어리가 브라이언의 얼굴을 정통으로 때렸다. 이를 시작으로 똥 덩이들이 일제히 날아들었다. 이내 브라이언은 썩은 내를 잔뜩 풍기는 진흙 파이가 되었다. 똥이 철썩철썩 떨어지며 귓속과 입속으로 파고들었다. 브라이언이 공포에 휩싸여 지켜보는 동안 한 침팬지가 수음하고는 정액을 후루룩 들이마신 다음 탁 뱉었다. 그 정액이 휙 날아와 브라이언의 가슴에서 흘러내리자 침팬지가 날카로운 소리를 미친 듯이 질러댔다.

연구소 조교가 브라이언을 데리고 나왔다. 부지런히 똥을 떼어내는 브라이언을 바라보면서 잘난 체하듯 말했다.

"저게, 침팬지예요."

여키스 연구소에서 브라이언의 지도교수가 연구한 분야는 번식reproduction이었다. 한 실험을 진행하면서 기다란 대롱 모양 소식자를 침팬지의 항문에 찔러넣었다. 그 기구에 전기를 쏘아 침팬지가 사정하도록 유도했다. 항문 주변 조직은 매우 예민하다. 침팬지들이 며칠 동안 피를 흘렸다. 브라이언이 맡은 일은 항문에 삽입한 기구를 깨끗이 닦는 것이었다.

이따금 브라이언이 인체면역결핍바이러스HIV과를 지나갔다. 그곳 침팬지는 특수 우리에 갇혀 있었다. 각 우리는 침팬지가 일어서 있거나 제자리를 돌 수 있을 정도밖에 크지 않았다. 우리에는 L 자형 손잡이가 달려 있는데, 이를 돌리면 우리의 한쪽 벽을 안으로 밀어넣을 수 있었다. 그러면 침팬지는 벽 사이에 끼여 옴짝달싹 못하게 되고 그사이 연구자는 주사를 놓았다. 침팬지들이 특수 우리에 갇혀 평생을 살았다. 서로 볼 수는 있더라도 손끝 하나도 닿을 수 없었다. 이들 침팬지가 유일하게 접촉하는 존재가 인간이었다. 머리끝부터 발끝까지 하얀 옷을 뒤집어쓰고 보호안경과 안면보호구를 쓰고 방열장갑을 끼고 고무장화를 신은.

브라이언은 의료 분과에서 한 달 이상 버티지 못했다. 현장 분과로 옮겨 유명한 심리학자인 마이클 토마셀로Michael Tomasello와 연구를 시작했다. 마이클은 지능에 관심이 높았다. 브라이언이 새로 맡은 일은 침팬지가 어떻게 사고하는지 밝히는 것이었다.

현장 분과에 있는 침팬지는 의료 분과에 있는 침팬지보다 그나마 사정이 나았다. 울타리를 친 공간에서 사회집단을 이루며 살았다. 대다수 동물원에 있는 침팬지와 다르지 않았다. 브라이언은 이번 일이 그럭저럭 괜찮으리라고 스스로를 다독였다. 침팬지를 사랑했고 침팬지도 따분한 일상을 깨뜨리는 자신의 실험을 기대하고 있음을 알고 있었다.

그렇게 'FS3'이라 이름 붙인 침팬지 집단과 연구를 시작했다. 현장 분과 내 다른 침팬지들은 매일 일정 시간 동안 밖에서 시간을 보낼 수 있었다. 하지만 FS3 침팬지한테는 바깥 구역이 없었다. '울타리를 친 공간'은 콘크리트 우리였고 투명 아크릴로 만든 긴 의자만 몇 개 놓여 있었다. 장남감이라고는 쇠막대 하나가 전부였고 애비Abby라는 세 살 먹은 침팬지가 타고 놀도록 그네를 하나 매달아놓았다.

브라이언은 FS3 침팬지를 알아갈수록 이들 침팬지에게 자유가 없다는 점에 마음이 점점 무거워졌다. 공간이란 관점에서가 아니라 선택이란 관점에서 그랬다. 브라이언은 테츠로 마츠자와Tetsuro Matsuzawa가 이끄는 일본의 한 연구소가 혁신적이라는 이야기를 들었다. 마츠자와가 연구하는 침팬지 역시 넓은 공간을 쓰지 못했다. 하지만 선택지가 다양했다. 울타리를 친 공간이 높았고 타고 오를 구조물로 가득했다. 침팬지는 올라갈지 아니면 내려갈지 선택할 수 있었다. 숨을 곳이 있어 함께 놀고 싶은 친구를 선택할 수 있었다. 매우 다양한 먹이를 두고 선택할 수 있었다. 어미는 젖먹이와 함께 하는 실험을 선택할 수 있었다. 젖먹이가 연구에 참여할 수 있었다.

조지 오웰George Orwell이 쓴 소설 《1984》에서 디스토피아가 그려낸 가장 고약스런 부분은 빅브라더가 항상 지켜보고 있다는 사실도, 전후 메마른 세상도, 삭막한 노동도 아니었다. 선택이 부재한 상황이었다. 사람들은 자신에게 내려진 결정을 통고받았다. 언제 먹어야 하는지, 어떻게 행동해야 하는지, 누구와 사랑을 나누어야 하는지 명령받았다. 인간성을 빼앗는 이런 선택의 부재야말로 삶을 견딜 수 없도록 몰아간다.

여키스 연구소에서 침팬지에게 주어지는 선택지는 단 하나였다. 안이냐 밖이냐. FS3 침팬지에게는 그마저도 없었다. 우리에서 짝짓기를 할 수밖에 없었고 연구자의 눈을 피해 숨을 수도 없었다. 야생에서 침팬지는 수백 가지에 달하는 먹이를 먹는다. 미국 법에 따라 우리에 갇힌 침팬지에게 먹일 수 있는 먹이는 '원숭이 사료' 한 가지뿐이다. 필수 영양분이 골고루 들어 있지만 맛이 꼭 마분지를 씹는 것 같다. 연구소 측은 자비라도 베풀 듯 오렌지 반쪽을 먹이에 얹어주었다.

게다가 영리를 꾀하는 측면도 있었다. 침팬지를 이루는 모든 구성 요소는 사고팔 수 있었다. 사고도 기관도 피마저도. 브라이언이 실시한 행동연구에는 침팬지 한 마리 당 하루에 30달러가 들었다. 어떤 의학 실험은 더 비쌌다.

5년이 지나자 브라이언은 넌더리가 났다. 학위를 받았고 지도교수인 마이클 토마셀로가 라이프치히로 건너가 막스 플랑크 연구소에서 심리학 부서 책임자가 되었다. 독일 정부는 마츠자와가 이끄는 일본의 연구소에서 영감을 받아 라이프치히 동물원에 1400만 달러를 들여 시설을 지어 마이클에게 맡겼다. 울타리 안쪽 공간도 바깥 공간도 널찍했다. 풀과 나무뿐 아니라 타고 오를 구조물도 있었다. 막스 플랑크 연구소가 마이클에게 어디든 상관없이 원하는 곳에서 침팬지 스물다섯 마리를 데려올 수 있다고 말했을 때, 브라이언은 FS3 침팬지를 빼내올 계획을 은밀히 세우기 시작했다.

여키스 연구소는 이미 곤경에 빠져 있었다. 원숭이가 너무 많았기 때문이다. 1997년, 미국국립보건원National Institutes of Health은 침팬지 번식을 금지하며 연구소 내 개체수를 낮추라고 요구했다. 그래서 마이클이 FS3를 비롯해 침팬지 스물다섯 마리를 달라고 요청했을 때 연구소장은 뛸 듯이 기뻐했다. 그렇게 하겠다고 서둘러 승낙했을 뿐 아니라 공항에서 침팬지를 배웅하겠다는 약속까지 했다. 모든 일이 계획대로 착착 진행되었다. 그런데 그때 데스 박사Dr. Death가 끼어들었다.

생체의학 연구소에서 가장 막강한 힘을 휘두르는 이는 연구소장이 아니다. 수석 수의사다. 수석 수의사가 연구와 동물 건강과 동물 관리에 관한 규칙을 정한다. 데스 박사는 자신이 맡은 동물의 신체 건강에 매우 집착했다. 환경을 철두철미하게 살균 소독했다. 한 사육사가 전화번호부 책장 사이에 꿀을 바르고 싶어 했다. 침팬지들에게 삶의 질을 조금이나마 높여주고 싶었기 때문이다.

데스 박사가 단칼에 거절했다.

"안 됩니다. 꿀은 보툴리누스 중독증을 일으킬 수 있어요."

"잡고 놀도록 우리에 줄을 매달면 안 될까요?"

"안 됩니다. 목에 감을 수 있어요."

침팬지를 진심으로 보살피는 사육사라면 누구나 데스 박사를 증오했다. 사육사들은 데스 박사를 특수 우리에 가두어놓고 한 달 동안 원숭이 사료만 먹이는 상상을 하곤 했다.

데스 박사가 얇은 입술을 앙다물며 FS3 침팬지를 옮기려는 브라이언의 계획에 제동을 걸었다. 루이지애나에 있는 한 생체 의학 연구소에서 여키스 연구소에 남아도는 침팬지를 원했다. FS3 침팬지는 그곳으로 이송될 예정이었다.

브라이언은 억장이 무너졌다. 에머리대학교 이사회에 진정서를 넣고 결정을 바꿔달라고 탄원했다. 하지만 데스 박사는 너무나도 막강했다. 결국 FS3 침팬지는 루이지애나로 보내졌다.

브라이언에게 날아든 마지막 결정타는 애비였다. 여키스 연구소를 나오고 나서 몇 년 뒤 한 학회에서 말라리아 연구자를 만났다. 그 연구자는 FS3에 속해 있던 침팬지 몇 마리를 대상으로 실험을 실시했다. 나중에 알고 보니 그 연구자가 애비에게서 비장(지라)을 떼어내도록 지시한 장본인이었다.

"애비를 만났다고요? 애비는 정말 놀랍지 않아요? 참 다정하지요. 그렇게 똑똑한 침팬지도 드물어요."

브라이언이 안타까워하며 소식을 묻자 그 연구자는 이렇게 대답했다.

"그럼요. 그런 침팬지는 처음 봤어요."

브라이언이 이야기를 잠시 멈추었다. 햇살이 나일강 물결에 부서졌다. 황금빛 눈망울 수천 개가 깜박이는 듯했다.

"나도 압니다. 얼마나 많은 사람이 말라리아로 죽는지. 말라리아를 몰아낼 연구가 이루어져야 한다고 생각해요. 치료법을 찾는 데 꼭 필요하다면 침팬지를 대상으로 연구해야지요. 그렇다고 침팬지가 평생 콘크리트 우리에 살아야 할 이유는 없어요. 줄도 달지 못하고 장남감도 주지 못하고 전화번호부 사이에 꿀도 바르지 못할 이유는 없어요. 게다가 1997년에는 생체의학 연구소에 침팬지가 1500마리 남짓 있었어요. 그 가운데 연구 대상이 된 침팬지는 300여 마리에 불과했어요. 나머지는 그저 우리 속에 앉아 지루함을 견디지 못해 눈알을 후벼 파거나 똥덩이를 던졌어요.

여키스 연구소에서 5년을 보냈어요. 괜찮다고 스스로 되뇌면서 말이죠. 하지만 그렇지 않았어요. 나처럼 행동연구를 하는 사람은 그런 연구를 마땅히 할 만한 곳이 어디에도 없다고 스스로에게 변명을 늘어놓지요. 야생에서는 침팬지를 연구할 수 없다고 말이죠. 침팬지가 사고하는 법을 알려면 침팬지와 상호작용을 해야 하니까요. 더구나 그 결과를 확신하려면 연구소처럼 통제된 조건이 필요합니다. 라이프치히 동물원을 제외하고는 대부분 연구 목적으로 동물원을 짓지 않아요. 짓는다 해도 신뢰를 얻을 만한 통계를 내놓을 만큼 규모가 크지 않지요. 하지만 생체의학 연구소에 돈을 내고 침팬지를 쓴다는 일 자체가 연구소를 운영하는 방식을, 나아가 연구소 내 침팬지가 사는 환경을 지지한다는 의미예요."

브라이언이 머리를 뒤로 쓸어 넘겼다. 두 눈이 산산이 부서진 빙하 색을 띠었다.

"게다가 우리는 어딘가 다른 곳으로 갈 수 있어요. 하버드대학교 지도교수인 리처드 랭엄Richard Wrangham에게는 키발레Kibale 외진 곳에 침팬지 야생 사육지가 있습니다. 랭엄이 제게 은감바 아일랜드 이야기를 해주었어요. 우리는 보호구역에서도 연구할 수 있어요. 아프리카 전역에 걸쳐 보호구역에는 침팬지가 1000여 마리 이상 살고 있습니다. 야간 숙사宿舍가 있어 실험을 할 수 있어요. 각 나이대별로 실험 대상이 차고 넘치죠. 두 시간 정도 침팬지를 연구한 뒤 거대한 숲으로 돌려보내요. 침팬지답게 살지요. 우리에 갇혀 쥐새끼처럼 살지 않아요."

브라이언이 잠시 말을 멈추고 음모를 꾸미는 듯한 표정을 지으며 몸을 앞으로 기울였다.

"독일 정부에 지원금을 100만 달러 신청해놓았어요. 그 돈을 받으면 보호구역 세 곳을 세울 겁니다. 세계 최고 수준의 연구 시설을요. 어떤 생체의학 연구소도 따라오지 못할 건물을 지을 거예요. 그 연구소에서 사람들은 최상의 연구를 할 수 있어요. 우리가 있어야 할 곳은 여기입니다. 아프리카. 우리가 빼앗은 것 이상을 되돌려주면서 말이죠."

브라이언이 열의를 활활 불태웠다. 나는 모든 것을 잊었다. 어떻게 해야 내가 브라이언보다 덜 잃을 수 있을지 더 이상 계산하지 않았다. 어떻게 해야 내가 덜 상처 입고 더 온전하게 빠져 나올 수 있을지 셈하지 않았다. 브라이언이 이맛살을 잔뜩 찌푸리자 주름이 더욱 깊이 잡혔다. 저 빙하 같은 두 눈이 굳은 결의로 비장했다. 브라이언의 꿈이 우리 사이에 놓였다. 결코 타협하지 않을 그 꿈이 흘러 넘실거렸다.

나는 그때 그 자리에서 당장이라도 나를 편지처럼 고이 접어 브라이언의 두 손에 쥐어주고 싶었다.

무진 애를 썼지만 다음 날 아침 나는 알몸으로 침대에 누워 있었다. 곁에는 브라이언이 누워 있었다. 한심스러운 저항 끝에 굴복하고 만 상대방을 되도록 늦게 마주할 심산으로 두 눈을 꼭 감았다.

잠시 뒤 살짝 실눈을 떴다. 속눈썹 사이로 브라이언이 보였다. 브라이언도 나를 바라보고 있었다. 한쪽 입꼬리를 끌어올리며 씩 웃고 있었다. 나는 이불을 끌어당겨 덮었지만 솔직히 그런 얌전을 떨기에는 늦은 감이 없지 않았다.

"이런 개자식. 너한테 당하고 말았네."

"**내**가 **너**한테 당한 거지."

우리는 바보처럼 서로 마주보고 웃었다.

"넌 내 경력에 재를 뿌렸어. 데비가 이 사실을 알면 내가 여기서 연구하도록 내버려두지 않을 거야."

브라이언의 말에 나도 맞장구쳤다.

"난 어떻고? 나도 이 실수를 결코 씻어내지 못할 거야."

"상관없어. 후회하지 않아."

"아니, 안 그래. 내 방에서 나가. 어서, 네가 여기 있다는 걸 누구에게든 들키기 전에."

브라이언이 사흘 뒤에 떠났다. 우리는 공항 보안검색대에서 헤어졌다. 나는 애써 아무렇지 않은 척했다. 누군가와 함께 밤을 보내고 나서 바로 사랑에 빠지는 경험은 그다지 달콤하지 못하다. 브라이언이 손을 흔들며 웃었다. 나는 있는 힘을 다 끌어모아 미소를 띠며 손을 흔들었다. 나는 공항 출입구를 걸어 나오면서 생각했다. '흠, 다시 볼 사람이라고 여기지 않잖아.'

3

"이것 좀 살펴봐봐."

브라이언이 부엌 식탁에 종이 한 장을 달랑 내려놓는다. 독일 라이프치히, 목요일 오후 4시다. 약혼반지가 내 왼손에서 반짝거리고 옷이 든 상자 여섯 개가 아파트 침실 바닥에 널브러져 있다.

나는 아직 시차 적응에 애를 먹고 있다. 석 달이 지나 차츰 나아지고는 있지만. 게다가 잘 알지 못하는 남자와 결혼한답시고 지구를 반 바퀴나 돌아왔다는 생각에도 여전히 익숙해지려고 애쓰는 중이다.

우간다에서 처음 만나 사흘을 보낸 뒤 나는 독일로 날아가 브라이언과 두 주를 보냈다. 다섯 달 뒤에는 브라이언이 오스트레일리아로 날아와 두 주를 지냈다. 그로부터 두 주 뒤 다시 오스트레일리아로 날아와 내게 청혼했다. 그 모든 일이 일어나는

데 1년의 시간과 600메가바이트의 이메일과 1000시간에 가까운 전화 통화가 쓰였다. 하지만 우리가 결혼을 결정하기까지 얼굴과 얼굴을 마주보고 지낸 시간은 고작 31일이었다.

나는 시드니의 디스커버리 채널Discovery Channel에서 하던 일을 그만두었다. 어려운 결정은 아니었다. 어찌되었든 곧 잘릴 처지였으니까. 내가 맡은 일은 프로그램 일정표를 작성하는 것이었다. 책상에는 텔레비전이 한 대 놓여 있었다. 그런데 자연 다큐멘터리는 보지 않고 매일 오후 3시면 채널을 돌려 〈뱀파이어 해결사Buffy the Vampire Slayer〉를 보고 이어 〈베이워치 하와이 Baywatch Hawaii〉와 〈90210〉을 보았다. 나는 출중한 직원도 결코 아니었다. 더구나 300만 달러 광고 계약에 초를 치는 바람에 실낱같은 희망도 내게는 남아 있지 않았다.

독일로 옮겨가는 기회는 구원이나 진배없었다. 브라이언이 독일 정부로부터 지원금 100만 달러를 받았다. 그리고 은감바 아일랜드에서 석 달을 보냈다. 침팬지들은 실험을 즐겼고 사육사들은 놀라우리만큼 도움을 주었다. 결과는 기대 이상이었다. 브라이언이 내가 독일로 오면 같이 여행을 다니며 자신을 도와 함께 연구할 수 있다고 약속했다.

나는 마음속에 그렸다. 사파리 복장을 맞춰 입고 브라이언과 은감바 아일랜드 숲을 거니는 모습을. 우리 품에 대롱대롱 매달린 아기 침팬지를. 나는 날카로운 통찰과 지적으로 번득이는 의견을 내놓아 브라이언의 연구에 일대 전환을 낳으리라. 브라이언은 자신의 이론이 있기까지 영감을 불어넣은 존재로 나를 소개하겠지. 그러면 나는 겸손하게 두 눈을 떨굴 거야. 누구나 그 말이 사실임을 깨달을 수 있는 그런 모습으로.

그런데 브라이언이 느닷없이 연구 계획을 바꾸었다. 우리는 이제 은감바 아일랜드로 가지 않는다. 콩고로 가서 보노보를 연구한다.

"보노보? 그건 무슨 나무야?"

브라이언이 믿기지 않는다는 표정을 지으며 나를 바라본다.

"보노보가 뭔지 모르다니, 믿을 수가 없어. 유인원과에 속하지만 침팬지와는 다른 종이야."

"어째서 나는 한 번도 들어본 적이 없지?"

브라이언이 한숨을 푹 내쉰다.

"다들 그래. 누구나 보노보를 무시하거든. 특히 침팬지 연구자들이. 더 잘 알고 있어야 하는데도 말이지. 보노보가 당신 시야에서 벗어나 있다는 사실도 그리 놀랄 일은 아니라고 봐."

이제 내가 방어 태세에 돌입한다.

"당신은 우리가 은감바 아일랜드로 갈 거라고 얘기했어. 그런데 왜 콩고로 가서 듣도 보도 못한 침팬지를 연구해야 하는데?"

"보노보는 침팬지가 아니야. 전혀 다른 종이라고. 침팬지가 어떻게 서로 사냥하고 죽이는지 알지? 어떻게 전쟁을 벌이고 새끼를 죽이는지? 흠, 보노보는 그런 행동을 절대 하지 않아. 평화를 훨씬 사랑해."

"말만 들어도 벌써 따분해지네."

"툭하면 성교를 맺어."

"토끼도 그래."

브라이언이 뭔가를 말하려고 입을 열다가 내 얼굴에 서린 표정을 보고 마음을 바꾼다.

"날 믿어. 당신도 틀림없이 보노보를 사랑하게 될 거야."

그로부터 몇 주 동안 나는 브라이언이 왜 그토록 보노보에 열광하는지 그 이유를 아예 들으려고도 하지 않는다. 학술 기사나 연구 논문이 눈에 잘 띄도록 집 안 곳곳에 놓여 있지만 눈길도 주지 않는다. 사기당한 기분이다. 나는 침팬지를 사랑한다. 저 바깥 어딘가에 영장류 사촌이 더 있다는 견해는 내 팔에서 주근깨를 더 찾아내는 일만큼밖에는 흥미를 불러일으키지 않는다.

은감바 아일랜드로 가서 발루쿠를 보고 싶다. 지난해 브라이언이 떠난 뒤 발루쿠와 함께 며칠을 지냈다. 발루쿠는 놀라우리만치 부처와 닮아 있었다. 배가 수박만 했다. 내게로 가까이 몸을 기대며 운명을 속삭이지 않았지만 환성을 지르고 고함을 치며 내 손을 잡고는 마구 흔들었다. 우리는 만나서 행복했다. 나는 떠나고 싶지 않았다.

브라이언은 이제껏 만나본 침팬지 가운데 발루쿠가 아주 똑똑한 축에 든다고 말했다. 그것은 분명 나와는 아무런 상관도 없지만 우쭐해지지 않을 수 없었다. 솔직히 브라이언의 연구 주제가 정확하게 무엇인지 알지 못했다. 놀이하듯 재미있게 문제를 풀어나가는 내용이라는 정도만 알고 있었다. 나는 발루쿠와 은감바 아일랜드의 다른 침팬지들과 그렇게 놀고 싶었다. 아프리카의 다른 쪽에 사는 희한하고 낯선 침팬지가 아니라.

마지못해 브라이언이 부엌 식탁에 놓은 그 종이를 집어 든다. 콩고를 다룬 기사다. 흥미가 눈곱만큼도 나지 않지만 어찌어찌 읽는다. 자이나보 알파니Zainabo Alfani의 이야기다. 자이나보는 콩고 동부에 위치한 키상가니Kisangani 출신 홀어미다. 두 딸과 함께 6개월 된 아기를 안고 부니아Bunia로 다이아몬드를 팔러 가는 길이었다. 버스에는 다른 여성도 열네 명 타고 있었다. 갑자기 총소리가 들렸다. 운전기사가 모두 버스에서 내려 밀림 속으로 몸을 숨기라고 말했다. 버스에서 다 내리자마자 운전기사가 버스를 몰고 사라졌다. 여성들을 숲에 그대로 내버려둔 채.

곧이어 열여덟 명의 군인들이 나타났다. 그들은 당장 옷을 벗으라고 명령했다. 그러고는 차례차례 여성들의 음부를 검사했다. 주술사는 군인들에게 기다란 음순을 지니면 총알을 막아준다고 말하곤 했다. 자이나보가 음순이 가장 길었다. 군인들은 나머지 여성을 총으로 쏴 죽이고 자이나보의 음순을 도려냈다. 피를 철철 흘리는 자이나보를 돌아가며 강간했다. 자이나보는 끝내 혼절했다.

자이나보가 정신을 차렸을 때 군인들은 자이나보의 넓적다리 살을 먹고 있었다. 오른쪽 발과 왼쪽 팔과 오른쪽 젖가슴을 잘라 피를 모았다. 그 피를 물에 섞어 마시면서 살 조각을 잘근잘근 씹어 먹었다.

군인들이 자이나보와 아이들을 밀림 깊숙이 데려갔다. 그곳에서는 요리사가 사람 살을 꼬치에 꿰어 불에 구울 준비를 하고 있었다. 자이나보가 지켜보는 앞에서 군인들이 자이나보의 어린 두 딸, 열 살인 알리마Alima와 여덟 살인 무라시Mulassi를 물이 가득 든 통 속에 처넣어 죽인 뒤 배를 갈랐다. 그렇게 죽인 딸 하나를 (빻은 카사바 가루인) 포우포우foufou에 묻혀 먹었다. 자이나보의 바로 눈앞에서. 나머지 딸도 그날 밤에 먹어 치웠다.

한 남자가 자이나보에게 다가왔다. 자이나보는 자신의 시체를 아기와 함께 길에 버려달라고, 누군가 땅에 묻을 수 있게 해달라고 애원했다. 그 남자는 대답하지 않았다. 대답 대신 칼을 꺼내 자이나보의 배를 갈랐다. 자이나보는 정신을 잃었다.

자이나보가 눈을 뜬 곳은 병원이었다. 곁에 아기도 있었다. 두 해가 지나서야 자이나보는 퇴원할 수 있었다. 강간한 이들 가운데 한 사람이 자이나보에게 에이즈를 옮겼다. 자이나보는 유엔에 자신의 이야기를 알리려고 킨샤사Kinshasa로 길을 떠났다. 그리고 한 달 뒤에 세상을 떠났다. 세 살배기 아들을 남겨놓고서.

다 읽을 때쯤 내 얼굴에서 핏기가 싹 사라졌다. 온몸이 부들부들 떨려온다.

"정말 마음 아프지?"

브라이언이 입을 열며 드디어 내 관심을 붙들어서 다행스럽다는 듯 고개를 끄덕인다.

"난 안 가."

"뭐?"

"사람을 잡아먹는 그런 나라에 가고 싶으면 당신이나 가."

"당신도 가야 해. 프랑스어를 할 줄 알잖아. 난 당신 없이는 못 해."

브라이언이 내세우는 논리에 어이가 없다.

"고작 그런 말로 나를 설득하겠다고? 왜 다른 곳에서는 보노보를 연구할 수 없는데?"

"보노보는 다른 곳에서는 살지 않아. 오로지 콩고에만 살아."

"이해가 안 돼. 나를 사랑한다고 말하잖아. 나와 결혼하고 싶다고. 그런데 여성의 음순을 도려내는 나라로 나를 데려가고 싶어 하다니. 말이 앞뒤가 안 맞잖아."

"알았어. 당신은 꼭 가지 않아도 돼. 그런데 내가 없는 동안 뭐 할 거야? 여기 라이프치히에서 혼자?"

창밖을 내다본다. 8월이다. 여름의 끝자락. 3주째 내내 비가 내리고 있다. 구름이 매우 낮게 걸려 있다. 5층에 있는 우리 아파트 높이까지 내려와 있다. 벌써 쌀쌀하다.

라이프치히는 엄밀히 말해 아주 재미난 곳이 아니다. 동독인은 1940년대에는 제2차 세계대전의 후유증을, 1950년대에는 러시아인을, 1980년대에는 슈타지Stasi*를 견뎌내야 했다. 1980년대에 민간인 네 명 가운데 한 명이 첩자였다. 우리 비서의 아버지는 비틀스 노래를 듣는다는 이유로 비밀경찰에 납치된 적도 있었다. 단골 빵가게 주인의 삼촌은 총에 맞아 죽었다. 도시를 내리누르는 무거운 분위기도, 의심이 짙게 배어 있는 태도도 놀랍지 않다.

내가 아는 사람이라고는 전혀 없다. 독일어도 하지 못한다. 오스트레일리아를 그리워하는 마음이 깊어 사흘 내내 눈물을 쏟으며 소파에서 지냈다. 이는 내가 기대하며 상상하던 삶이 결코 아니다. 나는 한 달 동안 집에 홀로 있으며 곰곰 생각에 잠긴다. 콩고로 가야 할 이유를 찾으려고 애쓴다. 그런데 내가 생각해낼 수 있는 건 하나밖에 없다.

아버지는 베트남전쟁에 참전했다. 만신창이가 되어 돌아왔다는 말로도 그 모습을 다 담아내지 못한다. 밤이 오면 침실에 방어벽을 치곤 했다. 가구를 쌓아 올려 문을 막고 기관총 소리를 내며 큰 소리로 지원을 요청했다. 새해 전날 불꽃놀이가 벌어질 때면 주위에 명절을 즐기러 나온 사람들이 크게 놀라는 데에도 땅에 엎드려 두 손으로 머리를 감싸 안았다. 정신병원에 입원한 적도 있었고 드물지만 폭발하듯 폭력을 휘두르기도 했다.

---

* 동독 국가안전보위부Ministerium für Staatssicherheit로 보통 슈타지라고 불렸다. 냉전기에 동독에서 운영하던 공안 및 정보 기구다.

아버지는 어머니를 떠났다. 내가 다섯 살, 여동생이 두 살 때였다. 그리고 결국 내가 열아홉 살 되던 해에 우리 모두를 떠나 동남아시아로 건너갔다. 베트남으로는 돌아가지 않았다. 캄보디아와 태국과 라오스를 옮겨 다닌다. 젊은이들에게 조경 기술을 가르치고 대학에 보내 교육을 받도록 한다. 이들 가운데 젊은 여성은 단 한 명도 없다. 늘 젊은 남성뿐이다. 나름 속죄의 표현인 걸까 문득 궁금해진다.

지난 몇 년간 상황을 수습해보려 애써왔다. 화가 불쑥 차오를 때도 있었고 정이 뚝 떨어질 때도 있었고 괴롭기 그지없을 때도 있었다. 하지만 아버지가 자신이 책임지지 않아도 되는 아이들의 삶에 어째서 그토록 심혈을 기울이는지, 진짜 가족과는 어째서 어떤 감정도 나누지 않는지 결코 이해할 수 없었다.

그런데 나는 왜 이 콩고 내전을 한 번도 들어본 적이 없을까? 이라크와 아프가니스탄에서 벌어진 전쟁은 알고 있다. 조지 클루니George Clooney[**] 덕분에 심지어 다르푸르 분쟁[***]도 약간 알고 있다. 콩고는 10년 가까이 제2차 세계대전 이후 가장 피비린내 나는 전쟁에 시달리고 있다. 2005년까지 거의 400만 명이 질병과 기아와 총알에 목숨을 잃었다. 그런데 아무도 말하

[**]　　　조지 클루니는 유엔 평화사절로 활동하며 다르푸르에서 벌어진 참상을 국제사회가 방치하고 있다고 여러 차례 비판했다. 또한 다르푸르의 인종학살에 관한 다큐멘터리를 제작하기도 했다.

지 않는다.

　나는 전쟁을 겪어보지 않았다. 아버지에게 일어난 일이 모두에게 일어나는지 아니면 우리가 그저 운이 나빴을 뿐인지 확실히 알지 못한다. 그런데 내 안의 또 다른 나는 알고 싶어 한다. 아버지가 어떤 일을 겪었는지 알고 싶다. 그 일이 아버지 잘못이 아니었다고 믿고 싶다. 아버지는 그럴 수만 있었다면 더 나은 사람이 되었으리라고 믿고 싶다.

　이런 연유로 나는 파리의 한 호텔 방에까지 이르게 되었다. 오전 10시 킨샤사로 날아가는 비행기를 타기 전에 온몸을 부들부들 떨며 탈수증세까지 보이면서, 일생일대 최악의 실수를 저질렀다고 곱씹으면서.

***　　아프리카 수단 다르푸르 지역에서 발생한 유혈 분쟁이다. 수단 정부의 '아랍화 정책'으로 인한 차별에 반발해 다르푸르 지역의 아프리카계 푸르Fur족들이 2003년 무장투쟁단체를 조직한 후 정부군과 민병대를 상대로 투쟁에 돌입했다. 2006년 정부군과 반군 사이에 평화조약이 체결될 때까지 20만 명 이상이 목숨을 잃었고 250만 명 이상이 난민으로 떠돌았다.

4

나는 브라이언과 킨샤사 공항에 앉아 있다. 브라이언의 하버드대학교 지도교수인 리처드 랭엄도 옆에 있다. 주위가 온통 칠흑 같은 어둠이다.

"흠, 이만하면 순조로운 출발이지요. 안 그렇습니까?"

리처드가 격조 높은 영국식 억양으로 말한다.

진 마리 배스턴Jean Marie Baston이라는 덩치가 산만 한 남자에게 우리 여권과 150달러를 맡겼다. 우리는 그 남자를 '해결사homme de protocol'로 고용했다. 대충 옮기면 뇌물을 먹여 세관을 통과하도록 손쓰는 사람이다. 해결사가 사라진 지 2초 만에 불이 꺼지자 우리 신분증을 넘겨준 일이 과연 현명한 처사였을까 걱정하기 시작한다. 달리 선택할 여지가 별로 없었다. 인크레더블 헐크 같은 체격을 지닌 전직 권투선수가 여권과 150달러를 요구하면 내줄 수밖에.

나는 배낭을 꼭 끌어안는다. 우리가 사기당할 것 같다는 의심이 모락모락 피어오른다. 그렇다고 무엇을 해야 할지 정확히 떠오르지도 않는다.

콩고에 도착하기 전 나는 거듭해서 주의를 받았다. 콩고는 미국 국무부가 발표한 '세계에서 가장 위험한 10개 국가' 명단에 들어 있었다. 또한 강도, 차량 절도, 차량 탈취, 법적 절차를 거치지 않은 살인, 강간, 납치, 인종 분쟁, 끊이지 않는 군사작전을 조심하라고 경고를 받았다. 내가 면담한 외무부 직원들은 하나같이 우리가 도둑맞는 일은 기정사실이며 죽임을 당하는 일도 거의 확실하다고 입을 모았다. 명견만리란 이런 경우를 두고 하는 말일까.

불이 깜빡거리면서 들어온다. 곧 배스턴이 쏜살같이 복도를 달려온다. 손에는 우리 여권과 거대한 짐 가방 네 개가 들려 있다. 나는 일어서서 미소를 지으며 안도의 한숨을 내쉰다. 배스턴이 두 눈에 사나운 빛을 띠고서 억센 턱을 꽉 악물고 있다.

"쿠르cours." 그는 프랑스어로 말한다. 뛰어.

"뭐라고요?" 나는 되물었지만, 배스턴은 이미 뒤돌아 복도를 따라 달려가고 있었다. 70킬로그램이 넘는 짐 가방을 요란하게 끌고서.

"무슨 일이야?" 브라이언이 묻는다.

나는 브라이언의 팔을 잡고 외친다. "뛰어!"

브라이언과 리처드 그리고 나는 배스턴을 따라잡는다. 숨이 턱턱 막힌다. 배스턴의 설명에 따르면 150달러로는 어림도 없었다. 세관원은 더 바랐다. 그렇게는 줄 수 없다고 하자 짐 가방을 빼앗으려 들었다. 내 눈에 AK-47 자동소총을 둘러맨 사람들이 들어온다. 나는 더 빨리 내닫는다.

주차장에서 배스턴이 우리에게 여권을 내밀고 어깨 너머로 슬쩍 확인한다. 아이들이 우리를 에워싸며 팔을 쭉 뻗는다.

"부인, 부인." 아이들이 구걸한다.

"꺼져." 배스턴이 소리치며 커다란 손을 휘두른다. 그러고는 걸음을 옮긴다.

"잠깐만요. 우리를 여기 그냥 두고 가면 안 되죠. 우리더러 어디로 가라고요?" 내가 외치자 배스턴이 고갯짓으로 승합차 운전자를 가리키며 말한다.

"내가 할 일은 다 했소. 저 사람이 호텔로 데려다줄 거요. 보호구역에는 내일 데려다줄 거고."

그러고는 헐크처럼 사라진다.

다음 날 아침, 우리 차를 운전해주는 파파 세디코Papa Sedico 가 절벽 아래로 굴러 떨어지지 않도록 최선을 다하는 듯 보인다.

문제가 하나 있다면, 길이 아스팔트 포장도로가 아니라 포스트모던 추상 작품 같은 도로라는 점이다. 비가 차로 구간을 군데군데 침식시켜 거대한 틈이 곳곳에 생겨나 있다. 그 틈새로 떨어지면 그대로 형체도 없이 영영 사라져버릴 듯하다. 덕분에 자동차가 모퉁이를 돌 때면 계곡 아래를 흘끗 내려다볼 수 있는 호기를 누린다. 뒤집힌 차량이 껍데기만 남은 채 도로 주변에 흩어져 있다. 기계 부품과 전선은 다 털린 채.

마을을 몇 군데 지날 때마다 아이들이 떼 지어 달리며 우리를 좇는다.

"파파 세디코! 파파 세디코!" 아이들이 외치며 요란하게 환영한다. 파파 세디코가 사탕 몇 줌을 창문 밖으로 던진다. 나는 눈을 감고 파파 세디코가 부디 두 손을 다 핸들에서 떼지 않기를 기도한다.

마침내 우리는 녹슨 철통으로 받치고 철도용 판자를 씌운 다리에 다다른다. 다리는 자동차는 고사하고 염소 한 마리도 건널 수 없을 만큼 부실해 보인다. 파파 세디코가 조심조심 다리를 건넌다. 똑바로 앉아 있을 새도 없이 이쪽으로 저쪽으로 거칠게 휙휙 쏠린다. 차창으로 내다보니 우리 발 아래로 강물이 세차게 흐르는 아찔한 광경이 펼쳐져 있다. 판자를 하나씩 하나씩 기어가다시피 살살 건넌다. 드디어 기적이 몇 번 일어나 맞은편에 다다른다. 천국을 알리는 현수막인 양 한 표지판이 우리를 반긴다.

롤라 야 보노보 보호구역

"누 솜 아리베*Nous sommes arrives*(마침내 도착했습니다)!" 파파 세디코가 쾌활하게 선포하면서 자동차를 천천히 세운다. 나는 후들거리는 다리로 가장 빨리 그리고 가장 멀리 그 죽음의 자동차에서 뛰어내린다.

주위를 둘러본다. 맨 처음 놀라움을 안긴 광경은 숲이다. 우리는 킨샤사에 도착한 이후 망고나무 외에는 단 한 그루도 보지 못했다. 그런데 보호구역은 다양한 나무들로 뒤덮여 있다. 잎이 깃털 모양인 야자나무, 잎이 넓은 우산나무, 꼬투리가 기이하게 돌돌 말린 나무들로. 느른하게 축 늘어진 덩굴에 새 떼가 앉은 거대한 숲이 저 멀리 지평선까지 아득하게 펼쳐져 있다.

보호구역은 커다란 호수를 향해 비탈진 언덕에 자리 잡고 있다. 키 큰 붉은 꽃이 호수를 빙 둘러 피어 있다. 수련이 물낯에 떠 있다. 우리 아래로는 강이 작은 여울을 타고 굽이치며 흘러간다. 우리 위로는 돌길이 식민지풍 가옥들로 이어져 있다. 세계에서 멸종위험이 가장 높은 유인원을 보살피는 사육지라기보다는 휴양지에 가깝다.

"봉주르Bonjour!"

위쪽에서 어떤 목소리가 들린다. 한 여자가 돌계단을 내려온다. 나는 그토록 독특한 머리 색깔을 이제껏 본 적이 없다. 활활 타오르는 노을을 닮은 노란색이다. 전기가 흐르는 구리선을 닮은 주황색이다. 빛이 닿자 불꽃이 사방으로 튀어 오른다.

"와주셔서 정말 기뻐요."

여자가 프랑스어 억양으로 나긋나긋하게 말한다.

"몬 듀Mon dieu(어머나)." 그제야 깨달은 듯 여자가 얼굴을 매만진다. 빨간 머리 특유의 운 나쁜 주근깨투성이 얼굴이 아니라 보드라운 올리브색 얼굴이다. "분명 엉망일 텐데."

여자는 전혀 그렇게 보이지 않는다. 두 눈은 물총새처럼 파랗고 기다란 눈썹은 마스카라로 세심하게 빗었으며 눈썹은 적갈색 연필로 매끄럽게 다듬었다. 샤넬 넘버 파이브 향수 냄새가 은은하게 난다. 여자 옆에 서니 나는 땀을 줄줄 흘리는 덤불멧돼지 같은 인상이 짙게 풍긴다.

"세멘드와Semendwa가 새끼를 뱄지요. 밤새도록 새끼가 태어나기를 기다리고 있었답니다."

여자가 리처드에게 먼저 손을 내민다.

"클로딘 안드레Claudine André입니다."

우리가 돌아가며 자기소개를 한다.

클로딘이 내 뱃속에 걸신이 들어앉아 있음을 이미 알고 있다는 듯 말한다.

"무척 시장하시죠. 와서 식사하세요."

점심상이 강가에 차려져 있다. 정자는 모래사장에 자리 잡고 있다. 시원한 산들바람이 불어와 식탁보가 살랑살랑 나부낀다. 음식을 보자 어느새 입안에 군침이 돈다. (가장자리가 바삭하니 캐러멜로 변한) 달콤한 바나나 튀김, (땅콩과 붉은 고추와 참깨를 뿌린 일종의 카레 소스인) 모암베moambe로 요리한 닭고기, (카사바를 빻은) 포우포우, (카사바 잎을 데친) 사카사카saka saka.

클로딘이 보호구역을 손으로 죽 훑으며 말한다.

"여기가 킨샤사에서 마지막으로 남은 숲입니다. 모부투Mobutu 대통령도 주말이면 이곳을 찾곤 했지요."

나는 닭고기가 목에 걸릴 뻔했다. 모부투는 내가 은밀하게 마음속에 품고 있는 인물이다. 그런 모부투가 잠을 자고 밥을 먹고 거닐던 이곳에 있었다니, 엘비스 프레슬리Elvis Presley가 살던 그레이스랜드Graceland에 온 것만큼이나 기분이 날아갈 듯하다.

브라이언이 내가 레오파드라고 불리는 이 남자를 남몰래 흠모하고 있다는 사실을 알았다면 부르르 진저리 쳤을 것이다. 게다가 라이프치히에서 비가 주룩주룩 내리던 어느 날 오후에 자신 때문에 내가 그런 마음을 품기 시작했다는 점을 알았다면 더더욱 넌더리를 냈으리라.

그때 나는 〈스트레인지 러브Strange Love〉를 보고 있었다. 힙합 그룹인 퍼블릭 에너미Public Enemy의 플레이버 플래브Flavor Flav가 주인공으로 등장한 텔레비전 리얼리티 쇼였다. 여기서 플레이버는 한물간 배우 브리짓 닐슨Brigitte Nielsen과 이탈리아를 이곳저곳 돌아다녔다. 브리짓은 1985년에 〈레드 소냐Red Sonja〉라는 야만 사회를 배경으로 한 영화에서 아놀드 슈왈제네거Arnold Schwarzenegger와 호흡을 맞추었다. 그건 그렇고, 플레이버는 금빛으로 번들거리는 바이킹 모자를 쓰고 금테 두른 이를 드러내어 미소조차 금박을 입힌 듯했다. 목에는 커다란 다이아몬드가

박힌 시계를 걸고 번쩍이는 장신구를 둘러 온몸에서 화려함이
뚝뚝 떨어졌다.

브라이언이 한마디했다.

"모부투 같네."

"누군데?"

내가 정치에 약하다는 지적은 그나마 에둘러 표현한 말이
다. 나는 지도에서 이라크가 어디쯤인지 정확히 짚어낼 수 없으
며 한국과 북한이 서로 다른 나라라는 정도만 겨우 알았다. 브
라이언은 뉴스라면 놓치지 않고 읽는 터라 세계 정치에 무관심
한 내 태도를 자신이 고쳐야 할 질병처럼 생각한다.

"모부투 세세 세코. 콩고의 독재자야. 죽을 때까지 40억 달
러나 착복했지."

나는 들릴 둥 말 둥 툴툴거렸다. 브라이언이 내게서 관심을
끌어내려고 무진 애를 쓰며 말했다.

"정말이야. 모부투는 악몽 같은 폭군으로 유명했어."

〈스트레인지 러브〉가 끝나고 광고가 나왔다. 내가 고개를
돌려 브라이언을 바라보았다.

"유명했다고? 인기 가수처럼? 욱하는 성질머리로? 머라이어
가 그렇듯?"

머라이어 캐리Mariah Carey와 나는 거의 비슷한 시기에 기껍게
성녀에서 창녀로 변신했다. 사실 머라이어와 나는 태어날 때 헤
어진 일란성 쌍둥이나 마찬가지다. 단 머라이어는 8옥타브를

넘나드는 가창력과 2억 2500만 달러에 이르는 재산에, 내가 오직 꿈에서나 드러내는 성깔을 실제로 사람들 앞에서 부린다는 점만 빼고.

"머라이어는 모부투 발뒤꿈치도 못 따라와. 모부투는 초대형 여객기를 세내어 디즈니랜드로 날아갔어. 수백만 달러를 물 쓰듯 하며 물건을 사들였고. 누군가 마음에 들지 않으면 쫓아내지 않았어. 그냥 죽여버렸지."

브라이언이 일하러 나가자 나는 유튜브에서 모부투 동영상을 찾아보았다. 〈우리가 왕들이었을 때We We Were Kings〉라는 다큐멘터리가 있다. 전설의 두 권투 선수 무함마드 알리Muhammad Ali와 조지 포먼George Foreman이 시합을 치르도록 선뜻 1000만 달러를 내놓으려는 사람이 미국에서 한 명도 없을 때 모부투가 나섰다. 두 권투 선수를 바다 건너 데려와 세기의 대결이던 '정글의 혈투Rumble in the Jumble'를 성사시켰다. 모부투는 플레이버 플래브처럼 **보였다.** 플레이버가 탐낼 만한 표범 가죽 모자에다 독특하면서도 세련된 안경을 썼다.

나는 조사를 더 해나갔다. 모부투의 아버지가 벨기에인 판사의 요리사로 일했다는 사실을 알아냈다. 모부투의 아버지가 죽자 그 판사의 아내가 모부투를 거두고 가르쳤다. 젊은 시절 모부투는 총명하고 패기만만했다. 윈스턴 처칠Winston Churchill, 샤를르 드 골Charles de Gaulle, 니콜로 마키아벨리Niccoló Machivelli의 글을 읽고 영향을 받았다.

모부투는 잘 생긴데다 지도력이 뛰어난 파트리스 루뭄바 Patrice Lumumba와 친분을 다졌다. 파트리스는 오랜 벨기에의 통치가 끝난 뒤 1960년에 콩고에서 민주적으로 선출된 첫 대통령이 되며 위대한 희망으로 떠오른다. 파트리스는 꼭두각시가 아니었다. 벨기에의 식민 통치와 서방 세계를 맹렬하게 규탄하며 소련과 손을 잡겠다고 위협했다. 냉전이 한창 맹위를 떨치던 시절이었다. CIA가 모부투에게 돈을 주며 파트리스를 감시하고 파트리스의 용공분자와 소련과의 연결고리를 파헤치라고 시켰다.

머지않아 모부투는 파트리스를 배신하고 벨기에와 미국이 파트리스를 암살할 수 있도록 기밀 정보를 제공했다. 파트리스의 시신은 조각조각 잘린 다음 산酸으로 녹였다. 그래서 그 순국 지사를 기리는 무덤조차 없다. 모부투는 서방 세계를 등에 업고 힘들이지 않고 그 자리를 차지하며 30년 이상 무소불위한 권력을 휘둘렀다.

막대한 돈이 유럽과 미국에서 콩고로 쏟아져 들어왔다. 광대한 땅에 풍부하게 매장되어 있는 광물을 채굴할 수 있는 이권을 내어준 대가였다. 모부투가 그 돈을 쓰기 시작하자 머라이어 캐리 같은 유명 인사도 잔챙이로 보였다.

모부투는 자이르로 국호를 바꾸고 스스로도 모부투 세세 세코 쿠쿠 은그벤두 와 자 방가Mobutu Sese Seko Kuku Ngbendu Wa Za Banga로 이름을 바꾸었다. 이름을 풀이하면 '정복에서 정복으로 이어지는 발자국마다 불길이 타오르는 천하무적 전사 모부투'다. 또한 '메시아'로도 그려졌다. 텔레비전 방송이 시작할 때면 모부투가 구름을 가르고 하늘에서 내려오는 장면이 전파를 탔다.

모부투는 특별한 일이 없으면 아침 7시에 일어나 곧장 중국인 안마사들에게로 갔다. 그리고 그바돌리테Gbadolite의 밀림에 지어 올린 궁궐 같은 대저택 테라스에서 아침을 먹었다. 오렌지와 포도를 재배하는 대규모 농장이 주변을 에워싸고 있었다. 목장도 있었는데 베네수엘라에서 날라 온 양 5000마리를 길렀다. 9시가 되면 1만 5000병이 저장된 와인저장고에서 분홍빛이 감도는 로랑 페리에 샴페인을 꺼내 와 마셨다.

점심은 벨기에에서 들여온 홍합을 먹곤 했다. 점심 식사를 마친 뒤에는 파리에서 온 미용사와 뉴욕에서 온 이발사와 이탈리아에서 온 의상 디자이너와 약속이 잡혀 있었다. 대저택은 최상류층이 구성원인 유엔 같은 곳이었다. 할리우드 유명 인사라도 부러워할 만한. 산해진미가 가득한 저녁 식사는 돈을 바라는 친인척들이 시중을 들었다. 그러면 모부투는 한 트럭씩 나눠주었다.

딸이 결혼했을 때 웨딩드레스 가격이 7만 달러였지만 몸에 치장한 보석은 300만 달러어치였다. 웨딩 케이크는 파리에서 공수해왔는데 가격이 웨딩드레스와 맞먹었다. 으리으리한 별장이 포르투갈과 마드리드, 스위스, 파리에 있었다. 뿐만 아니라 호화로운 유람선을 콩고강에 띄웠다. 이 배에는 분홍색 비단으로 감싸고 진주 조가비 모양을 한, 폭신하고 긴 소파가 있었다.

정말이다.

모부투는 권력을 유지하기 위해 정적을 처형하고 고문하라는 명령을 내렸다. 또한 사람들이 올바른 선택을 하도록 보장한다는 명분을 앞세워 총 든 군인을 투표소 옆에 배치했다. 하지만 결국 모부투가 선택한 무기는 뇌물이었다. 서랍마다 100달러짜리 지폐가 그득했다. 수행원은 쓰레기봉투 몇 장을 가득 채우고도 남을 만큼 현금을 지니고 모부투를 따랐다. 장관이며 수행원이며 공무원을 매수했다. 누가 되었든 모두 벤츠를 몰았다.

모부투는 32년 동안 통치하면서 적게는 40억 달러에서 많게는 150억 달러까지 훔쳤다. 장군들한테는 아낌없이 퍼주었지만 병사들은 배를 곯았다. 도로는 포장되지 않았으며 쓰레기가 썩은 채 거리를 뒹굴었다. 의료 체계는 무너지기 일보직전이었다. 봉급을 받지 못한 교사들이 남학생한테는 선물을, 여학생한테는 성관계를 요구했다. 가장 번화한 대도시에도 전기가 거의 들어오지 않았다. 물은 오염되었다. 1974년까지 연 7퍼센트씩 성장하던 국가 경제가 하락하기 시작했으며 그 하락세는 멈출 줄 몰랐다.

1989년, 모부투가 조지 부시George Bush 대통령을 방문했다. 부시는 미국의 "가장 소중한 친구"로 모부투를 맞이했다. 하지만 1년 뒤 냉전 시대가 막을 내렸다. 그에 따라 미국의 경제 지원도 끊겼다. 자이르(전 콩고민주공화국)는 파산했다. 외채가 수

십억 달러에 이르렀고 국민은 빈곤에 허덕였다.

나는 내가 앉은 의자 손잡이를 손으로 매만져본다. 여기 이 의자에 모부투가 앉았다. 표범 가죽 모자를 파리에서 크게 유행시킨 바로 그 남자가. 화물수송기를 오트쿠튀르$^{\text{haute couture}*}$와 샴페인과 샹들리에로 채우라고 명령한 그 남자가.

나는 모부투가 뒷짐을 지고 호숫가를 거닐며 그 비용을 따져보았을까 궁금하다. 아니 모부투가 아무런 생각 없이 그저 수련의 짙은 향기를 맡는 동안 그 뒤로 100달러짜리 지폐가 공중에 둥둥 떠다녔을까 궁금하다.

우리는 점심 식사를 마치고 한껏 부른 배를 안으며 크게 휴우, 숨을 내쉰다. 클로딘은 누군가를 대접하는 일에 능숙하다. 품위 있게 대화를 이끌며 우리 여행이 어땠는지, 보호구역을 어떻게 찾았는지, 필요한 게 있는지 묻는다.

클로딘이 우리가 여기까지 온 이유로 화제를 옮기며 이렇게 말한다.

"흠, 이제 보노보를 만나러 가야 할 시간이 되었군요."

---

* 고급 여성복.

5

수천 년 동안 사람들은 무엇 때문에 우리가 사람으로 자리매김하는지 궁금하게 여겨왔다.

하나의 종으로 보면 우리가 꽤 대단하다는 점에는 의심할 여지가 없다. 열아홉 살 때 나는 아버지를 만나러 캄보디아로 갔다. 그때 아버지는 나를 앙코르와트에 데리고 갔다. 앙코르와트는 12세기에 수리아바르만 2세Suryavarman II를 기리며 세운 사원이다. 사암 벽돌에 균열을 낳으며 얼키설키 뻗어나간 덩굴로 덮인 한 신전에서 나는 돋을새김한 춤추는 아스파라aspara 상像을 보았다. 아스파라상은 수천 개에 달하는 조각상 가운데 하나였다. 하지만 얼굴이 무척 아름다웠고 광대뼈나 도톰한 입술을 매우 정교하게 새겨놓았다. 나는 30분이나 아스파라상에서 눈을 떼지 못했다.

내가 감탄을 금치 못했던 점은, 1000년 전에도 사람은 밀림

속 저 얼굴처럼 놀라운 무언가를 창조해내는 능력을 지녔다는 것이다. 우리는 새처럼 날 수 있고 물고기처럼 헤엄칠 수 있다. 대양저大洋底에 위치한 화산을 탐사할 수 있고 남극 지층에 놓인 얼음을 분해하고 증류할 수 있다. 지구 대기권을 뚫고 나아가 우주에서 우리가 사는 세계를 바라볼 수 있다.

삶을 이어가는 하루하루가 기적이다. 우리를 태운 자동차에서부터 책상에 놓인 컴퓨터와 우리가 앉아 있는 건물에 이르기까지. 샌드위치 빵에 쓰이는 밀조차 광활한 들판에서 자라나 화학물질로 보호를 받고 기계로 수확하여 공장에서 가공한 다음 가게로 운송되는, 관현악곡을 방불케 하는 복잡한 과정을 거친다.

사람은 이토록 멀리까지 왔는데 우리와 가장 가까운, 살아 있는 다른 영장류는 여전히 나무에서 벗어나지 못한다. 그 이유가 무엇일까?

사람은 침팬지나 보노보에서 진화하지 않았다. 하지만 600만 년 전 즈음 공통 조상에서 갈라져 나왔다. 그 후 우리는 서서히 바뀌었다. 두 발로 섰다. 더 똑똑해졌다. 불을 길들였다. 그렇게 수백만 년이 흐른 뒤 여기 지금의 우리가 존재하기에 이른다.

하지만 어떤 변화가 가장 먼저 일어났을까? 어떤 변화가 나머지 모든 변화로 이어졌을까? 언어였을까? 문화였을까? 지능이었을까?

어린아이였을 때, 나는 틀린그림찾기라는 놀이를 하곤 했다.

거의 똑같은 그림을 두 장 나란히 놓은 다음, 한 그림에 없는 부분을 다른 그림에서 찾아내야 했다. 한 그림에서만 여인이 모자를 쓰고 있다거나 아니면 한 그림에서는 파란 꼬리를 한 고양이가 다른 그림에서는 분홍 꼬리를 하고 있었다.

과학자는 침팬지를 우리 옆에 놓고 틀린그림찾기를 하듯 무엇 때문에 우리가 사람으로 자리매김하는지 연구한다. 우리에게 있는 어떤 점이 침팬지에게 없다면, 바로 그것 때문에 우리가 특별한 존재가 된 것인지도 모른다. 쉬운 작업처럼 들린다. 하지만 40년 동안 침팬지는 우리에게 당혹감만 안겨주었다. 밝혀지다시피 침팬지에게는 일종의 문화가 있다. 도구를 만든다. 몸짓으로 의사소통한다. 정교한 정치 체계를 갖추고 있으며 사랑과 슬픔과 질투로 표현할 수밖에 없는 감정을 지니고 있다.

심지어 우리에게만 있다고 여기는, 예컨대 사냥이나 전쟁 같은 우리 본성의 어두운 면이 침팬지에게서도 보인다. 침팬지 공동체는 여러 인간 공동체와 비슷하다. 수컷이 중심을 이룬다. 암컷이 강간당하기도 하고 젖먹이가 죽임당하기도 한다. 침팬지라면 다른 종이 아니라 다른 침팬지에게 살해당할 가능성이 더 높다.

무엇 때문에 우리가 사람으로 자리매김하는지 연구할 때면 우리는 침팬지로 눈을 돌려 영감과 통찰과 위안을 찾는다. 침팬지는 우리가 인식을 추구할 때 얼굴을 비추는 거울이다. 우리 조상이 아득히 오래전에 어떻게 살았는지 그 모습을 보여주는 모형이다.

　하지만 우리에게는 우리와 가장 가까운, 살아 있는 또 다른 친척이 있다. 보노보는 생김새가 침팬지와 거의 판박이처럼 보인다. 얼굴이 검고 입술이 분홍색이고 머리털이 가운데에서 갈라져 있다는 점만 빼면. 게다가 지구상에서 오직 한 나라에만 산다. 콩고민주공화국이다. 하지만 그 개체군이 여기저기 흩어져 있어 몇 마리가 있는지 알 수 없다. 추산하기로는 현재 1만 마리에서 4만 마리 사이이다.[*] 실험 목적으로 미국에 들여온 적도 없었다. 우주로 보내진 적도 없었다. 동물원에서 거의 볼 수 없다.

　침팬지에 친숙한 나 같은 이도 사람과 '가장 가까운, 살아 있는 친척'이 둘이라는 사실을 잘 알지 못한다. 난처한 친척이 그렇듯 보노보도 종종 가계도에서 사라진다. 마이크로소프트 워드가 제공하는 맞춤법 검사 프로그램을 돌리면 '보노보'라는 단어에는 밑줄이 쳐진다.

　보노보는 어느 날 늦은 오후, 벨기에의 테르뷰런Tervuren이라는 작은 도시에서 발견되었다. 미국의 해부학자 할 쿨리지Hal Coolidge가 박물관에 보관한 뼈를 쟁반에 올려놓고 찬찬히 살펴

[*]　보노보는 현재까지도 계속 개체수가 감소하고 있다. 2020년 현재, 보노보 보존 이니셔티브Bonobo Conservation Initiative(BCI)에 따르면 보노보의 개체수는 1만에서 2만 정도로 추정된다(https://www.bonobo.org).

보고 있었다. 그러다 콩고강 남쪽에서 나온 머리뼈를 집어 들었다. 처음에는 청소년기에 들어선 침팬지라고 생각했다. 하지만 머리뼈를 따라 갈라진 금 또는 다시 붙은 흔적이 매끄럽게 이어져 있었다. 이는 잇몸 뼈가 다 자란 어른 뼈라는 의미였다. 할은 자신이 손에 든 뼈가 전혀 다른 종이라는 사실을 깨달았다.

하지만 할의 경쟁자 에른스트 슈바르츠Ernst Schwarz가 자라다 만 그 이상한 머리뼈는 침팬지의 아종에 지나지 않는다고 발표해버렸다. 침팬지가 발견된 지 꼬박 150년이 흘러 1933년에서야 보노보가 존재를 인정받았지만, 그 후로도 더 유명한 사촌의 그늘에 묻혀 살아왔다. 보노보는 '피그미 침팬지pygmy chimpanzee'라는 이름으로도 불리었다. 보노보가 진짜 침팬지의 앙증맞은 소형 종이라는 의미였다.

보노보를 주제로 발표한 논문도 매우 드물다. 야구 경기에서 알몸으로 뛰어야 하는 주자처럼 과학사에서 돌연 나타나는가 싶다가 어느새 휙 사라진다. 로버트 여키스Robert Yerkes는 1920년대에 침팬지를 처음 연구하기 시작한 1세대 연구자였다. 로버트에게는 프린스 침Prince Chim이라는 침팬지가 한 마리 있었다. '천재 원숭이'라고 호언장담했는데 나중에 알고 보니 보노보였다.

뭐니 뭐니 해도 세계에서 가장 유명한 보노보는 칸지Kanzi다. 생체의학 실험실에서 태어난 칸지는 (로버트 여키스 이름을 딴 상징 그림언어인) 여키스어 단어를 200개 이상 안다. 새로운 문장을 이해하며 여러 사례에서 뚜렷이 보여주듯 구어체 영어를 알 아듣는다. 불을 피우고 햄버거를 만들고 팩맨Pac-Man 게임을 즐 긴다. 다른 간판급 원숭이와 더불어 칸지는 복잡한 형태를 띠는 의사소통이 사람에게만 나타나는 독특한 현상이 아님을 증명 해냈다.

20년 이상 침팬지 집단을 연구해온 현장이 아프리카 동부 와 서부를 아울러 적어도 10군데 있다. 2005년, 미국 내 연구소 에는 침팬지가 1000마리 이상 있었다. 이들 연구소에서 연구자 는 침팬지의 생리학, 생물학, 그리고 인지cognition를 연구한다.

그런데 오랜 기간 보노보를 연구한 현장은 단 한 군데밖에 없다. 왐바wamba라고 불리는 곳으로 일본인이 운영한다. 1973 년, 타카요시 카노Takayoshi Kano라는 한 젊은 일본인이 콩고 분지 로 들어가 다섯 달에 걸쳐 보노보를 조사하고 나서 왐바에 도 착했다. 타카요시는 자전거로 수백 킬로미터를 가고 때때로 혼 자서 늪지를 헤치면서 그 현장에 이르렀다. 콩고강과 루이라카 Luilaka강 사이에 위치한 그 조사 지역을 걸어서 다녔다. 골짜기 마다 돌면서 몬고Mongo족 원주민과 대화를 나누며 그 지역에 사는 보노보 개체수를 파악하려고 애썼다.

타카요시가 연구를 시작한 이래 35년 동안 전해준 내용이 우리가 지금 보노보에 관해 알고 있는, 예컨대 보노보의 먹이나 서식지나 사회구조에 대한 거의 모든 지식을 이룬다. 여전히 왐 바는 야생에 사는 보노보를 가까이 살펴볼 수 있는 유일한 장소다. 하지만 보노보를 아끼는 제인 구달Jane Goodall이나 다이앤 포시Dian Fossey 같은 인물이 없었다. 그리고 서구 주류 언론은 일본어만 할 줄 아는 젊은이에 주목하려 들지 않았다.

1980년대에 들어서야 프란스 드 발Frans de Waal이 샌디에이고 동물원의 보노보를 연구하여 논문을 발표했다. 프란스는 보노보가 혀로 입을 맞추거나 구강성교를 하거나 카마수트라에 나옴직한 체위로 성적 행동을 하는 모습을 보았다. 프란스가 논문을 발표하기 이전에 사람들은 비개념 성행위nonconceptive sex 또는 '재미로 하는 성행위'는 인간 고유의 특성이라고 생각했다. 하지만 보노보는 온갖 별난 방식으로 성교를 맺는다. 여기에는 정상 체위도 들어 있다. 이제껏 어느 누구도 동물에게서 이런 성 체위를 보지 못했다. 프란스는 또한 보노보 무리는 암컷이 중심을 이루며 침팬지와는 달리 폭력을 거의 쓰지 않는다고 결론 내렸다. 전쟁이나 살육을 포함하지 않는 인간 행동을 설명하는 또 다른 모형이 여기 있다고 제시했다.

프란스가 발견한 내용을 두고 언론이 떠들썩하자 다른 과학자들은 심기가 사나워졌다. 무엇보다 프란스가 내놓은 자료가 야생에 사는 보노보가 아니라 동물원에 사는 보노보를 관찰한 내용이 토대를 이루었기 때문이다. 사실 프란스가 내린 결론은 엄청난 반발을 불러왔다. 보노보 연구자들조차 프란스가 그리는, '전쟁이 아닌 사랑을 하는' 히피 원숭이 이미지는 과장되었다고 지적하기 시작했다.

야생 보노보를 다룬 자료는 침팬지에 비해 그 양이 턱없이 부족했다. 따라서 실제로 무슨 일이 있었는지 알 길이 없었다. 어쩌면 보노보는 서로를 죽이지만 아직 아무도 그 모습을 보지 못했을지도 모른다. 어쩌면 보노보는 야생에서 그토록 자주, 또는 그토록 기발하게 성적 행동을 하지 않을지도 모른다. 다른 이들은 한술 더 떴다. 프랑스의 실험 관찰이 동물원에 갇혀 있는, 한 줌도 안 되는 별난 보노보를 대상으로 하기 때문에 아무런 쓸모가 없다고 꼬집었다.

브라이언은 에머리대학교에서 프란스 드 발의 강의를 듣고 보노보에 마음을 빼앗겼다. 하지만 사방 500킬로미터 안에 있는 동물원에는 보노보가 없었다. 오직 여키스 연구소에만 있었다. 수컷 두 마리가 콘크리트 사육장에 살았으며 똥을 던졌다. 그래서 브라이언은 다른 사람들의 연구에 참여하며 보노보를 침팬지 옆에 놓고 틀린그림찾기를 했다.

브라이언의 지도교수인 마이클 토마셀로가 라이프치히로 옮기자 브라이언은 하버드대학교의 리처드 랭엄 교수 아래서 박사 과정을 밟았다. 리처드는 우간다의 키발레 국립공원에서 야생 침팬지를 연구한다. 더구나 현장 영장류 동물학자치고는 드물게 열린 사고방식을 지녔다. 야생에서 영장류를 관찰하는 사람은 대다수 순수주의자다. 동물에 조금이라도 간여하면 자신이 관찰하는 내용이 사실이 아니라고 판단한다. 예를 들어, 제인 구달이 처음 침팬지들이 서로 죽이는 모습을 보았을 때

순수주의자들은 제인 구달이 바나나를 먹여 침팬지가 사이코 패스로 변해버렸다고 주장했다. 순수주의자들이 자연 그대로의 환경도 아닌데다 동물을 조종하는 실험을 어떻게 바라보는지 아마 상상이 갈 것이다.

브라이언이 여키스 연구소를 그만두고 싶어 하자 데비와 친분이 두터운 리처드가 은감바 아일랜드에서 침팬지를 연구해보면 어떻겠냐고 제의했다. 브라이언이 자신은 보노보를 연구하고 싶다고 말하자 리처드는 롤라 야 보노보에서 실험을 계속할 수 있다고 제안했다.

롤라 야 보노보는 전 세계에서 유일한 보노보 보호구역이다. 킨샤사 외곽에 위치한 9만 평(0.3제곱킬로미터)이 넘는 숲에서 어미를 잃은 보노보가 60마리 이상 살고 있다.

롤라 야 보노보를 비롯해 모든 유인원 보호구역이 존재하는 이유는 부시미트 거래 때문이다. 아프리카 여러 나라에서는 가축이 귀하고 비싸다. 단백질을 얻는 가장 쉬운 방법이 사냥하는 것이다. 콩고 분지에 사는 몇몇 부족은 프랑스인보다 고기를 더 먹는다. 1년에 100만 톤 이상을 먹어 치운다. 엠파이어스테이트 빌딩의 3배에 달하는 무게다. 그렇게 먹어대는 고기의 80퍼센트가 야생동물한테서 나온다. 사냥꾼은 몸집이 큰 포유동물을 좋아한다. 사냥감당 고기를 많이 얻을 수 있기 때문이다. 특히 원숭이가 사냥 대상이 된 이유는 공동체를 이루며 살기 때문이다. 한 마리를 찾아내면 다른 서른 마리도 함께 찾아내어 동시에 죽일 수 있다.

모든 아프리카 나라에서 보노보와 침팬지, 고릴라를 죽이거나 파는 일은 불법이다. 이 세 대형 유인원은 멸종위기종이다. 관련 법과 '멸종위기에 처한 야생 동식물의 국제거래에 관한 협약Convention on International Trade in Endangered Species(CITESC)'으로 보호받는다. 사냥꾼이 잡히면 고기는 압수되어 파기된다. 하지만 원숭이 공동체를 다 죽이고 나면 죽은 어미한테 꼭 붙어 있던 젖먹이 원숭이를 한두 마리 발견한다. 이들 젖먹이 원숭이는 뼈에 붙은 살이 적어 배부르게 먹을 만큼 고기를 얻을 수 없다. 하지만 사냥꾼은 부유한 이들이나 야생동물 밀수꾼에게 애완동물로 팔 수 있다.

관계 당국이 젖먹이 원숭이를 압수하면 어떻게 할까? 원숭이는 60년을 산다. 다 성장하면 힘이 성인 남성보다 몇 배는 더 세어진다. 어미도 공동체도 없는데 젖먹이 원숭이를 야생으로 다시 돌려보낼 수는 없다. 지역 동물원으로 보내기도 하지만 일반 대중도 굶주리는 나라에서 동물원은 고문실이나 다름없다. 해외 동물원으로 보낼 수도 있다. 하지만 이런 일에는 구린내가 풍긴다. 과거 해외 동물원이 야생 원숭이를 전시할 목적으로 밀거래를 부추겼기 때문이다. 안락사당할 수도 있다. 하지만 야생에서 살아남지 못할 젖먹이 원숭이라도 멸종위기종을 죽이는 일은 자가당착의 우를 범하는 셈이 된다.

이들 선택지를 죽 훑어보면 한 가지 해결책이 떠오른다. 나라 안에 젖먹이 원숭이가 갈 수 있는 시설이 필요하다는 것이다. 같은 원숭이들과 더불어 자라면서 타고난 수명을 다 살아낼 수 있는 그런 공간이.

보호구역은 여러 가지 형태를 띤다. 은감바처럼 섬일 수 있으며 롤라 야 보노보처럼 전前 대통령의 휴양지일 수 있다. 대개는 낮에 원숭이가 뛰놀 수 있는 커다란 숲과, 밤에 잠을 자러 들어갈 수 있는 건물이 가까운 곳에 있다.

대다수 아프리카 나라는 보호구역을 지원할 형편이 못 된다. 보호구역은 유럽이나 미국의 개인 후원자가 내는 기부금과 비정부기구NGO 지원금으로 주로 운영된다.

클로딘은 1994년에 보노보 보호구역을 시작했다. 세 살 때부터 내내 콩고에서 살았으며 여러 번 직업적 성공을 거두었다. 그 가운데에는 오트쿠튀르나 아프리카 예술품을 파는 일도 있었다. 그리고 대다수 사람들이 은퇴를 준비하는 나이가 될 때까지 기다렸다가 마지막으로 가장 도전적인 계획을 행동으로 옮겼다.

점심 식사를 마친 뒤 클로딘이 우리를 안내한다. 강을 따라 걷다가 연못들 사이로 길을 잡고는 오솔길을 오른다. 한쪽으로는 나무가 울타리처럼 빽빽하게 늘어서 있고 다른 한쪽으로는 커다란 호수가 펼쳐져 있다. 곧 관람석에 둘러싸인 경기장에 다

다른다. 원형극장처럼 보이기도 하는 이곳은 자연이 꾸며놓은 무대와 이어져 있다. 배경을 이루는 숲은 잎이 우거지고 가지에서 늘어진 덩굴 줄기가 공중제비를 돌 듯 원을 그리고 있다. 전기철망이 뱀처럼 숲 둘레를 구불구불 감싸며 이따금 열기를 뿜으면서 지지직 소리를 내고 있다. 오른쪽으로 호수로 흘러드는 갯고랑이 있다. 그곳에는 어른 키만큼 자란 야생 백합이 흐드러지게 피어 있다. 전경을 이루는 잔디밭은 열대 과일과 사탕수수가 지붕처럼 덮고 있다. 바로 여기서 우리가 그 먼 길을 마다하지 않고 보려고 달려온 그 생명체를 처음으로 마주한다.

먹이 구역 한가운데에 미미가 있다. 미미는 24살 된 보노보로 이 보호구역에서 가장 나이가 많다. 클로딘은 미미를 공주마마라고 부른다. 15살이 될 때까지 인간과 가족을 이루며 응석받이로 자랐기 때문이다. 침대에서 잠을 잤고 대소변도 잘 가렸다. 냉장고에서 재료를 꺼내 간단한 음식을 만들었고 칼과 포크를 써서 먹었다. 열렬한 패션 잡지 애독자이기도 하여 한 장 한 장 넘기며 매우 자세히 살펴보는데 그 모습이 다가올 계절에 어떤 옷을 입을까 고심하는 듯했다. 인간이 기른 원숭이는 대다수 자신이 원숭이인지 깨닫지 못한다. 미미가 롤라 야 보노보에 왔을 때 클로딘이 왜 자신이 미개한 털북숭이 짐승들과 함께 밖에서 살기를 바라는지 그 이유를 이해할 수 없었다.

클로딘이 안타깝다는 듯이 말한다.

"열다섯 살이 되도록 성 경험이 전혀 없는 보노보라니. 상상이나 할 수 있겠어요? 다른 보노보들이 미미와 성교를 맺으려고 할 때면 미미는 비명을 내지르며 도망쳤어요."

미미가 롤라 야 보노보에 들어왔을 때에는 공주 마마처럼 굴었을지 모른다. 하지만 지금은 그런 거드럭거리는 모습을 전혀 찾아볼 수 없다. 미미를 보자 서태후가 떠오른다. 19세기 중국을 통치한 그 피도 눈물도 없던 황후가. 중국은 남성 지배적인 사회로 악명이 높다. 여성을 사고팔 수 있었으며 말보다도 값이 낮았다. 그런 사회에서 서태후는 정적들보다 한 수 앞서며 거의 반세기 동안 최고 통치자로 군림했다.

미미는 서태후와 생김새도 닮았다. 입은 꼬리가 낮게 비스듬히 내려가 있고 주름이 입술 안쪽으로 모아들고 있다. 커다란 두 귀가 나이를 이기지 못하고 아래로 늘어져 있다. 눈가에는 주름살이 자글자글하고 입꼬리가 처져 있는 모습에 깜박 속아 악의라곤 전혀 없는 노인네라고 여길지도 모른다. 하지만 두 눈이 부싯돌마냥 반짝반짝 빛난다. 그 눈에서 레이저 광선 같은 빛을 쏘며 무리를 둘러본다. 자신이 다스리는 왕국의 신하를 하나하나 훑어보면서 모든 것이 자신의 취향에 맞게 갖춰져 있는지 확인하는 듯하다.

미미 곁에는 세멘드와가 있다. 세멘드와는 곡선미가 돋보이는 아름답고 풍만한 보노보다. 풀밭에 눕다시피 기대어 있다. 비너스를 그린 그림을 보는 듯하다. 둥근 젖가슴이 요염하게 늘어져 있고 그 끝에 젖꼭지가 달려 있다. 새끼를 배고 있어 배가 남산만 하게 불러 있다. 그 부른 배 때문에 더욱 여신처럼 보인다. 두 눈은 커다랗지만 눈초리가 이국적으로 치켜 붙어 있다. 치렁거리는 검은 털로 덮여 있다. 보노보는 모두 입술이 분홍빛이다. 그런데 세멘드와 입술은 가장 고운 산호색 색소로 칠해야 그런 빛을 띨 수 있을 듯하다. 세멘드와에게는 곁에서 깃털을 들고 살랑살랑 부채질하는 시동만 있으면 된다. 그러면 보노보로 환생한 클레오파트라가 따로 없으리라.

미미를 가운데 두고 그 반대편에는 젊은 암컷이 있다. 이름이 이시로Isiro다. 이시로는 수컷처럼 팔다리가 길다. 몸의 선이 칼처럼 벼려 있다. 얼굴이 날카롭고 툭 튀어나온 광대뼈는 각이 져 있다. 두 귀는 요정의 귀처럼 끝이 뾰족하다. 이시로는 테스토스테론을 왕성하게 분비하는 경찰로 알려져 있다. 어린 수컷을 꽉 휘어잡고 있기 때문이다.

그런데 이상하게도 암컷이 먹이 구역을 독차지하고 있다. 침팬지 사이에서 암컷은 차례가 오기를 기다렸다가 남은 음식을 구걸하다시피 해야 한다. 수컷들이 다 어디에 있을까?

긴장한 보노보 한 마리가 작은 나뭇가지에서 미끄러지듯 내려와 나를 향해 곧장 다가오면서 크고 높은 울음소리를 낸다.

나는 우간다의 밀림 속에서 수컷 침팬지 무리에 둘러싸인 적이 한 번 있었다. 어찌나 소리 하나 내지 않고 살금살금 다가들었는지 함정에 빠졌다고는 전혀 알아차리지 못했다. 알아차렸을 때에는 이미 때를 놓친 뒤였다. 그 순간 피가 얼어붙는 울부짖음이 일제히 터져 나오며 온 숲을 가득 채웠다. 침팬지들이 요란하게 나무를 두드렸다. 솥뚜껑만 한 손으로 단단한 마호가니 나무줄기를 두드릴 때마다 메아리가 울려 퍼졌다. 가지들이 벼락 갈라지듯 부러졌으며 악령에 사로잡힌 듯 흔들렸다. 비명 같은 소리가 끝없이 이어졌다. 나는 머리카락이 곤두서고 몸이 부들부들 떨렸다. 잎들 사이로 흉포하게 번득이는 눈을 보았다. 무언가 썩어가는 냄새가 코를 찔렀다. 공포의 냄새였다.

이 보노보는 두 손에 아무것도 들지 않았다. 무장한답시고 나뭇가지 하나만 달랑 쥐고 달려나올 뿐이다. 그러고는 자신이 내보인 모습이 내게 어떤 영향을 미치는지 가늠이라도 해보려는 듯 턱을 치켜올린다.

내가 그 보노보에게 말한다. "아이, 무서워라."

보노보가 아주 진지한 표정을 지으며 나를 뚫어져라 노려본다.

클로딘이 그 보노보가 난처하지 않았으면 바라는 마음에서 목소리를 한껏 낮춘다.

"타탄고Tatango는 최근에…… 암컷들한테 혼쭐이 났어요."

석 달 전만 해도 타탄고는 보호구역 반대쪽에 사는 다른 보노보 집단에 속해 있었다. 그 집단에는 맥스Max라는 보노보가 있었다. '고릴라'라고도 알려져 있는데 그 까닭은 롤라 야 보노보에 오기 전에 브라자빌Brazzaville에 위치한 보호구역에서 몇 년을 지냈기 때문이다. 맥스가 사람이라면 패션 감각이 뛰어난 동성애자였을 것이다. 맥스는 상상할 수 있는 가장 완벽한 털을 가지고 있다. 서로 털을 다듬어주는 행동이 보노보 사회에서는 꼭 필요한 일임에도 맥스는 아무도 자신의 털을 만지도록 허락하지 않는다. 절대, 결코. 윤이 흐르는 털은 길고 숱도 많아 샴푸 광고에서 금방 튀어나온 듯하다.

맥스는 암컷들의 사랑을 한 몸에 받는다. 타탄고가 질투로 타오르며 거칠어졌다. 맥스를 공격하기 시작했다. 털을 잡아당기고 이빨로 물 수 있는 데라면 가리지 않고 몸을 물어댔다. 이는 침팬지에게는 꽤 자연스러운 행동이다. 타탄고가 침팬지였다면 빠른 시간 안에 서열 최상위를 차지했으리라. 그리고 눈부시게 아름다운 털을 지닌 맥스는 엉망진창 피투성이가 되어 구석에 들어박혔으리라.

하지만 세멘드와와 이시로가 이끄는, '공포의 다섯 자매'라고 불리는 암컷 보노보 무리가 타탄고와 그 오만한 침팬지 사고방식을 견딜 만큼 견뎠다고 결론지었다. 어느 날 타탄고가 공격하는 통에 맥스가 고통에 겨워 비명을 지르자 공포의 다섯 자매가 타탄고에게 덤벼들었다. 분노가 하늘을 찔렀다. 팔과 다리를 물어뜯고 손톱도 하나 뽑았다. 고환도 베어 물려고 했다. 클로딘이 말을 이었다.

"그날 이후 타탄고는 아무런 문제도 일으키지 않았어요. 하지만 어쩐지 마음에 상처를 좀 입은 거 같아요."

우리 앞에 펼쳐진 호숫가에서 키콩고라는 보노보가 이끼 더미에서 물구나무를 서고 있다. 두 발이 온통 초록색이라 이끼 신발을 신은 듯하다. 키콩고가 물구나무를 선 채 두 발을 마구 흔들며 큰 소리로 웃고 있다.

나는 걸음을 더 옮겨 미케노Mikenno라는 보노보를 본다. 미케노는 로댕의 '생각하는 사람'과 똑같은 자세로 앉아 있다. 주먹을 쥐어 턱밑에 괴고는 팔꿈치를 무릎에 올려놓고 있다. 지금 여기, 눈길을 끄는 얼굴이다. 입맞춤에 알맞도록 진화한 듯 도톰하고 통통한 입술. 정수리 한가운데를 따라 가르마를 탄 검고 기다란 털. 근육이 탄탄하고 우아하게 발달한 팔다리. 숱이 많은 속눈썹에 단련한 구릿빛을 띤 눈.

나는 카메라를 들고 렌즈가 철조망 사이에 오도록 맞춘다. 조심해야 한다. 숲을 에워싼 은색 담장에는 초당 8000볼트가 맥박 뛰듯 흐르고 있다. 정오다. 열기가 전기를 만나 번쩍 빛을 낸다. 꼭 채찍을 휘두르는 것 같다.

"미케노는 참 아름답지요. 보노보치고도 온화하고 다정해요."

클로딘이 내 뒤에서 말한다. 붉은 머리가 한낮에 내리쏟는 햇빛을 받아 불타오른다. 내가 묻는다.

"미케노는 어디서 왔어요?"

"미케노는 내가 처음 돌본 보노보예요. 내 친구인 데니스Denise에게서 데려왔지요. 손자인 폴Paul 때문이었어요."

데니스의 딸이 남편과 함께 앙골라에서 살았다. 곧 산달이 다가와서 데니스는 딸이 아기를 낳으러 킨샤사로 오기를 기다리고 있었다. 데니스의 딸이 앙골라를 떠나기 이틀 전 반군이 그 마을을 휩쓸고 지나갔다. 반군이 데니스의 딸을 마체테로 찔러 죽인 다음 배를 갈라 열었다. 그러고는 태아를 한쪽으로 던져놓았다. 데니스의 손자인 폴이 그 모든 광경을 지켜보았다.

"반군이 폴을 고문했어요. 온몸이 불에 덴 자국투성이였죠. 그래도 끝내 목숨만은 살려뒀어요."

나는 천천히 일어선다. 마음이 아프다. 정말 지옥이 따로 없다.

"그 당시 나는 킨샤사 동물원에서 일을 돕고 있었어요. 동물들이 굶주리고 있어서 동물들에게 먹이를 주었지요. 데니스와 나는 여러 해 동안 서로 알고 지냈어요. 매우 가까웠어요. 난 데니스를 돕고 싶었어요. 그 고통스런 기억말고 다른 생각거리를 주고 싶었어요. 폴은 엄마가 당한 죽음밖에 이야기하지 않았어요. 이제 겨우 두 살인데 반군이 엄마를 어떻게 죽였는지 되풀이해서 이야기했어요. 그 이야기만 끊임없이 해댔어요. '칼로, 칼로, 엄마를 베었어. 엄마를 베고 배를 갈랐어.' 데니스는 넋이 나갈 지경이었어요. 가족 주치의는 폴이 이야기하도록 내버려두는 편이 낫다고 말했지요. 밖으로 꺼내놓을 필요가 있다고요. 하지만 상상할 수 있을 거예요. 임신한 딸이 어떻게 처참하게 죽었는지를 하루도 거르지 않고 듣는다면 얼마나 피폐해질지."

데니스는 동물을 사랑했다. 뒷마당은 상처를 입거나 어미를 잃은 온갖 생명체가 깃들 수 있는 피난처였다. 클로딘이 데니스에게 동물원으로 와서 굶주리는 동물들에게 먹이 주는 일을 도와달라고 부탁했다.

그 무렵 미케노가 도착했다. 미케노는 죽음의 문턱을 밟고 있었다. 동물원 책임자가 클로딘과 데니스에게 마음 쓰지 말라고 말했다. 전에도 보노보가 동물원에 온 적이 있지만 모두 죽었다고 덧붙였다. 하지만 데니스는 응급 전문 간호사였다. 미케노를 집으로 데려갔다. 그리고 서두르지 않고 찬찬히 보살폈다. 그 덕분에 미케노는 다시 건강을 찾았다.

미케노도 자신의 어미가 죽임을 당하는 모습을 보았다. 어떻게 죽임을 당했는지 말로 표현할 수는 없지만. 어쩌면 미케노의 어미는 숲에서 배고픈 군인에게 잡아먹혔는지도 모른다. 아니면 미케노를 사로잡으려는 사냥꾼 총에 맞아 죽었는지도 모른다. 미케노라면 시장에서 수천 콩고프랑을 벌어다줄 테니까.

"데니스는 미케노가 폴을 도울 수도 있다고 생각했어요. 둘 다 나이가 엇비슷했으니까요."

클로딘이 말한다. 데니스는 딸의 죽음에 몹시 상심했지만 미케노에게도 손자에게도 아낌없이 사랑을 쏟았다.

그런데 언젠가부터 이상한 일들이 일어나기 시작했다. 콩고인이 검은 마법이라고 부르는 그런 일들이었다. 미케노가 어린 소년처럼 행동했다. 폴의 옷을 입었다. 그리고 데니스 곁을 떠나지 않았다. 그와 동시에 폴은 옷을 입지 않았다. 옷을 입힐라치면 소리를 질러댔다. 보노보처럼 말했다. 하루 종일 밖에서 나무를 타며 보냈다. 나무에서 내려오려고 하지 않았다.

"고민 끝에 가족 주치의와 데니스의 남편이 제게 말했어요. 내가 미케노를 데려가야 한다고요. 그 어린 소년한테 일어나는 일이 무섭다고요. 나는 미케노에게 숲이 필요하다고 조언하며 데니스네 뒷마당보다 더 안전한 곳으로 데려가겠다고 약속했지요. 물론 데니스는 내 말을 믿지 않았어요. 왜 미케노를 자신한테서 떼어놓고 싶어 하는지 그 이유를 이해하지 못했어요. 이미 미케노를 깊이 사랑하고 있었으니까요.

어느 날 아침 데니스가 우리 집 앞에 자동차를 세웠어요. 미케노를 떨어뜨려놓고는 말 한 마디 없이 그대로 차를 몰고 떠났어요. 데니스는 그 후 다시는 미케노를 보지 않았어요. 물론 나도요. 하지만 제가 무엇을 할 수 있었을까요?"

클로딘이 나지막하게 질문을 던진다. 답을 바라는 질문이 아니다. 클로딘은 목소리가 사랑스럽다. 저 앞으로 보노보가 긴 줄을 지어 움직이기 시작한다. 날이 무덥다. 그래서 보노보들은 연못으로 가고 싶어 한다. 연못에서는 스르르 미끄러져 물속에 잠길 수도 있고 기슭을 따라가며 뿌리를 찾을 수도 있다.

미케노가 평온하게 우리를 바라본다. 그 눈동자 속에서 나는 우리가 드리운 그림자를 본다.

6

롤라 야 보노보에서 우리가 지낼 숙소는 갖가지 보석 색깔을 띠는 돌로 지어졌다. 과연 독재자가 주말을 보낸 휴양지답다. 위성방송 텔레비전과 에어컨을 갖추고 있으며 더운 물이 나오고 화장실도 수세식이다. 발코니에 서면 강까지 이어진 풍광이 한눈에 내려다보인다.

우리 요리사는 파파 장Papa Jean이라는 사람이다. 모부투 밑에서 정원사로 일한 적이 있었다. 그 말에 나는 호기심을 도저히 억누를 수가 없다.

"모부투는 인자한 사람이었어요. 가족을 사랑했지요. 손자들과 함께 있을 때면 손자들이 자신을 묵사발 내도 가만히 있었어요."

파파 장이 말하는 동안 내가 입을 턱 벌린 채 눈을 휘둥그레 뜨고 바라본다.

"하지만 도둑놈이었어요. 콩고를 망가뜨렸다고요."

파파 장이 고개를 내젓는다.

"사람들은 모부투를 좋아했어요. 모부투는 물가로 내려가 어부들에게 말을 걸곤 했지요. 농부들이 들판에서 일하고 있으면 종종 들러 농작물에 대해 물어보기도 했어요. 모부투가 말하면 수백 명이 귀를 기울였어요. 우리에게는 아버지 같았죠."

파파 장은 오십 대 남성으로 잘생겼다. 나는 그 얼굴과 눈에서 전쟁의 상흔을 찾아본다. 전혀 없다. 사실 롤라 야 보노보의 어느 누구에게서도 그 흔적을 찾지 못할 듯싶다. 즐거운 표정으로 서로를 부른다. 농담을 주고받고 손뼉을 치며 노래를 부른다. 내가 뉴스를 제대로 읽었던 걸까? 지난날, 콩고에서 수백만 명이 목숨을 잃지 않았나?

리처드와 브라이언이 벌써 보노보에게 실시할 첫 실험들을 준비하고 있다. 어떤 실험이 가능할지 감을 잡기 위해서다. 두 사람이 열중해 있는 사이 나는 혼자만의 생각에 잠긴다. 여기 콩고에 오면 전쟁에 대한 통찰력을 얻을 수 있으리라고 여겼다. 누군가 불쑥 나타나 이렇게 말하리라 상상했다.

"바로 이런 이유로 네 아버지가 그리 막돼먹은 인간으로 변한 거야."

하지만 지금까지 누군가가 다가올 기미조차 보이지 않는다.

나는 언덕 위로 난 좁다란 돌길을 따라 걷는다. 그 길은 숙소에서 사무소까지 이어져 있다. 길이 끝난 곳에서 오른쪽으로 돌아 숲으로 들어선다. 빈터가 나오고 여러 놀이기구 가운데 정글짐이 우뚝 서 있다. 정글짐은 브리지트 바르도Brigitte Bardot라는 유명한 배우가 기부했다. 여느 놀이터와 다르지 않다. 밧줄을 늘어뜨리고 나무 계단이 놓여 있다. 오를 수 있는 그물망이 있고 작은 물놀이장도 있다.

하지만 사람 아이들이 없다. 대신 털이 복슬복슬하게 난, 작고 단단한 공 모양의 뭉치들이 주변을 신이 나서 뛰어다닌다. 이 나무에서 저 나무로 그네를 타듯 날아다니면서 서로 팔과 발을 잡아당겨 땅에 떨어뜨린 다음 뒤엉켜 씨름을 몇 바탕 벌인다. 정글짐 옆에는 브루스 리Bruce Lee의 축소 모형인 듯한 한 보노보가 대나무 줄기에서 자살 특공대처럼 뛰어내려 다른 보노보 머리에 쿵후 발차기를 날린다.

이 아수라장을 감독하는 이들은 대문자 'M'을 쓰는 마마들 The Mamas이라고 불리는 네 여성이다. 콩고에서는 자식을 낳을 만큼 나이가 들어야 '마마'라고 부른다. 이 말은 따뜻하게 품어 주는 존재라는, 그런 다정한 의미가 아니다. 공경과 존경을 나타내는 표현이다. 롤라 야 보노보에서는 오직 이들 네 여성만이 그런 경칭으로 불리는 특권을 누린다. 이 경칭은 이들 네 명에게 모두 붙이는 듯하다. 가장 나이 어린 여성은 이제 겨우 열아홉 살이고 가장 나이 든 여성은 족히 백 살도 넘어 보이지만. 보호구역 어디에선가 "마마!"라고 크게 부르는 소리가 나면 이들 가운데 하나가 한껏 의기양양한 태도로 어느 모퉁이에서 걸어

나온다. 함께 모여 있다면 마마라는 경칭을 실제 이름 앞에 붙여야 법도에 맞는 듯하다. '마마 에스페랑스Esperance'나 '마마 이본Yvonne'처럼. 이들 네 여성이 롤라 야 보노보를 떠받치는 힘의 원천이다. 맥베스에게 예언하는 마녀들이자 그리스신화 속 운명을 짜는 여신들이다. 모든 일이 이들과 더불어 시작해서 이들과 더불어 끝난다.

클로딘은 곧 새끼 보노보가 꾸준히 보살핌을 받지 못하면 죽는다는 점을 깨달았다. 야생에서 보노보는 다섯 살이 될 때까지 어미에게 꼭 달라붙어 떨어지지 않는다. 그래서 어미 잃은 보노보가 병들거나 겁에 질려 롤라 야 보노보에 도착하면 꼭 껴안을 따뜻한 몸이 필요하다.

보호구역에 오는 모든 보노보는 마마 가운데 한 명에게 보내진다. 그러면 마마는 이 어미 잃은 보노보를 친자식처럼 돌본다. 새끼 보노보는 하루 종일 브리지트 바르도 놀이터에서 지낸다. 마마의 품에서 내려와 다른 새끼 보노보와 어울려 놀 만큼 용기를 낼 수 있으면. 롤라 야 보노보에 들어오는 어미 잃은 보노보는 보통 나이가 세 살쯤이다. 어미가 총에 맞아 죽었을 때 아직 어미에 매달려 있었을 만큼 어리다. 어미 잃은 보노보는 보육장에서 여러 해를 지낼 수 있다. 그때 마마가 그들 세계에서 중심을 이룬다. 마마 무릎을 차지하려고 늘 서로 다툰다. 그 다툼에서 이기는 건 대개 가장 나이가 어린 보노보다. 마마가 간식거리를 찾거나 화장실에 가려고 일어설 때마다 새끼 보노보 무리가 벼룩 떼처럼 매달려 있다.

45킬로그램이 넘는 수컷 보노보가 숲에서 돌아오지 않을 때 찾아 나서는 이는 남성 사육사가 아니다. 바로 그 보노보를 보살피는 마마다. 다 자란 암컷 보노보가 병이 나거나 약을 먹으려고 하지 않을 때 꿀과 레몬이 든 차에 약을 타서 지푸라기 침대로 가져가 떠먹이는 이도 마마다.

마마 가운데 한 명이 어떤 이유로 보호구역을 둘러보아야겠다고 결정을 내리면, 그 마마가 보살피는 보노보들이 유난스레 호들갑을 떤다. 호숫가에 서서 팔을 내밀고 울타리 너머에서 눈을 떼지 않는다. 마마 품에 뛰어들 기회를 엿보면서.

하지만 마마들은 보육장을 거의 떠나지 않는다. 새끼 보노보 여덟 마리가 온갖 법석을 떨며 뛰어다니기 때문에 그 상황을 살펴보려면 마마 네 명 모두가 필요하다. 정원사에서 사육사까지 예순 명에 달하는 다른 직원들은 언제나 미소를 지으며 손을 흔들어 환호를 보낸다. 반면, 마마들은 기회가 생기면 따귀라도 올려붙일 기세다. 그래도 내가 질문을 던지기에 더할 나위 없는 상대처럼 보인다. 분명 다른 어느 누구보다 전쟁을 더 겪었을 테니까.

"마니에마Maniema! 마니에마!"

가슴이 풍만한 마마 앙리에트Henriette가 성난 목소리로 부른다. 마니에마가 신발을 훔쳐 달아나 덤불 속에 숨는다. 마마 앙리에트 곁에는 마마 미슐랭Micheline이 있다. 주름이 쪼글쪼글한 이 나이든 여성은 보이는 이가 두 개밖에 남아 있지 않다. 마마 이본은 여장부이고 마마 에스페랑스는 가장 나이가 어리다. 내가 앙코르와트에서 본 춤추는 아스파라와 얼굴이 닮았다.

"살루Salut(안녕하세요)."

내가 인사를 건네며 땅바닥에 앉는다. 갑자기 보노보 한 마리가 나무에서 뛰어내려와 내 머리에 앉는다. 두 팔로 내 얼굴을 감싼다. 입안으로 보노보 털이 들어와 제대로 말을 할 수가 없다.

"에……."

가까스로 그 새끼 보노보를 떼어낸다. 대나무에서 쿵후 자세로 뛰어내리는 게 분명 이 새끼 보노보의 주특기인가 보다. 내 팔을 움켜잡고 있는 힘껏 당긴다. 이어질 내 질문에 마침표를 찍듯 홱 잡아당긴다.

"저는 이야기를,"

홱.

"여러분과 나누고 싶어요."

홱.

"그러니까 전쟁이 일어나는 동안 콩고에 계셨어요?"

이어지는 침묵에 마음이 불편하다. 내 팔을 또 잡아당겨 어깨가 돌아가는 바람에 마마 앙리에트 얼굴에 떠오른 표정을 읽을 수 없기 때문이다. 마마 앙리에트 발치에는 또 다른 보노보가 앉아 있다. 키가 무릎께 온다. 이 보노보는 다른 젖먹이 보노보보다 나이가 더 먹은 듯 보인다. 하지만 아기처럼 바짓가랑이에 매달려 있다.

나는 얼른 침묵을 떨쳐낸다.

"이 보노보는 이름이 뭐예요?"

마마 앙리에트가 건달처럼 턱을 치켜들며 대답한다.

"로마미."

나는 로마미에게 손을 내민다. 로마미가 마마 앙리에트 다리 뒤로 움츠러든다. 마마 앙리에트의 바지 앞자락을 손으로 똘똘 말아 쥔다. 그때 다섯 손가락 끝이 전부 잘려 나간 로마미의 오른손이 내 눈에 들어온다.

"어쩌다 손이 이렇게 됐어요?"

"페티셔*feticheurs*."

마마 앙리에트가 대답한다. 주술사가 그랬다고. 콩고의 어떤 지역에서는 주술사가 보노보의 신체 일부를 써서 주문을 건다. 미신에 따르면, 임신한 여성이 보노보 손가락을 넣어 끓인 국을 마시면 건강한 아기를 낳는다. 보노보 뼈를 넣어 끓인 물에 아기를 씻기면 튼튼해진다.

로마미는 키상가니에서 발견되었다. 키상가니는 콩고의 다이아몬드 주요 산출지다. 콩고의 한 항공사 책임자가 팔려고 내놓은 보노보를 공항에서 보고서 사고 싶은 척했다. 그러고는 클로딘에게 연락했다. 클로딘이 환경부 조사관과 계획을 세워 그 보노보를 압수했다.

로마미는 몇 주 동안 우리에 갇혀 있었다. 이따금 누군가 와서 손가락을 하나 잘랐다. 비명을 지르든 피를 흘리든 아랑곳하지 않고. 며칠이 지나 다시 찾아와 다른 손가락을 잘랐다. 로마미에게는 사타구니 살도 일부 없다. 음경도 얇게 잘려나갔다. 두 눈은 제2차 세계대전 나치의 유대인 대학살에서 살아남은 생존자의 그것과 다르지 않다. 주변에서 다른 보노보가 시끌벅적하게 뛰어노는 데에도 아무도 로마미 근처로는 오지 않는다. 로마미는 혼자 마마 앙리에트의 바짓가랑이에 매달려 있다.

보노보 한 마리가 덤불에서 뛰어나와 내 무릎에 송곳니를 박는다. 마마들이 먼 산으로 눈길을 돌린다. 그 보노보가 내 다리를 먹고 있든 말든 개의치 않는 게 분명하다. 마마 앙리에트가 부른다.

"마니에마."

마니에마가 고개를 들어 마마 앙리에트를 쳐다본다. 입에는 내 바지를 가득 물고 있다. 마마 앙리에트가 인상을 쓴다. 마니에마가 가져온 선물이 마음에 들지 않는다는 듯이.

"레스_laisse_."

그만 놔.

마니에마는 말을 듣지 않는다. 마니에마가 내 무릎에 꼭 붙어 있어 나는 힘겹게 마니에마를 떼어놓으며 자리에서 일어난다. 그리고 그만 가보겠다고 인사하고 실망감을 안고서 언덕을 터덜터덜 내려온다.

7

이튿날 아침, 나는 하릴없이 강가를 따라 거닌다. 건너편에서 밭을 일구는 마을 사람들을 바라본다.

"마니에마!"

마마 앙리에트 목소리가 머리 위 덤불 사이로 우렁우렁 울리며 날아든다. 손등에 벽돌장이 우르르 쏟아질 때나 나옴직한 목소리다. 장난꾸러기 털 뭉치 특공대원 하나가 덤불에서 모습을 드러낸다. 작은 두 눈이 반짝이며 좌우를 살핀다. 보육장 탈출을 감행하며 아드레날린에 흠뻑 취해 있다. 마니에마가 나를 발견하고는 나를 물어야 할지, 아니면 도망쳐야 할지, 아니면 물고 도망쳐야 할지 머리를 굴리고 있다.

"마니에마."

이번에는 목소리가 다르다. 낮고 부드럽다. 기타에서 가장 낮은 음의 줄이 울리는 듯하다. 한 남자가 건물 뒤편에서 나온다. 손을 내민다. 마니에마가 그 손을 타고 올라가 남자 품에 안긴다.

남자가 마니에마 목에 코를 비빈다.

"몬 아미Mon ami(내 친구)."

둘만의 친밀한 순간이다. 나는 어색해진다. 남자가 나를 본다. 얼굴에 부드러운 미소가 퍼진다. 이마가 반듯하고 눈이 아몬드 모양이다.

"봉주르."

"봉주르."

"버네사예요."

"자크Jacques입니다."

"마니에마를 좋아하나 봐요?"

"내 친구예요."

우리는 마주보고 웃는다.

"어디서 왔어요?"

"동부에서요."

내 빈약한 조사에 따르면 동부는 가장 잔혹한 전투가 벌어졌던 곳이다. 나는 슬쩍 찔러보기로 마음먹는다.

"전쟁을 많이 봤어요?"

자크가 입을 다문다. 그리고 내가 무슨 이유로 그런 질문을 던지는지 내 얼굴을 찬찬히 살핀다. 내가 말을 잇는다.

"아버지가 전쟁에 참전했었어요. 난 …… 그저 알고 싶을 뿐입니다."

나는 의기소침해진다. 미련스럽다는 기분이 든다. 문득 이 남자에게, 오늘 처음 본 사람에게 참으로 당돌하고 잔인한 요구를 했다는 데까지 생각이 미친다. 자크가 차분하게 말한다.

"지금까지 어느 누구에게도 무슨 일을 겪었는지 말한 적이 없습니다. 단 한 마디도요."

"미안합니다."

나는 말하며 한 걸음 물러선다. 내가 총총걸음을 치며 보다 안전한 곳으로 다시 올라서는 동안 자크가 내내 나를 지켜본다.

아침마다 마니에마가 보육장을 뛰쳐나온다. 얼굴에는 환희가 용솟음친다. 내가 그 뒤를 따라가면 마니에마는 항상 나를 자크에게로 이끈다. 자크가 마니에마를 들어 올려 품에 안고 불같이 화를 내는 마마들에게 도로 데려다준다.

마니에마가 무사히 돌아갔고 자크와 나는 가벼운 농담을 주고받는다. 자크가 바쁘지 않을 때면 나를 데리고 여기저기 다니면서 보노보 이야기를 들려준다.

그러던 어느 날 자크가 갑자기 묻는다.

"아직도 알고 싶습니까?"

나는 부끄러워 고개를 숙인다. 얼마 전 자크에게 전쟁 이야기를 해줄 수 있는지 물었고, 그건 주제넘은 짓이었다. 지금 나는 그의 이마에 깊게 패인 주름에서 그 이야기를 본다. 움푹 들어간 광대뼈에서도 그 이야기를 본다. 누군가 눈구멍 속으로 손가락을 찔러 넣은 듯, 붉은 눈두덩의 살갗에서도 그 이야기를 본다.

자크는 어쩌다 이런 얼굴이 되었을까. 그 사연이 두렵다. 하지만 이미 늦었다. 내가 고개를 끄덕이기도 전에 벌써 자크가 이야기를 시작한다.

나는 돈을 벌고 싶었습니다. 부자가 되길 바랐어요.

부모님이 갈라섰을 때 네 살이었어요. 두 분 다 재혼했지요. 어린 남동생과 나는 아버지와도 어머니와도 같이 살 수 없었어요. 어머니의 새 남편은 성깔이 사나웠거든요. 어머니도 나와 함께 살고 싶은 마음이 없었고요. 그 뒤로 어머니를 다시는 못 봤어요. 아버지가 있었지요. 아버지와 함께 살고 싶었어요. 그런데 아버지의 새로운 부인은 우리를 거둘 마음이 없었어요. 그래서 우리는 삼촌네에서 사촌들과 함께 살았습니다.

나는 가난하게 살지 않겠다고 단단히 결심했어요. 어느 누구에게도 기대어 살고 싶지 않았어요. 삼촌과는 열네 살이 될 때까지 함께 살았어요. 열네 살이 되자 채소를 길러 시장에 내다 팔았어요. 감자, 콩, 옥수수 등이었지요.

돈이 모이자 비행기 표를 끊어 키상가니로 갔어요. 금을 찾으러 갔지요. 숲에는, 깊은 숲에는 광물이 많이 납니다. 나는 부자가 되고 싶었어요. 깊은 숲으로 더 걸어 들어갔어요. 가장 가까운 마을에서도 이틀이나 걸리는 곳이었어요. 숲속 아래에는 1만 명이 넘는 사람들이 바글바글 살고 있었어요. 도시며 시골이며 온갖 곳에서 온 사람들이었지요. 다들 황금 열병을 앓고 있었어요.

콩고는 자원이 풍부하다. 킨샤사 남동쪽에 위치한 카사이Kasai에는 다이아몬드 산지가 해발 600미터 높이에 2만 제곱킬로미터나 뻗어 있다. 이 평원은 27억 년 전 압력을 받아 휘어져 습곡을 이룬, 콩고 분지의 기반이 된 결정질암 지층 위에 놓여 있다. 이 지층을 구성하는 암석을 소리 내어 읽어보면 마치 시를 읽는 듯하다. 화강암, 편마암, 혼성암, 섬장암, 석영암, 각섬암, 규암. 그 위에 마지막 빙하기에 빙하에서 지표수가 흘러나오면서 선캄브리아기 광상鑛床에 석영암이란 흔적을 남겼다. 쥐라기도 나름 발자국을 남겼는데 오래전에 사라진 강이 운반한 암석에는 보석을 형성하는 성분이 풍부했다.

하지만 다이아몬드를 낳은 건 백악기였다. 200미터 높이의 자줏빛 사암층이 중광물을 흠뻑 머금었다. 이 지층 덕분에 콩고가 세계 최대 다이아몬드 생산국으로 발돋움할 터였다. 1961년에는 다이아몬드 1800만 캐럿 이상이 이 나라를 떠나 전 세계 곳곳에서 여성의 세 번째 손가락과 가느다란 목을 장식했다. 지금도 해마다 100만 캐럿이 이 나라를 떠나고 있다.

밀려왔다 밀려갔다 끊임없이 흐르는 강물과 느릿느릿하게 지구를 가르며 움직이는 빙하가 다이아몬드만 남긴 것은 아니다. 풍부한 광물 자원이 카사이에만 집중해 있지도 않다. 트시냐마Tshinyama에서 나는 구리는 베트남전쟁에서 전선을 놓는 데 쓰였다. 루붐바시Lubumbashi 남부를 호를 그리듯 따라가며 나오는 우라늄은 원자 폭탄에 사용한다. 샤바Shaba에서 올라오면 주석으로 누빈 화강암을 만난다. 키푸시Kipushi 광산에서는 아연과 게르마늄이 난다. 콩고의 북부와 오리엔탈주에서는 금이 난다. 그 아래로, 콩고의 남부를 따라 아연과 납이 난다.

들도 보도 못한 이름을 지닌 광물도 난다. 마노노Manono에서 나는 주석을 함유한 페그마타이트, 카리마Kalima에서 나는 컬럼바이트 탄탈라이트, 루에세Lueshe에서 풍부하게 나는 파이로클로르 광맥이 그것이다. 문Moon산맥에서는 화산에서 흘러나온 용암에서 세계 어느 곳에서도 발견된 적이 없는 새로운 규산염이 몇 종류 나왔다.

보물이 가득 쌓인 이 알라딘의 동굴이 콩고의 커다란 자산이다. 하지만 가장 거대하고 어두운 그림자를 드리우기도 한다. 이 광물 자원에서 거두어들이는 수익 때문에 모부투가 그토록 오래 권력을 유지할 수 있었다. 콩고에서 흘러나와 유럽과 오스트레일리아, 캐나다와 미국의 광물 기업 호주머니로 들어가는 돈이 엄청났다. 이들 나라가 원조로 다시 콩고에 쏟아붓는 돈은 그 가운데 극히 일부였다.

숲은 나무가 빽빽했고 풀이 우거졌어요. 너무 나무가 울창해 햇빛이 고작 두 시간밖에 들지 않았습니다. 정오가 되어야 해가 떴지요. 그러고는 곧 졌어요.

우리는 야생동물과 침팬지, 코뿔소와 원숭이를 잡아먹었어요. 한번은 표범을 보았어요. 표범도 나를 보았지만 달아났어요. 당신 반만큼 커다란 등껍질을 인 거북도 보았어요. 우리는 거북을 물에 푹 고아 국으로 먹었지요. 숲에는 이들 동물을 죽여 금을 받고 파는 사냥꾼들이 있었습니다. 우리에게는 지폐가 없었고 오직 금만 있었어요.

숲은 가능성으로 가득 차 있었습니다. 내게는 친구가 다섯 있었어요. 우리는 함께 일하고 우리가 찾은 모든 것을 똑같이 나누었어요. 수영장만큼 널찍하게 땅에 표시를 하고 삽으로 팠어요. 하루 종일 파냈지요. 사냥꾼이 우리에게 먹거리를 가져다주었고 우리는 새벽 5시부터 저녁 6시까지 파고 또 팠어요. 잠은 페이요트payote, 그러니까 나뭇가지로 얼키설키 세운 다음 잎으로 덮어 비를 막아주는 오두막에서 잤어요. 우리는 땅을 판 다음 그 흙을 체로 쳤어요. 손가락만 한 덩어리나 주먹만 한 덩어리가 나왔지요. 땅에서 단 한 번에 수백 달러를 캤어요. 숲에는 다이아몬드도 있었어요. 많은 이들이 다이아몬드를 찾았어요. 다이아몬드는 찾기가 더 힘들었지만, 다이아몬드를 찾는다면 1만 달러에 팔 수 있었지요.

우리 다섯이 똘똘 뭉쳐 다녔어요. 살 만했지요. 우리는 누구와도 친구가 되었습니다. 3년 동안 행복하게 지냈어요. 나는 7000달러에 상당하는 금을 캤어요. 엄청난 돈이었지요. 그 돈이면 평생 살 수 있었어요.

그런데 그 금을 잃어버렸어요. 모든 것을 잃어버렸지요.

1990년, 냉전 시대가 막을 내렸다. 미국은 콩고 원조에서 완전히 손을 뗐다. 모두가 한목소리로 모부투에게 경고를 보냈다. 내각 장관, 재외 외교관, 정치인들이 더 이상 돈을 물 쓰듯 해서는 안 된다고 주의를 주었다. 하지만 알다시피 제 버릇 개 못 주는 법. 무장 군인이 모부투에 반기를 들고 저항하기까지 6년이 걸렸다. 그때조차도 모부투는 그런 날이 오리라고 여기지 않았다.

도화선에 불을 붙인 곳은 르완다였다. 집단학살이 자행된 뒤였다.

수백 년 동안 특권 지배층을 이룬 투치족Tutsis은 노동자 계층을 이룬 후투족Hutus과 지난한 권력 투쟁을 벌여왔다. 1994년 후투족 대통령이 암살당하자 이는 후투족한테 특권층을 일소해야 한다는 명분을 주었다. 인테라함웨Interahamwe라는 후투족 극단주의 단체가 조직적인 학살을 이끌었다. 인테라함웨는 냉정하고 신중하며 계산이 빨랐다. 후투족 정부 요인이 운영하는 비밀 진지에서 훈련을 받았다. 각 마을로 흩어져 투치족 명단을 만들었다. 나치가 유대인 명부를 만들었듯이.

그날이 오자 르완다 전역에 퍼져 있는 인테라함웨 구성원이

3만 명에 이르렀다. 거대한 저장고에서 지급된 무기에는 기관총과 수류탄도 있었다. 하지만 그들이 선택한 무기는 마체테였다.

1994년 4월 6일, 르완다의 후투족 대통령 주베날 하비아리마나Juvénal Habyarimana가 암살당했다. 한순간에 지옥문이 열렸다. 후투족은 즉시 손에 잡히는 아무 무기를 들고 알고 있거나 찾을 수 있는 이넨지inyenzi, 즉 바퀴벌레를 죽이라는 전언이 라디오 전파를 타고 퍼져나갔다. 투치족을 죽이기를 거부하거나 숨겨주거나 보호하면 후투족이라도 죽여버렸다.

르완다 집단학살은 잔혹하기 이를 데 없었으며 지극히 사사로운 전쟁이었다. 살육은 외국 군대나 수용소 경비병이 아니라 희생자를 잘 아는 사람들이 자행했다. 이웃이 이웃을 죽이고 마체테나 단도나 뭉뚝한 곤봉으로 신체를 난도질했다. 지역 정치인은 가족 전체를 몰살시켰다. 성직자조차 무기를 들었다. 무샤Musha라는 마을에서는 아침 8시부터 한밤중까지 1200명에 이르는 투치족이 도륙을 당했다. 투치족이 성스러운 구역으로 도망치면 교회는 가장 참혹한 학살극의 무대가 되었다. 집에 웅크리고 숨어 있으면 집으로 쳐들어와 죽였다. 숲으로 달아나면 음식을 찾아 밖으로 나올 때까지 기다렸다가 살해했다.

국제사회는 아무런 대응도 하지 않았다. 벨기에 평화유지군 10명이 고문을 받고 목숨을 잃자 벨기에는 철수해버렸다. 프랑스는 집단학살을 조직한 자들은 대피시키면서 대사관 내 투치족 직원은 그대로 방치하여 결국 죽음으로 내몰았다. 빌 클린턴

Bill Clinton 미국 대통령도 '집단학살'이라는 단어를 쓰지 않았으며 군대를 보내지 않았다. 또한 자신은 학살자에 대해 아무것도 알지 못한다고 맹세했다. 하지만 2004년에 공개된 CIA 일일 보고서에 따르면 빌 클린턴과 앨 고어Al Gore, 매들린 울브라이트Madeleine Albright 국무부장관은 마체테 칼날이 투치족에게 언제 처음 내려쳤는지 그 순간을 알고 있었다.

석 달 동안 무려 100만 명에 달하는 사람이 목숨을 잃었다. 팔다리가 잘려나가고 머리가 으깨진 시체 더미가 거리 곳곳에 널브러진 채 썩어갔다.

마침내 투치족 저항 세력이 나라를 장악했다. 투치족이 다시 권력을 잡자 200만 명에 달하는 후투족이 르완다를 탈출했다. 투치족이 보복할까 두려웠기 때문이다. 물론 투치족은 그렇게 했다. 투치족 군대가 자행한 살육은 집단학살이 아니었다. 산발적이었으며 불연속적이었다. 투치족은 아무도 믿지 않았다. 집단학살에서 가까스로 목숨을 부지한 투치족마저 죽였다. 후투족을 도왔다고 의심했기 때문이다.

150만 명이 넘는 난민이 르완다 국경을 넘어 콩고 동부로 밀려들었다. 이들 사이에서 인테라함웨는 군대를 조직하고 습격대를 파견하여 두 나라의 여러 마을을 공포로 물들였다. 모부투는 아무런 대책도 세우지 않았다. 급속히 퍼질 뿐 아니라 고통스럽기 그지없는 전립선암에 걸린 터라 끊임없이 프랑스로 날아가 치료를 받았다. 콩고에는 투치족 인구가 많이 살았다. 모부투가 콩고 땅에 살인귀 후투족이 피난처를 마련하도록 허용하자 분노가 들끓었다. 모부투 정권을 심판할 때가 무르익어 갔다.

전쟁이 났어요. 모부투의 전쟁이었지요.

전쟁이 곧 들이닥친다는 말을 들었어요. 하지만 귓등으로 흘렸어요. 전쟁은 다른 나라에서, 저 머나먼 다른 나라에서 벌어지는 거라고 여겼어요. 전쟁이 내게 닥치리라고는 생각조차 하지 않았습니다.

폭탄이 떨어지기 시작했어요. 여기저기 사방팔방에서. 폭탄이 터지고 터지고 또 터졌어요. 일주일 동안 나는 숲에서 폭탄을 피해 다녔어요. 시체 더미를 넘고 피로 빨갛게 물든 강을 건넜어요. 1996년이었습니다. 그 폭탄은 카빌라Kabila 군대가 터뜨렸어요.

모부투에게는 유능하면서도 간악한 군대가 있었어요. 나로선 카빌라가 맞서리라고는 생각하지 않았어요. 하지만 카빌라 군대는 고릴라가 사는 문산맥을 넘었어요. 르완다가 키상가니를 점령했고 그 군대가 킨샤사에 이르는 길을 전부 장악했어요.

로랑 데지레 카빌라Laurent Désiré Kabila는 불한당이었다. 그는 탄자니아의 매음굴과 키부스의 금광을 소유했다. 그곳에서 금을 군대로 몰래 빼돌렸다. 1975년에는 곰베Gombe에 위치한 제인 구달의 연구지에서 침팬지를 연구하던 스탠퍼드 대학생을 세 명 납치했다. 두 달 동안 인질로 잡으며 결국 4만 달러를 몸값으로 받아냈다.

1965년, 마르크스주의 혁명가 체 게바라Ché Guevara가 카빌라 진지에 모습을 드러냈다. 그 방문은 카빌라가 반反모부투 혁명군을 이끄는 데 도움이 되었다. 하지만 체 게바라는 곧바로 떠나면서 술과 여색을 밝히는 카빌라에 넌더리를 냈다. 1990년대에 카빌라는 아무런 주목도 받지 못했다. 소규모 반군 무리를 이끌었고 금을 밀수하는 사업체와 매음굴을 운영했다. 사태가 급변하지 않았다면 어느 산속에서 이름 없이 죽었을지도 모른다.

르완다 집단학살이 자행된 뒤 200만 명에 달하는 후투족 난민이 콩고로 몰려들었다. 그들 가운데에는 투치족을 수천 명이나 살육한 이도 있었다. 현대사에서 이보다 규모가 큰 탈출은 없었다. 후투족은 더러운 난민수용소에서 살았다. 이곳에서 집단학살을 시작한 인테라함웨 후투족이 재정비되었다. 유엔난민기구United Nations High Commissioner for Refugees(UNHCR)처럼 선의를 베푸는 구호 단체로 인해 가능했다. 이들 구호 단체가 기부하는 수천 톤의 음식을 인테라함웨가 통제하면서 무기나 탄약과 물물교환을 하거나, 무기나 탄약을 받고 팔았기 때문이다. 인테라함웨가 습격대를 보내면서 국경을 사이에 놓고 두 나라에서 투치족 콩고인과 르완다인이 공포에 떨었다.

투치족 정부는 다시 권력을 잡자 이들 인테라함웨를 뿌리

뽑고 싶어 했다. 뿐만 아니라 풍부한 콩고의 자원에 눈독을 들였다. 모부투는 분명 승기를 잃어가고 있었고 따라서 자신들의 이해에 동조하는 누군가가 정권을 잡기를 바랐다.

그래서 찾아낸 인물이 카빌라였다. 카빌라는 이미 요웨리 무세베니Yoweri Museveni 우간다 대통령과 친분이 있었다. 우간다는 콩고와 해결해야 할 문제가 있었다. 신의 저항군Lord's Resistance Army 같은 반군 단체가 우간다와 콩고 국경에 위치한 열대 우림에 숨어서 정부에 막대한 피해를 안기고 있었다. 그리고 다시 저 풍부한 자원이 있었다. 무세베니는 카빌라를 폴 카가메Paul Kagame 르완다 대통령에게 소개했다. 그렇게 세 사람이 도원결의를 맺었다.

모부투의 군대는 무능했다. 오랜 세월 부정부패를 일삼아온 장군들은 방어선을 어떻게 구축해야 하는지조차 알지 못했다. 손에 넣을 수 있으면 무엇이든 팔았다. 모부투의 전투기 부대도 그랬다. 심지어 이들은 진격해오는 카빌라의 군대에도 무기를 팔았다.

모부투가 8만 명에 이르는 군대를 모아 공격하라고 명령을 내렸을 때 장군들은 그 명령을 무시했다. 모부투는 절박한 심정이 되어 세르비아와 러시아와 프랑스 출신 용병을 고용했다. 자금이 점점 줄어들고 있지만 한 달에 2500달러씩 용병에게 지급했다. 카빌라의 투치족 르완다인은 난민수용소를 장악하고 있던 후투족 인테라함웨에 맞서 싸웠다. 인테라함웨는 정찰대를 보내 투치족 군인과, 대를 이어 콩고에서 삶을 이어온 투치족 콩고인을 계속 죽였다. 그 살육에 피가 흘러넘치고 시체가 땅을 뒹굴었다. 고래 싸움에 끼여 새우처럼 등이 터지는 이들은 대개 일반 민중이었다.

갑자기 숲이 군대로 차고 넘쳤어요. 첫째 날은 끔찍했습니다. 결코 잊지 못할 겁니다. 소음이, 섬뜩한 소음이 숲을 가득 채웠어요. 군인들이 숲으로 쏟아져 들어왔어요. 벨기에인, 중국인, 세르비아인. 카빌라와 모부투가 고용한 용병이었어요. 이루 다 셀 수 없었어요.

우연히 마주쳤는데 머리를 베기 시작했어요. 결코 잊지 못할 거예요. [자크가 분홍색 천을 감싼 한 여인을 가리킨다. 바구니를 머리에 반듯이 이고 강둑을 따라 우아한 몸짓으로 맵시 나게 걷고 있다.] 저 여인 같은, 저와 비슷한 여인이 한 명 있었어요. 아직도 그 모습이 눈에 선합니다. 군인들이 그 여인의 머리를 무 베듯 베었어요.

눈길을 돌리는 곳마다 시체가 쌓여 있었어요. 헤아릴 수 없을 만큼 많은 시체가요. 학교도 함께 다니던 친구가 내 눈앞에서 죽었어요. 내가 사랑한 친구며 가족이며 사람들이 죽어나갔어요. 어딜 가나 죽은 사람 천지였어요.

나는 친구 둘과 7일 동안 숲에 숨어 있었습니다. 아무것도 못 먹었어요. 작은 열매밖엔 없었어요. 콩고에서 물은 어디서나 찾을 수 있었어요. 그래서 그나마 물배라도 채울 수 있었지요. 우리는 키상가니에 도착할 때까지 내리 달렸습니다. 나는 어린 남동생을 찾았어요. 하지만 돈이 없었어요. 단 한 푼도. 그래서 남동생을 남겨두고 부템보Butembo로 갔어요. 아버지의 사촌에게 몸을 의탁했어요. 그가 나이트클럽을 소유하고 있었던 터라 바에서 일을 시작했어요.

하지만 전쟁은 그곳까지 쫓아왔어요. 군인들이 도착했고 눈에 띄는 족족 사람들을 죽였어요. 하지만 집 안에는 들어가지 않았어요. 꺼리는 듯했지요. 마을 사람들이 모두 그대로 집에 갇혀버렸어요. 한 발자국이라도 나가면 군인이 죽일 테니까요.

부템보에서 카빌라의 르완다 군인들이 닷새를 머물렀어요. 우리는 화장실도 갈 수 없었어요. 창문으로 아픈 사람들이 병원에 가려고 사정하는 모습이 보였어요. 르완다 군인은 그들을 죽여버렸어요. 배고픈 사람들이 음식을 구하려고 집을 나서는 모습도 보았어요. 르완다 군인은 그들도 죽였어요.

그 악몽 같은 나날이 시작했을 때 나이트클럽에 있었어요. 그래서 닷새 동안 꼼짝없이 그곳에 붙박여 있었지요. 그동안 아무것도 못 먹었어요. 맥주만 마셨습니다. 맥주와 청량음료와 땅콩 약간 외에는 아무것도 먹지 못했어요.

바에는 여덟 명이 있었습니다. 창밖으로 총알이 날아다녔어요. 로켓도 날아다녔지요. 이를 증언하는 백인은 단 한 명도 없었어요. 이를 기사로 써서 알리는 기자 역시 단 한 명도 없었어요.

닷새 뒤 군인들이 떠났습니다. 그 일을 겪고 사흘을 앓았어요.

나는 고마Goma로 갔어요. 다시 르완다로 갔지요. 국경을 왔다갔다 넘나들었어요.

제게는 아무것도 남지 않았습니다. 숲에 전부 두고 왔어요. 나는 빈털터리였어요.

카빌라가 거둔 승리는 신속하면서도 잔혹했다. 폴 카가메가 르완다를 장악하기까지 4년이 걸렸고 무세베니가 우간다를 차지하기까지 6년이 걸렸다. 하지만 카빌라는 1년도 채 안 되어 콩고를 점령했다. 카빌라의 군대는 킨샤사를 급습하여 거의 총한 발도 쏘지 않고 손에 넣었다. 암으로 피폐해진 몸을 끌고 모부투는 모로코로 날아갔다. 그리고 카빌라가 수도를 강점하고 나서 넉 달 뒤에 세상을 떠났다.

카빌라가 물려받은 국가 부채가 96억 달러에 이르렀고 나라는 이미 전쟁에 지쳐 있었다. 식량과 석유가 턱없이 부족했다. 하지만 아직 최악의 상황은 닥치지 않았다.

카빌라가 정권을 잡았을 무렵 군에 들어갔습니다.

행정 업무였어요. 2년 동안 그 일을 맡아 했습니다. 숲에서 우리를 공격한 바로 그 사람들 밑에서 일했지요. 카빌라의 르완다군 말입니다. 악마나 다름없어요. 증오합니다. 바로 내 눈앞에서 얼마나 많은 사람을 죽였던가요. 알다시피 르완다인은 가진 게 전혀 없어요. 가난해요. 콩고에 가족도 없습니다. 침략으로 잃을

게 하나도 없어요. 아무것도 없으니 우리한테서 훔칩니다.

내가 군에 들어간 이유는 일이 필요했기 때문이에요. 하지만 난 단 한 사람도 죽이지 않았어요. 매달 10달러를 받았습니다. 하지만 때때로 그마저도 주지 않았어요. 군대에는 돈이 없어요. 훔칠 수 있을 때 훔칩니다. 살기 위해서라도 훔쳐야 해요. 나도 조금 훔쳤어요. 먹을 수 있을 만큼만요. 도둑이 되고 싶지 않았습니다. 하지만 정직하게 살 수 없었어요. 몇 달 동안 급료를 받지 못할 때도 있었으니까요.

킨샤사에서 다른 일을 찾았어요. 일곱 달이나 급료가 나오지 않았어요. 나는 원예 일을 했습니다. 지방에서 하는 일이었지요. 화물차를 몰며 킨샤사를 오갔어요. 잠은 사무실에서 잤고요. 그러다 마침내 교도소에서 일자리를 얻었습니다.

카빌라가 권력을 잡자 서구 여러 나라는 콩고의 자원을 계속 수탈할 수 있으리라는 희망에 부풀었다. 원조금이 쏟아져 들어왔다. 카빌라는 그 돈을 탕진했다. 번창한 사업체를 강탈하고 파산으로 내몰았다. 짧은 치마를 입지 못하게 했다. 공산주의를 이상화하고 서구 세계에 적대감을 드러냈다.

당시 카빌라는 심각한 판단 착오를 일으켰다. 콩고인들이 카빌라가 르완다의 꼭두각시에 불과하다고 의심했다. 물론 이는 사실이었다. 카빌라는 대중의 지지를 얻기 위해 르완다인을 공격하여 나라 밖으로 몰아냈다. 르완다의 집단학살이 일으킨 오싹한 메아리가 아직도 울리는 가운데 라디오에 출연하여 집에 있는 아무 무기라도 들고 르완다인을 갈가리 찢어놓으라고 호소했다.

며칠 동안 광분한 콩고인이 투치족 주변에 자동차 바퀴를 던지고 불을 붙였다. 카빌라는 우간다인도 내쫓았다. 저항하면 누구든지 감방에 집어넣었다.

교도소는 거대했고 방이 아주 많았습니다. 갇혀 있는 죄수는 2500명 정도 되었어요. 감방은 가로 세로 길이가 각각 약 4.5미터였어요. 10명이 좁은 새장 같은 방에 다닥다닥 붙어 있었어요. 그런데 50명이 들어갈 때도 있었고 100명이 들어갈 때도 있었어요. 침대는 놓을 수가 없었어요. 어떤 이들은 1년 내내 그런 방에서 지냅니다. 신선한 공기 한 번 들이마실 수가 없었어요. 한 방에서 씻고 자고 먹었지요. 어떤 여성은 아이도 낳았습니다.

아프지 않은 사람이 드물었습니다. 하루에 두 번 콩과 옥수수를 받아요. 두 손에 담을 수 있을 만큼만요. 밥은 하루에 한 번 나옵니다. 고기는 언감생심 꿈도 못 꾸어요. 누가 고기를 주겠습니까? 이따금 아주 드물게 몹시 아픈 사람에게 작은 생선을 한 마리 줍니다. 사카사카 약간이랑요.

오후 4시면 잠자리에 들어요. 아침이 밝을 때까지 깨어서도 안 되고 소리를 내어서도 안 됩니다. 350명이 넘는 여성이 갇혀 있었어요. 엄마나 어린 소녀는 대개 군인이나 젊은 남자와 떨어져 지냈어요. 여성들은 늘 아팠습니다.

나는 모두와 알고 지냈어요. 도둑과도 정치인과도 살인자와도 안면을 트고 지냈습니다. 그들 속으로 들어가 그들 사이를 걸었어요. 그들이 전하는 이야기에 귀를 기울였지요. 이야기가 정말 각양각색이었어요. 완전히 다른 세계였어요. 탈영하여 감방에 던져진 군인들도 있었지요. 남자친구가 다른 여자와 관계를 갖자 살해한 스물두 살 난 여성도 있었어요. 자신의 것도 아닌데 가족이 사는 집을 판 여성도 있었습니다.

하지만 대개는 카빌라가 눈엣가시처럼 여긴 사람들이었어요. 카빌라는 그들을 반역자라고 부르고 감방에 가뒀어요. 법정도 재판도 법도 없었습니다. 카빌라가 그러고 싶으면 누구든 감옥으로 보내버렸어요.

죄수들은 공개 처형되었어요. 군인들이 죄수의 팔을 등 뒤로 묶은 채 나무에 매달았어요. 그러고는 총으로 쏘아 죽였지요. 아직도 한 처형 장면이 기억에 선합니다. 매우 젊은 청년이었어요. 고작 열아홉 살밖에 안 되었어요. 열두 살, 열세 살, 열네 살 된 어린 소년들이 전쟁에 나가 싸웠어요. 심지어 열 살이나 열한 살짜리도 있었지요. 카도고Kadogo라고 불린 카빌라의 소년병 부대였어요. 이 카도고야말로 콩고를 해방시킨 주역이라고 말하는 이도 있습니다.

경비병은 이 청년을 세우고 십자가형에 처하듯 두 팔을 양옆으로 벌렸어요. 청년의 애인이 울부짖었어요. 하지만 너무 늦었어요. 군인들이 수차례 총을 쏘아 청년을 죽였어요.

다섯 달이 흘렀어요. 내게는 너무 벅찼습니다. 나는 죄수들이 좋았어요. 하지만 너무 지쳐 있었어요. 게다가 급료를 주지 않았어요.

우간다인과 르완다인은 자신들이 권력을 쥐어준 바로 그 사람이 배신했다는 사실에 분노를 터뜨렸다. 곧 우간다인과 르완다인이 콩고 동부 대부분을 장악했다. 카빌라는 앙골라와 짐바브웨와 잠비아에 도움을 요청했다. 이들 나라는 그 요청에 응하며 탐욕을 드러냈다. 석유채굴권과, 다이아몬드나 다른 자원의 채굴권과 수출권을 요구했다. 그렇게 첫 번째 전쟁보다 더 피비린내 나는 전쟁이 포문을 열었다. 사망자수가 수백만 명으로 늘어난 전쟁이. 자이나보가 집단 강간을 당하고 자이나보가 보는 앞에서 아이들이 잡아먹히는 전쟁이. 이 전쟁으로 수백만 명에 이르는 난민이 생겨났다. 수백만 명이 넘는 목숨이 산산이 부서졌다. 하지만 자크가 전하는 이야기는 좀 다르다.

나는 에콰테르Equateur로 향했습니다. 배에서 일했어요. 킨샤사에서 반다카Bandaka로 가는 공급선이었어요. 비누와 설탕, 코코아와 옥수수를 실었어요. 나는 출납원이었습니다. 돈을 다루었어요. 하지만 다시 정직할 수 있었습니다. 맹세코 단 한 푼도 훔치지 않았어요.

에콰테르까지는 콩고강을 따라 800킬로미터 이상을 가야 하는 여정이었어요. 그 거리라면 7일이 걸렸지만 우리는 늘 두 달을 잡았어요. 건기에는 강물이 잔잔했어요. 하지만 비가 쏟아지는 우기에는 강물이 불어나 물결이 10미터 가까운 높이로 뛰놀았어요. 급류에 휩쓸리면 배가 뒤집힐 수도 있었습니다. 강물이 너무 거세면 우리는 숲을 헤치며 배를 옮겨야 했어요.

열두 달이 지났을 무렵 나는 반다카에 있었어요. 반다카에서 고향 사람을 만났지요. 원숭이 프로젝트의 책임자로 있다더군요. 보노보를 연구하는 일본인 밑에서 일했대요. 왐바에서 말이죠. 당시에는 생태 연구에 참여하고 있었어요. 자신과 함께 일하고 싶지 않느냐고 물었어요. 그래서 나는 숲으로 떠났지요.

다시 거대한 숲으로 들어갔습니다. 나무도 하나같이 거인처럼 우뚝 서 있었어요. 아주 어두컴컴해서 대낮인데도 밤이 내린 듯했어요. 그곳에 석 달가량 머물렀어요. 동물을 연구했지요. 마을 사람들에게 보호구역에 관해 말했어요. 원숭이가 정말 많았습니다. 보노보도 있었어요. 난생처음 야생 보노보를 보았어요. 즐거웠어요. 보수가 높지 않았지만 먹고사는 데 지장은 없었어요. 하지만 나는 곧 킨샤사로 돌아왔습니다. 선박 관리자의 사무실에서 일했어요. 친구와 함께 지냈어요. 어느 날 친구가 외출했을 때 롤라 야 보노보의 수의사인 크리스핀Crispin이 나를 만나러 찾아왔어요. 내가 동물과 일하는 걸 좋아하며 숲에서 일을 훌륭하게 해냈다는 사실을 알고 있다고 말했어요. 크리스핀은 동부에 있는 우리 부족 출신입니다. 크리스핀이 롤라 야 보노보의 일자리를 제안했어요. 그렇게 해서 내가 지금 여기에 있는 겁니다.

늦은 시각이다. 모기가 나를 산 채로 물어뜯고 있다. 하지만 개의치 않는다. 자크를 보고 있으니 아버지가 떠오른다. 아버지는 늘 부를 꿈꾸었고 백만 달러를 벌 수 있다는 뜬구름 같은 계획을 품었다.

전쟁이 일어나기 전에는 아버지도 자크도 평범한 젊은이였다. 삶이 완벽하지 않았다. 둘 다 부모가 이혼했다. 가난에 허덕였다. 아버지가 농장에서 일해야 했던 그때 자크는 채소를 길러 시장에 내다 팔고 있었다.

그 모든 죽음과 그 모든 피, 그리고 살육. 르완다 사람들은 그에 걸맞은 이름을 가지고 있다. 바퓨예 부하가지*bapfuye buhagazi*, '걸어 다니는 시체'. 집단학살에서 살아남은 사람을 묘사할 때 그 말을 쓴다. 두 눈에 담겨 있는 고통 때문이다. 지금도 그 고통을 짊어지고 다닌다. 언제까지나 그 상처를 짊어지고 다니리라. 손가락 마디가 잘려나간 저 보노보, 로마미에게 그랬듯이 그때 그곳에서 얼마나 끔찍한 고통이 그들을 덮쳤는지 아무도 알지 못하리라. 아직도 얼마나 고통스러운지 아무도 모르리라.

8

키콩고가 쇠창살을 움켜쥐고 울부짖는다. 기다란 분홍색 음경이 갈망하듯 내 손을 향해 둥그렇게 구부러져 있다.

"만지지 않을 거야."

그렇게 말하지만 내 말소리는 콘크리트 벽에 부딪혀 쩡쩡 울리는, 높고 날카로운 외침에 묻혀버린다. 키콩고는 이끼 더미에서 물구나무를 서던 그 보노보다. 쇠창살 사이로 음경을 내민다.

나는 손을 뻗어 머리를 토닥인다. 이 정도로 만족하기를 바라면서. 하지만 어림도 없다. 키콩고는 이빨을 드러내고 악마 같은 미소를 짓는다. 그러고는 몇 번 더 내민다. 분명 소란을 피우고 있다. 침팬지가 부르는 소리는 낮고 길다. 부엉이가 우는 소리 같다. 큰 소리를 지른다면 누군가 피를 흘릴 가능성이 높다. 아무런 까닭 없이 소리를 크게 질러대지 않는다. 그런데 여기 키콩고는 바닥에 앉아 목청이 터져라 소리를 내지르고 있다. 내가 음경을 만져주지 않는다는 이유로.

키콩고의 음경은 굵기가 내 집게손가락만 하다. 길고 가늘며 끝이 늘어져 있다. 내가 만져주기를 바라다니 믿을 수가 없다. 키콩고는 지금까지 한 시간 동안 계속 빙글빙글 돌았다. 새로운 브레이크댄스 동작도 선보였다. 바닥에 혀를 대고 두 발로 원을 그리며 나아갔다. 내가 의사라도 되는 양 입을 있는 대로 딱 벌리고 "아아, 아아"라고 말했다.

그러더니 느닷없이 자신의 음경을 만져주기를 몹시 바라면서 내가 어루만지지 않으면 아무것도 하지 않겠다고 고집을 부렸다.

나는 돌아서서 브라이언에게 정말 역겹다는 표정을 짓는다. 리처드가 어제 킨샤사를 떠났다. 소기의 목적은 이루었다. 몇 차례 시험을 하고 나서 리처드도 브라이언도 여기서 실험을 할 수 있다는 데 의견을 모았다. 리처드가 떠나고 브라이언이 특유의 귀여운 미소로 물었다.

"몇 가지 실험을 하려는데 좀 도와줄래?"

브라이언이 보노보의 음경을 어루만졌다고 말한 적이 이제껏 한 번도 없었다. 당혹스런 표정을 보니 브라이언도 이런 일이 일어나리라고는 예상하지 못했음을 알 수 있다.

키콩고가 외치는 소리가 어찌나 크고 높은지 전기톱처럼 내 머릿속을 헤집는다. 그 일본인 연구자는 보노보가 내는 소리를 처음 듣고서 새가 지저귀는 소리에 비유했다. 보노보가 먹이를 달라거나 친구를 사귈 때에는 새가 지저귀는 듯한 소리를 낸다. 하지만 키콩고처럼 우는 새를 나는 알지 못한다.

"젠장!"

나는 손을 뻗어 눈을 질끈 감은 채 키콩고의 음경을 몇 번 토닥인다. 촉감이 고무 같다. 키콩고는 매스꺼운 미소를 씩 짓더니 곧 잠잠해진다.

키콩고 옆에는 타탄고가 있다. 타탄고는 공포의 다섯 자매한테 '혼쭐난' 다 자란 수컷이다. 나는 30분이나 간지럼을 태우며 타탄고를 웃게 하려고 애썼지만 결국 실패했다. 움푹 들어간 두 눈이 슬픔에 잠겨 나를 똑바로 바라본다.

가여운 타탄고. 타탄고는 침팬지가 되려는 보노보다. 하지만 일이 뜻대로 잘 풀리지 않는다. 강한 팔다리와 수컷다운 턱을 지닌 타탄고는 우두머리가 되고 싶어 한다. 몸집이 대체로 자신의 절반밖에 안 되는 암컷을 지배하는 일이 자연의 법칙이라는 점을 그 우월한 근력으로 알고 있다. 귀를 기울이면 타탄고가 부드득 이 가는 소리가 들릴지도 모른다. 저 못된 암컷들과 그들의 연대가 자신의 계획을 망치고 있다고 중얼거리며.

리처드가 떠나고 예비 테스트가 끝나자 브라이언이 본격적으로 연구를 시작하고 싶어 한다. 무엇 때문에 우리가 사람으로 자리매김하는지 밝히려고 할 때 브라이언은 협력에 초점을 맞춘다. 협력은 우리 사회를 떠받치는 토대다. 그 덕분에 우리는 앙코르와트와 피라미드와 엠파이어스테이트빌딩을 지어 올릴 수 있다. 그 덕분에 우리는 사법제도와 경찰력과 정부를 갖출 수 있다.

사람의 협력에서 놀라운 점은 지극히 자발적이라는 것이다. 사람들은 협력을 배울 필요도, 상부의 명령을 받을 필요도 없다. 우리는 그냥 그렇게 한다.

유명한 사례가 있다. 제1차 세계대전이 발발하고 영국군이 독일군과 서부전선에서 한창 싸울 때였다. 군인들이 상관한테서 쏘아 죽이라는 명령을 받았다. 영국군은 독일군보다 수적으로 우세하다는 점을, 그래서 꾸준히 공세를 펴나가면 이기리라는 점을 알았다.

하지만 너무 가까워 적의 눈동자까지 또렷이 볼 수 있는 참호에서 이따금 기이한 일이 일어났다. 무언의 합의에 따라 양측 모두 식사 시간에는 총을 쏘지 않았다. 오후 8시에서 9시 사이에는 깃발을 내걸어 저격수의 '조준에서 자유로운' 지역을 표시했다. 날씨가 고약해도 사격을 중지했다. 1914년 크리스마스 휴전Christmas Truce을 맺자 양측 모두 참호에서 쏟아져 나와 서로 선물을 나누고 함께 성탄을 축하하는 노래를 불렀다.

이런 유형의 협력에는 어느 정도 지능이 필요하다. 상대편도 협력해야 한다는 점을 이해하고 있어야 한다. 상대편이 무슨 생각을 하는지, 기꺼이 협력할 마음이 있는지 추측해야 한다. 끝으로 상대편이 배신하면 보복할 태세를 갖추고 있어야 한다. 부당한 일을 당하는 쪽이 되지 않도록.

이런 규칙은 모든 상황에 적용된다. 남녀 간의 만남에서 사업이나 정치에 이르기까지. 문명은 우리가 협력할 수 있는 능력에 기반을 두고 있으며 그런 능력이 없었다면 우리는 이토록 번성하지 못했을 것이다.

사람이 왜 협력을 시작했는지 다루는 이론이 100가지에 달한다. 어쩌면 우리는 사냥꾼이었는지도 모른다. 우리보다 몸집이 큰 사냥감을 잡으려면 함께 일해야 했을 것이다. 어쩌면 우리가 사냥감이었는지도 모른다. 포식자보다 한 수 앞서려면 서로 머리를 맞대야 했을 것이다. 어쩌면 우리는 음식을 만들어먹기 시작했고 그 결과 뇌가 더 커졌는지도 모른다.

하지만 우리가 다른 동물보다 훨씬 유연하게 협력하도록 이끈, 우리의 본성 또는 정신에 맨 처음 일어난 변화가 무엇이었을까? 어떤 이들은 우리가 지능이 더 뛰어난 다른 사람의 도움을 빌리면 더욱 진보를 이룰 수 있다는 점을 깨달았다고 말한다. 어떤 이들은 그 변화가 감정과 관련이 깊으며 사회적 동물로서 우리가 동족을 도울 필요를 느낀다고 말한다.

동물도 늘 협력한다. 꿀벌은 벌집에 꿀을 모은다. 개미는 함께 일하며 여왕개미를 살찌운다. 하지만 이런 유형의 협력은 가족관계로 설명할 수 있다. 군집을 이루는 모든 곤충은 형제자매사이다. 진화론에 따르면 유전자를 물려주는 데 도움이 된다면 협력하는 일이 이치에 맞다. 하지만 모든 협력을 가족 간의 유대로 설명할 수 없다. 특히 사람인 경우에 그렇다.

협력을 가장 잘 보여주는 형태가 사냥이다. 하이에나 무리가 영양을 뒤쫓을 때 서로 협력할까? 일제히 영양을 향해 달려가는데 우연히 어떤 한 마리가 영양을 잡는 걸까? 협력하는 것처럼 보인다는 이유만으로 협력을 의미하지는 않는다.

야생에서 침팬지는 원숭이를 사냥해서 고기를 얻는다. 이런 사냥은 고도로 조직된 행동으로 보인다. 리처드는 수많은 현장 연구를 실시하면서 그런 사냥이 복잡한 의사소통과 체계를 동반하는지 궁금하게 여겼다.

문제는 실험을 진행하는 동안 어느 누구도 침팬지가 서로 협력하도록 이끌어낼 수 없었다는 점이다. 그래서 다른 이들은 협력이 이루어지는 이면에서 얼마나 많은 사고思考가 일어나는지 알기 어렵다고 주장했다. 서로 의사소통을 할까? 모두가 함께 행동할 필요가 있다는 점을 알고 있을까? 아니면 원숭이를 보고 미친 듯이 달려드는 행위에 불과할까? 협력이 이루어지고 있다면 얼마나 정교할까? 침팬지가 얼마나 이해하고 있을까? 가장 중요한 의문은 이것이다. 무엇이 침팬지의 협력에 제약을 가하고 사람다운 능력을 더욱 개발하지 못하도록 막는 걸까?

길이가 2미터 정도인 기다란 나무판자가 있다고 가정해보자. 양끝에 먹이가 가득 든 접시가 놓여 있다. 그리고 각 접시옆에는 쇠고리가 달려 있다. 기다란 줄이 쇠고리에 걸려 있어 나무판자를 끌어오려면 줄을 양쪽에서 동시에 잡아당겨야 한

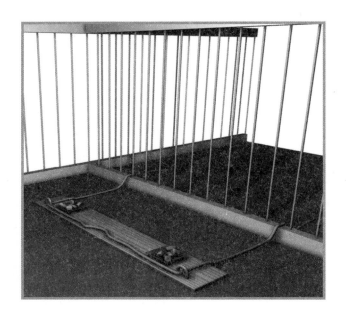

다. 한쪽만 잡아당기면 줄이 신발 끈처럼 나무판자에서 풀려나
온다. 성공하려면 두 침팬지가 협력하여 줄 양쪽을 동시에 잡
아당겨 나무판자를 앞으로 끌어와야 한다. 그래야 먹이를 먹을
수 있다.

매우 우아한 이 장치는 브라이언의 친구인 교토대학교의 시
토시 히라타Sitoshi Hirata가 고안했다. 성공하려면, 첫째, 동료가
필요하다는 점을 알아야 한다. 둘째, 함께 행동해야 한다는 점
을 알아야 한다.

시토시에게는 침팬지가 두 마리밖에 없었고 이들은 성공하

지 못했다. 아주 오랫동안 훈련을 거치고 나서야 성공했다. 그런데 두 침팬지가 마침내 협력했을 때에도 침팬지가 동료가 언제 필요하고 언제 필요하지 않았는지를, 누가 좋은 동료임을 알았는지를, 누군가 언제 자신들을 속였는지 기억하는지를 깨달았다는 아무런 증거가 없었다.

우리가 처음 만나고 난 뒤 곧 브라이언은 은감바 아일랜드에서 석 달을 보냈다. 그곳에서 브라이언은 특별한 대상을 만났다. 40마리 이상의 침팬지들로 이루어진 사회집단이었다. 이 침팬지 집단을 대상으로 브라이언과 제자인 앨리샤 멜리스Alicia Melis는 침팬지 쌍을 이루는 짝을 바꾸고 섞었다. 다른 어떤 침팬지 쌍도 하지 않던 시도를 할 수 있는 쌍을 찾을 때까지. 그런 침팬지 쌍은 첫 시도에서 협력하며 나무판자를 끌어당겼다. 또한 어떤 기술을 구사했느냐에 따라 다른 상대가 들어오도록 문을 열었다. 이때 이전 실험에서 누가 자신을 배신했는지 기억해 내고는 배신으로 되갚아주었다. 요약하면, 침팬지가 보이는 협력은 우리가 사람에게서만 찾을 수 있는 복잡한 수준이었다.

예를 들어보자. 우두머리 침팬지인 마와Mawa는 아주 훌륭한 협력자가 아니었다. 소리를 지르고 참을성이 없고 종종 접시의 줄을 홱 당겼다. 내 작은 발루쿠는 당연히 훌륭한 협력자였다. 늘 동료를 기다렸고 거의 항상 먹이를 얻는 데 성공했다. 처음에 침팬지들은 마와와 발루쿠를 똑같이 선택했다. 하지만 마와가 얼마나 쓸모없는지 깨닫자 다음 실험에서는 대다수가 발루쿠를 선택했다.

하지만 침팬지가 협력하는 데 제약을 가하는 요소가 한 가지 있었다. 아무도 고려하지 않은 요소였다. 바로 관대함tolerance이었다. 침팬지가 서로 좋아한 경우 종종 첫 번째 실험에서 협력했다. 서로 미워하거나 한 마리가 나머지 한 마리를 두려워한 경우에는 다른 모두가 맞닥뜨리는 그런 상황이 벌어졌다. 침팬지 한 마리가 줄을 독차지하고 나머지 한 마리는 구석에 앉아 있거나 놀이에 참여하려 하지 않았다.

침팬지는 믿기지 않을 만큼 감정을 앞세운다. 먹이가 결부되면 특히 그렇다. (초콜릿에 관해서는 설명하지 못하지만) 리처드가 내놓은 이론에 따르면, 침팬지가 마주한 자연환경은 부활절 달걀 찾기와 비슷하다. 달걀이 부족한 데에 가면 다정한 어린아이라도 얼마나 빨리 사나운 야수로 변하는지 밝혀진다. 부활절 달걀처럼 침팬지의 먹이는 한정되어 있고 넓은 지역에 퍼져 있다. 암컷은 홀로 먹이를 찾아야 하고, 따라서 우정을 돈독하게 쌓을 여력이 없다. 수컷은 먹이를 장악하는 침팬지가 권력을 잡는다는 사실을 곧 알아챈다.

관대함을 알아보는 실험은 무척 단순하다. 침팬지가 먹이를 나누어 먹을 수 있어야 한다. 브라이언이 길고 빨간 나무판자에서 줄을 빼놓았다. 양끝에 음식을 채웠다. 침팬지가 서로에게 관대하면 아무 문제없이 앉아서 함께 먹을 수 있었다. 서로에게 관대하지 않으면 침팬지 한 마리가 음식을 전부 차지하고 나머지 한 마리는 부루퉁해서 지켜보았다.

이제 보노보로 돌아와보자. 침팬지가 부활절 달걀 구역에서 산다면 보노보는 초콜릿 공장에서 산다. 침팬지에 비해 보노보는 먹이가 풍부하다. 더구나 침팬지와 달리 보노보는 먹이를 고릴라와 나누지 않아도 된다. 고릴라가 콩고강 북쪽에만 사는 반면, 보노보는 남쪽에 살기 때문이다. 각자에게 돌아갈 몫이 많기 때문에 암컷이 새끼들을 챙기기 위해 서로 경쟁할 필요가 없다. 이는 암컷이 서로 친구가 될 수 있고 자신들을 위협하려는 수컷에 맞설 수 있다는 의미다.

브라이언이 옳다면, 그리고 관대함이 협력에서 고려해야 할 요소라면, 보노보는 침팬지보다 훨씬 유연하게 협력 실험에 임할 수 있어야 한다. 하지만 어느 누구도 이전에 보노보가 야생에서 먹이를 얻기 위해 협력하는 모습을 보지 못했다. 보노보는 침팬지처럼 사냥하지 않는다. 적의 영역에서 무리를 지어 낯선 존재에 살그머니 접근하지도 않는다. 그렇다면 관대함 실험 정도는 간단하게 통과하지 않을까?

키콩고는 다 자란 수컷이고 타탄고는 아직 성장기를 지나고 있는 수컷이다. 침팬지인 경우 두 수컷이 한 마리는 성년이고 다른 한 마리는 청소년이라면 한 공간에 함께 있으려고도 하지 않는다. 아니면 성년 수컷 침팬지가 앞쪽에 서서 사납게 먹이를 쏘아보고 청소년 수컷 침팬지는 뒤쪽 구석에 움츠리고 있다.

그런데 예상치 못한 반전이 존재한다. 보노보가 문을 무서

위한다는 점이다. 실험방 사이에는 문이 있어 사육사가 문을 당겨 연다. 보노보가 들어갔다 나왔다 해야 한다. 실험 내용을 그렇게 정해놓았기 때문이다. 두 보노보가 함께 실험방에 들어가야 한다. 그러면 우리가 나무판자 양쪽에 먹이를 놓은 뒤 내민다. 침팬지는 아무런 문제도 일으키지 않고 매번 그렇게 했다. 땅콩을 먹을 수 있으니까. 그런데 자크가 문을 열 때마다 바나나가 실험방에 수북이 쌓여 있는데도 키콩고는 복도를 따라 달려내려가며 고함을 지른다. 타탄고는 더더욱 들어가려 하지 않는다.

"도대체 문을 무서워하는 경우도 있어?"

브라이언이 두 손을 든다. 기네스북에 오를 만한 일일지도 모른다. 비가 무서운 비 공포증이나 대머리가 될까 무서운 대머리 공포증에 걸릴 수 있다. 하지만 문을 무서워하는 증상을 가리키는 의학 용어는 어디에도 없다.

"키콩고, 타탄고, 키콩고, 타탄고."

나는 목소리가 다 쉴 정도다. 우리는 창살 안으로 바나나를 송이째 계속 던져넣는다. 타탄고가 걸어들어가 자리를 잡고 바나나를 우물거린다. 키콩고가 복도를 뛰어갔다 다시 돌아온 뒤 쏜살같이 문을 지나 실험방 안으로 들어가더니 젖 먹던 힘까지 짜내어 소리를 지른다. 자크가 문을 닫자 키콩고가 창살에 매달린다. 다시는 자유를 누리지 못할 신세가 된 것처럼.

브라이언이 말한다.

"진정 좀 시켜봐."

"**당신**이 진정시키면 어때?"

"알잖아. 나를 안 믿는 거."

깜짝 놀랄 반전이 또 기다리고 있다. 보노보는 남자를 경계한다. 롤라 야 보노보에서 다 자란 수컷을 빼고 보노보 대다수는 브라이언을 김이 모락모락 나는 개똥 더미 보듯 한다. 암컷은 가까이 다가가려고도 하지 않는다. 새끼 보노보는 고개를 돌리고 인사도 받지 않는다. 늘 침팬지의 사랑을 한 몸에 받던 브라이언이 약간 마음의 상처를 입는다.

나와는 아무런 마찰도 일으키지 않는다. 그래서 나는 '돕는' 수준이 아니라 실험을 도맡다시피 하고 있다. 더구나 브라이언이 프랑스어를 하지 못하기 때문에 사육사와 대화를 나누는 일은 오롯이 내 몫이다. 이는 브라이언이 내게 소나기 퍼붓듯 지시 사항을 쏟아내는 동안, 내가 그 지시 사항을 정중하면서도 공손한 프랑스어로 옮겨야 한다는 의미다. 브라이언이 대답을 요구하면, 나는 사육사에게 상냥하게 답변을 요청하는 동시에 실험도 실시해야 한다.

이런 새로운 브라이언이 낯설다. 지난 열두 달 동안 브라이언은 신세대 백마 탄 왕자라고 해도 손색없는 인상을 풍겨왔다. 나를 파리로 데려가 함께 센 강변을 거닐었다. 낭만이 가득한 산책이었다. 이따금 티파니에서 반지와 목걸이도 사서 선물했다. 문을 열어주고 의자를 빼주고 길을 걸을 때에도 내가 배수로 쪽에 서지 않도록 한다. 후식도 내게 양보한다. 수표든 현금이든 내가 내본 적이 단 한 번도 없다. 엉성하기 그지없지만 진심이 담긴 시를 써서 보낸다. 하루에 300번 정도 아름답다거나 그 비슷한 형용사를 붙여 나를 부른다.

그런데 하루아침에 브라이언이 강박장애를 앓는 폭군이 되어버렸다. 아주 사소한 절차를 위반했을 뿐인데도 걸핏하면 화를 터뜨린다. 나는 참을성을 발휘해 사과하고 실험에 집중해야 한다는 것을 잘 알고 있다.

하지만 이렇게 응수한다.

"이토록 바보 같은 실험은 듣도 보도 못했어. 제대로 되지도 않잖아."

브라이언이 침팬지스러운 정신력을 보노보에 집중하고 있다. 그래서 내 말이 들리지 않는다.

"키콩고! 이리 와, 키콩고!"

내가 부르자 키콩고가 내 쪽으로 달려온다. 창살에 부딪히며 음경을 흔든다. 음경은 애정에 목마른 귀여운 털북숭이 반려동물 같다. 나는 이를 악물고 재빨리 토닥여준다.

우리는 두 보노보가 서로에게서 그리고 나무판자한테서 같은 거리에 위치할 때까지 기다릴 계획이다. 그런데 키콩고가 주의를 집중하는 시간이 초파리와 같다. 원을 그리며 실험방을 빙빙 돌기 시작한다. 그러더니 천정을 올려다보고는 어지러워한다.

"이 실험은 불가능해. 그냥 먹이나 주자."

길고 빨간 나무판자 양쪽 끝에 바나나를 놓고 보노보 쪽으로 밀어준다. 그러고 나서야 오늘 들어 첫 휴식을 갖는다. 키콩고가 게걸음을 치며 쭈뼛쭈뼛 타탄고에게 다가간다. 몸집이 타탄고 무릎까지밖에 오지 않는 볼품없는 모습이다. 둘이 같은 접시에서 바나나를 꺼내 먹는다. 나란히 앉아 같은 더미에서 먹이를 집어 먹는다. 브라이언의 얼굴을 보았다면 방금 구세주를 만난 사람 같다고 여겼을 것이다.

브라이언이 속삭인다.

"먹이를 나눠 먹고 있어. 성년 수컷과 청소년 수컷이. 거짓말 같은 장면이야. 우린 침팬지가 나무판자 앞에 앉게 할 수 없어. 서로 무릎에 앉게 하는 건 고사하고."

타탄고가 일어나 나무판자 반대쪽으로 걸어가 바나나를 먹는다. 키콩고가 일어나 타탄고를 따른다. 분명 혼자 먹고 싶지 않은 눈치다. 브라이언이 환하게 웃는다. 분명 이 장면이야말로 브라이언이 지금껏 기다려온 것이다. 나는 브라이언에 공감할 무언가를 느끼려고 애쓴다. 기뻐하는 마음이나 축하하는 마음이나. 하지만 시장기만 몰려올 뿐이다.

나는 브라이언이 관심을 보이는 누군가와 이 순간을 같이 나눌 수 있었으면 하고 바라는지 궁금하다. 손을 잡고 함께 이룬 승리를 만끽할 누군가와. 짐짓 그런 척을 할 수 있을까? 아니, 나는 그럴 수 없다.

"우리가 실험을 마쳤다는 말이야?"

내 상상일지도 모르지만 브라이언이 짓는 미소에서 슬픔 한 자락을 본다.

"이제 막 첫걸음을 내디뎠다는 말이지."

점심을 먹으며 우리는 크리스텔Christelle과 토니Tony를 만난다. 두 사람은 브라자빌에서 왔다. 콩고강 건너편에서 어미 잃은 고릴라를 보살피는 보호구역을 운영한다.

크리스텔이 잠을 푹 자지 못했다. 새끼 고릴라를 돌보느라 그랬다. 그 새끼 고릴라는 밀렵꾼이 쏜 총에 어미를 잃었는데 바로 어제 어미 곁으로 떠났다. 크리스텔이 말한다.

"고릴라와 보노보는 똑같아요. 버티지 못하고 죽어버려요. 어미가 죽임을 당하는 모습을 보면 삶을 포기해요."

영국인인 토니야말로 곧 죽을 사람처럼 보인다. 얼굴이 창백하고 땀을 비 오듯 흘린다. 눈 아래 피부가 노랗고 언저리가 붉다.

클로딘이 이맛살을 찌푸린다.

"말라리아에 걸렸군요."

질문이 아니다.

"그런 것 같아요. 이틀 내내 앓았어요."

크리스텔이 말하자 클로딘이 주의를 주었다.

"그대로 두어선 안 됩니다. 약을 먹어야 해요."

나는 흥미가 인다. 전에 말라리아 환자를 본 적이 있다. 하지만 증상이 너무 달랐다. 토니가 누워 있는 모습을 보니 그 뼛속까지 파고드는 통증이 내게도 고스란히 전해진다. 토니는 팔을 들지도 다리를 움직이지도 못한다. 땀이 얼굴로 줄줄 흐르고 눈을 뜨고 있지도 못한다. 혀가 입 밖으로 축 늘어지고 입술 가장자리로 하얀 덩어리들이 말라붙어 있다. 클로딘이 차가운 손을 이마에 댄다.

"우리 집에서 죽으면 곤란합니다."

나는 이 말에 당혹스러워하며 묻는다.

"죽는다고요? 말라리아 때문에요?"

그럴 수 있음을 안다. 하지만 그런 일은 몇 달을 앓은 뒤에나 일어난다. 그것도 궁벽한 마을에 사는 아주 가난한 이들에게나.

"뇌성 말라리아cerebral malaria예요. 나흘 만에 죽을 수도 있어요."

나는 의자 팔걸이를 꼭 붙잡는다. 말라리아는 얼룩날개 모기의 침에 사는 기생충이다. 모기가 물면 기생충이 혈류를 타고 흐르다가 간에 숨는다. 간에서 왕성하게 번식한 다음, 다시 혈류로 흘러들어가 적혈구에 침투한다. 적혈구는 온몸을 돌며 산소를 공급하는데 그런 적혈구가 터지며 기생충이 혈관으로 퍼진다. 그렇게 침투하고 번식하는 과정이 되풀이된다.

말라리아는 개발도상국에게 아주 지독한 악몽이다. 해마다 5억 명에 가까운 사람이 감염된다. 15초마다 한 명이 목숨을 잃는다. 열대성 말라리아falciparum malaria는 특히 악성이라서 말라리아로 인한 사망의 90퍼센트를 차지한다. 짧은 시간에 많은 적혈구를 파괴하여 주요 기관의 혈관을 꽉 막는다. 하지만 뇌로 들어가면 정말 심각해진다. 이때부터 뇌성 말라리아가 된다. 기생충이 뇌의 깊은 혈관상血管床, vascular beds으로 사라진다. 온갖 참혹한 증상이 나타나고 곧이어 발작과 혼수가 찾아오고 급기야 죽음에 이른다.

"한 여성이 여기에 머무른 적이 있었습니다. 집으로 돌아가고 나서 3주쯤 지나 감기에 걸렸나보다 여겼지요. 그런데 6일 뒤에 죽었습니다. 그런 여성이 또 있었어요. 증상이 똑같았지요. 하지만 그 여성은 6개월 뒤에 죽었어요."

열대성 말라리아의 문제는 누구나 말라리아가 오한과 발한을 동반한다고 여긴다는 점이다. 하지만 그 증상이 두통이나 구토처럼 가벼울 수도 있다. 모기에 물리고 나서 1년이 지나도록 아무런 증상이 나타나지 않을 수도 있다. 클로딘이 말을 잇는다.

"우리 아들 토머스는, 인후염을 달고 살아요."

나는 브라이언을 바라본다. 당장 짐을 꾸려 지옥 같은 이곳을 뜨자는 눈짓을 보내지 않을까 기다린다. 나흘 만에? 예방약을 먹지만 그 효험은 콘돔 정도에 불과하다. 정말 저 1퍼센트에 도박을 걸고 싶을까?

내가 곧 자동차에 치인다면 브라이언이 그 자리에 멍하니 서 있지만은 않으리라고 믿고 싶다. 자동차 앞으로 자신을 내던지지는 않더라도 적어도 내가 자동차에 치이지 않도록 밀쳐내려는 시도쯤은 하기를 바란다. 그러니 말라리아가 나흘 만에 사람을 죽일 수 있는 나라에 우리가 와 있다는 사실을 알게 되면 최소한의 기사도를 발휘하여 이 나라를 떠나는 게 어떠냐고 의견 정도는 물어봐야 하지 않을까?

브라이언이 콜라를 홀짝인다. 자동차가 나를 향해 전속력으로 돌진해오면 나는 그대로 그 자동차에 치일 게 불을 보듯 뻔하다.

약속과 다르다. 브라이언은 시드니 인근 블루마운틴에서 내게 청혼했을 때, 분명 나를 '보호하겠다'고 언명했다. 장대비가 좍좍 내리고 있었다. 브라이언이 폭포를 찾겠다는 고집을 꺾지 않았다. 나는 브라이언이 참 희한한 사람이라고 여겼다. 이미 하늘에서 물이 억수같이 쏟아지고 있는데 왜 굳이 떨어지는 물을 보아야 하는지 의아했다. 나는 뒤돌아보았다. 브라이언이 물웅덩이에 무릎을 꿇고 있었다. 바지가 진흙탕에 흠뻑 젖어 들어갔다.

"나와 결혼할래?"

빗소리에 잘 들리지 않았다.

"어?"

"나와 결혼하자고."

농담이 틀림없었다.

"싫어."

"뭐?"

"싫다고!"

"왜?"

"진지하지 않잖아. 정말 진심으로 청혼하는 거라면 반지는 어땠어?"

브라이언이 은색 테를 두른, 에메랄드같이 푸른 상자를 꺼냈다. 상자 속에는 폭신하고 부드러운 벨벳 천 가운데에 다이아몬드 반지가 놓여 있었다. 내 생애 처음으로 받아보는 다이아몬드 반지였다.

"사랑해. 더 이상 떨어져 지내고 싶지 않아. 영원히 널 보호하고 귀하게 여길 거야. 부디 나와 결혼해줘."

나는 다이아몬드 반지에서 눈을 뗄 수 없었다. 그런 다이아몬드 반지는 부유하고 주름이 자글자글한 나이든 여성이나 낀다고 늘 생각했다. 그런데 지금 내 눈앞에 그런 다이아몬드 반지가 놓여 있었다. 나는 마음을 바꾸었다. 브라이언이 뭐라고 말했다.

"어?"

"'나와 결혼해줘'라고 말했어."

"좋아! 좋고 말고!"

'나를 보호하고 귀하게 여긴다고? 그럴 리가.'

나는 생각을 곱씹으며 머리도 들어 올리지 못하는 토니를 바라본다. 크리스텔이 토니에게 약을 준다. 작은 알약 세 알이다. 토니가 하나를 삼킨다.

나를 위험에 빠뜨리는 사람과 결혼이라니 정말 어리석은 짓이지 않을까? 영화에서는 늘 그럴 듯해 보인다. 제임스 본드와 본드 걸이 상어 떼 위에 매달려 있는 장면이 그랬다. 어찌되었든 위험은 최고의 최음제로 여겨진다. 하지만 제임스 본드가 두 사람 모두 위험에서 구출해내리라는 무언의 합의가 있다. 차라리 줄에 매달려 흔들리거나 탈출하면서 악당을 총으로 쏘는 편이 더 낫지 않을까 싶다.

브라이언이 어떻게 열대성 말라리아에서 나를 구할까? 크리스텔이 토니의 머리를 쓰다듬듯 그저 내 머리를 쓰다듬을까? 그러고는 눈을 감고 부디 약이 잘 듣기를 기도할까?

9

침팬지는 미국 사람처럼 먹는다. 수북한 바나나를 단숨에 먹어 치울 수 있다. 눈도 마주치지 않는다. 대화도 거의 나누지 않는다. 함께 밥을 먹는다기보다는 자동차에 연료를 보충하는 쪽에 가깝다. 다 먹은 뒤 식탁은 마치 폭격을 맞은 듯 보인다.

보노보는 프랑스 사람처럼 먹는다. 점심도 세 시간에 걸쳐 먹지 않으면 아무도 흡족해하지 않는다. 음식이 나오는 사이 쉴 새 없이 대화를 나눈다. (망고가 아직 입안에 있는데 파인애플을 베어 먹는다고? 아, 안 돼. 제발, 그건 딱 질색이야.) 껍질도 세심하게 뒤로 젖힌다. 씨앗도 조심스레 골라낸다. 밥 먹는 이유도 다 정을 도탑게 쌓기 위해서다. 다 먹은 뒤에는 모두 식곤증에 느긋하게 앉아 털을 고르거나 하늘을 올려다본다.

우리는 보노보 20마리와 음식 나눠 먹기 실험을 실시했는데, 모두 거뜬히 통과했다. 이따금 실험 전과 후에 가벼운 성교나 놀이에 가까운 장난스러운 성교가 있었다. 심술도 짜증도 없었다. 우위를 내세우는 과시도 없었다. 새끼 보노보가 어른 수컷 보노보의 입안에서 우물거리는 먹이를 조금씩 꺼내 먹기도 했다.

브라이언은 침팬지와 실험할 때와 달리 관대한 쌍을 찾으려고 서로 뒤섞으며 짝을 지을 필요가 없다. 보노보는 하나같이 관대하다. 이제 브라이언은 다음 실험 단계를 준비하고 있다. 보노보는 관대하다. 하지만 협력도 할까?

세멘드와가 그물침대에 느긋하게 누워 있다. 한쪽 다리를 밖으로 늘어뜨리고 한쪽 손으로 느릿느릿 허공을 젓는다. 마치 클레오파트라가 나일강을 한가로이 유람하는 듯하다. 이시로가 미심쩍은 눈초리로 나를 지켜보고 있다. 창살 바로 앞까지 다가와 사나운 표정으로 노려보며 내가 실수라도 저지르기를 기다리고 있다. 이시로에게는 기다란 검은 가죽 외투와 권총 한 자루만 있으면 된다.

"자, 여러분. 세멘드와, 그물침대에서 내려와."

세멘드와가 나를 가로보며 눈썹을 살짝 치켜 올린다. 그 매혹적인 눈이 묻는다.

'내가 왜 그래야 하지?'

"어서, 세멘드와, 우리는 과학사에 남을 일을 하고 있어. 그러려면 그물침대에서 내려와야 해."

세멘드와가 꼼짝도 하지 않고 나를 바라본다. 나는 까치발을 하고 세멘드와에게 바나나를 내민다. 세멘드와는 먹지 않고 손에 들고는 궁금한 듯 냄새를 킁킁 맡는다. 인조 음경인 양 그 끝을 질 쪽으로 가져간다. 그러고는 바닥에 떨어뜨린다. 어찌나 남사스러운지.

장장 10분이나 애원하자 세멘드와가 마침내 내려온다. 어쩌면 무대배경을 바꾸려는 심산인지도 모른다. 당당하게 음핵을 내밀며 요구하듯 나를 바라본다.

야생에서는 젊은 암컷이 까다로운 사춘기가 되면 가족 집단을 떠나 새로운 공동체를 찾는다. 반바지 아래 분명 덜 자란 듯한 음부 때문에, 그리고 어쩌면 아직 사춘기도 되지 않은 듯한 깡마른 팔다리 때문에 세멘드와는 나를 새로 들어온 암컷이라고 여긴다. 나는 바라던 소리를 내고 애걸복걸하고 사정사정한다. 그러면 이제 세멘드와가 나를 기다리게 함으로써 누가 주도권을 쥐고 있는지 분명히 못 박음과 동시에 음핵을 내밀어줌으로써 악감정이 없음을 보여주고 있다.

인상적인 음핵이다. 세멘드와는 음부가 내 머리만 하다. 연어처럼 선홍색을 띤 기관이 곧 터질 듯하다. 골이 항문에서 시작하여 복숭아처럼 음부를 가르고 점차 가늘어져 크기와 굵기가 내 새끼손가락만 한 음핵에 이른다. 보노보가 항상 성교를 맺는 데에는 다 그럴 만한 이유가 있다. 내 음핵이 그처럼 당당하게 스스로를 알린다면 나도 성교를 더 갖지 않을까.

세멘드와가 거부하기 힘든 강렬한 눈빛을 던진다. 세멘드와는 온 열정을 다해 음경을 허공에 찌르는 키콩고와 다르다. 태생부터 진실하고 고귀한 보노보다. 내가 무언가를 시키고 싶다면 경의를 표하는 편이 낫다. 나는 손을 편 다음 내민다. 세멘드와가 음핵을 내 손바닥에 대고 아주 빠르게 앞뒤로 문지른다. 머리를 뒤로 젖히고 두 눈을 꼭 감는다. 중요한 생각에 아주 깊이 잠겨 있는 듯한 모습이다.

잠시 뒤 나는 손을 셔츠에 닦는다. 시원한 맥주 한 잔이 몹시 그립다.

"좋아."

브라이언이 말한다. 내가 과학이라는 이름 아래 넘나드는 경계를 무시한 채. 이제 대다수 보노보는 브라이언에게 익숙하다. 단, 브라이언이 서열이 낮은 수컷 보노보에게 걸맞은 법도를 따르고 주변부에 머물러 있으면. 하지만 세멘드와나 이시로는 브라이언의 존재를 인정하지 않는다.

브라이언이 줄 한쪽 끝을 내민다. 줄은 양쪽 끝에 먹이가 수북이 쌓인 나무판자를 꿰고 있다.

"셋하면 줄을 보노보한테 던져. 하나, 둘, 셋."

우리는 각자 잡고 있던 줄 끝을 던진다. 줄이 보노보를 향해 30센티미터 정도 창살 안으로 들어가도록. 이시로가 자신에게 던진 줄 끝을 내려다본다. 손톱 밑에 낀 때를 보는 표정이다. 세멘드와가 브라이언이 던진 줄 끝을 잡고 살짝 당긴다.

"이시로, 어서, 너도 같이 잡아당겨야 해."

이시로가 나를 무시한다. 세멘드와가 줄을 천천히 풀며 실험방 안으로 잡아당긴다. 그러고는 몸에 감는다. 기다란 깃털 머플러를 두르듯이.

"이번 실험은 실패네. 가서 줄을 도로 가져와. 두 번째 시도를 해보자."

브라이언이 판단을 내리며 세멘드와에게 건넬 바나나를 내게 준다.

"세멘드와, 줄을 줘."

세멘드와가 줄을 푼다. 그러더니 허리에 돌돌 감는다. 털이 발레리나가 입는 짧은 치마인 튀튀처럼 부풀어 오른다. 세멘드와는 오렌지 색깔을 띠고 촉감이 단단한 줄에 마음을 홀랑 빼앗긴 게 분명하다. 줄을 얼굴에 대고 숨을 깊게 들이마신다.

브라이언의 얼굴이 참변을 당한 듯 일그러진다. 지난 10년 동안 브라이언이 남달랐던 점이 한 가지 있었다. 침팬지처럼 사고한다는 것이다. 브라이언은 침팬지 눈을 찬찬히 들여다보면 침팬지가 무엇을 하려는지, 무엇을 원하는지 감을 잡을 수 있다. 침팬지는 문을 무서워하지 않는다. 포도를 얻을 수 있으면 영혼도 판다. 무언가를 손에 넣으면, 그것을 더 나은 무엇과 거래하려 든다.

보노보가 유전학적으로 침팬지와 매우 가까워 대다수 사람은 그 둘을 구별하지 못한다. 하지만 브라이언은 그런 사람들을 이해하지 못한다. 보노보는 일거수일투족이 기이하기 짝이 없다. 보노보가 별나다고 생각하는 몇 안 되는 사람 가운데 하나라고 스스로 자부하는 브라이언이지만 여전히 침팬지와 연구하던 그 방식 그대로 보노보와도 연구할 수 있다고 생각했다.

브라이언은 보노보가 멍청하지 않다는 점을 안다. 은감바 아일랜드에서 이미 다 해보았기 때문에 이 실험이 가능하다는 점도 안다. 은감바 아일랜드의 침팬지가 보노보만큼 관대했다면 어떤 행동을 보였을지 알 수 없다. 보노보는 이 실험을 할 수 있어야 한다. 보노보에게는 쉬울 테니까. 그런데 실험 전체가 수포로 돌아가게 생겼다. 세멘드와가 바나나보다 줄을 더 사랑하기 때문이다.

브라이언은 스스로에 대한 믿음이 무너져내린다. 두 팔을 기운 없이 양옆으로 축 내려뜨리고 고개를 푹 떨군다.

내가 한 팔로 브라이언을 감싸며 가볍게 안는다. 줄을 가지고 노는 세멘드와를 바라본다. 세멘드와는 줄을 껴안은 채 쓰다듬고 있다. 오렌지색 가닥 하나하나를 어루만지며 입을 맞추고 있다.

"걱정하지 마, 브라이언. 실험할 수 있는 방법이 있겠지."

브라이언이 별일 아니라는 듯 어깨를 으쓱한다. 하지만 분명 고통의 바다에서 허우적거리고 있다.

"밥이나 먹으러 가자."

"기적이 따로 없었어요. 이곳 말이에요."

점심을 먹을 때마다 클로딘이 이야기를 들려준다. 클로딘의 양 어깨에 앞발을 하나씩 올려놓고 머리에 코를 비비던 동물원 표범 이야기, 고릴라를 남겨두고 사랑에 빠진 사진작가를 따라가야 할지 다이앤 포시에게 고민을 털어놓으러 문Moon산으로 떠나던 여행 이야기.

나는 클로딘이 들려주는 이야기에 마법처럼 빠져든다. 유유한 목소리가 노래를 부르는 듯하다. 마법은 음과 음 사이 여백에 숨어 있다. 말을 멈추고 한숨을 내쉴 때, 두 손을 바르르 떨때 마법이 힘을 떨친다.

브라이언은 실험이 실패해 무척 침울하다. 아무 소리도 귀에 들어오지 않는다.

"그땐 킨샤사에 사는 사람이면 거의 모두 알고 지냈어요."

미케노를 돌본다는 소문이 돌자 클로딘에게 맡기는 새끼 보노보의 수가 더 늘어났다. 어떤 새끼 보노보는, 안타까운 마음에 돌보았지만 보노보를 데리고 있는 자체가 불법이라는 사실을 몰랐던 주인이 보내기도 했다. 새끼 보노보를 압수했지만 어떻게 해야 할지 몰랐던 관계자가 문 앞에 버리고 가기도 했다.

1998년 전쟁의 참화가 휩쓸 때, 분별 있는 국외 거주자라면 모두 콩고를 떠났다. 하지만 클로딘은 그럴 수 없었다. 차고에서 새끼 보노보 열두 마리를 보살피고 있었기 때문이다.

"제정신이야? 보노보가 언제까지 이 크기 그대로 머물러 있으리라고 생각해? 이 보노보들도 몸집이 커질 거야. 그럼 어떻게 할 거야? 킨샤사 동물원에 보내 다른 동물들처럼 굶주리게 할 거야?"

조 톰슨Joe Thompson이 반문했다. 조는 루쿠루Lukuru 보호구역에 있는 자신의 현장을 떠나야만 했다. 클로딘이 차분하게 대답했다.

"나도 왜 이러고 있는지 모르겠어. 하지만 동물원으로 보내지는 않아. 다른 마땅한 곳을 찾아볼 거야. 하늘이 늘 보이는 그런 곳을."

클로딘은 킨샤사 국제학교American School of Kinshasa(TASOK)의 한 이사와 교분이 두터웠다. 모두 콩고를 떠났기 때문에 학교에는 학생이 별로 없었다. 그 학교 옆에는 4만 평(0.12제곱킬로미터)에 약간 못 미치는 숲이 있었다. 그리고 그 숲은 울타리로 둘러싸여 있었다. 이사가 클로딘이 숲에서 보노보를 보살피도록 허가했다. 클로딘은 날마다 보노보 열두 마리를 태워 국제학교로 자신의 SUV 자동차를 몰았다. 보노보는 대개 숲에 머물렀다. 다만 미케노는 농구공만 보면 사족을 못 썼다. 인근 아이들이 농구를 할 때마다 울타리를 뛰어넘어 들어가 농구공을 가로채고는 이리저리 튀기며 코트를 가로질렀다.

이 역시 영구적인 해결책이 되지 못했다. 클로딘은 8년 동안 보노보를 국제학교 숲에서 돌보았다. 그러던 어느 날 킨샤사가 포화에 휩싸였다. 클로딘은 숲으로 내달려야 했다. 총알이 펑펑 귓전을 스쳐 지나갔다. 그러다 전투 자세로 흙바닥에 얼굴을 박고 엎드려 있는 미케노에 걸려 넘어졌다.

2002년, 전쟁이 끝났다. 사람들이 돌아오기 시작했고 국제학교에도 학생들이 속속 도착했다.

"다른 장소를 찾아야 한다고 깨달았지요. 나는 세계동물보호협회World Society for Protection of Animals(WSPA)에서 지원금을 받았습니다. 관계자 가운데 한 사람인 개리 리처드슨Gary Richardson이 내 오랜 친구였어요. 어떤 장소는 두 번이나 찾아가기도 했습니다. 하지만 마음을 바꿨어요. 정치 상황이 여의치 않았거든요. 그때 완벽한 다른 곳을 찾았어요. 대통령궁 정원이었어요. 모부투는 자연을 사랑했어요. 여러 동물이 어울려 사는 숲이 있었지요. 그 숲은 9만 평(0.3제곱킬로미터)이 넘었어요. 킨샤사 한복판에 있고요. 주말이면 사람들이 와서 소풍을 즐기곤 했어요.

나는 하나부터 열까지 체계를 세우며 차례차례 정리해나갔습니다. 개리가 이틀 후면 도착할 예정이었지요. 전기담장이 남아프리카공화국에서 배에 실려오고 있는 중이었어요. 그때 카빌라 대통령이 마음을 바꿨습니다. '꼼 사comme ça(갑자기 이렇게)' 지시했어요. '불허.'

이튿날 아침 일어났을 때 내 마음은 온통 절망뿐이었습니다. 커피를 내리고는 물끄러미 바라보았어요. 이제 무엇을 해야 할까? 개리가 오고 있고 전기담장이 배에 실려 있고 살 곳 없는 보노보 열두 마리가 내 품에 있었어요. 세계동물보호협회는 손을 뗄 테고 나는 지원금을 잃을 테고, 그다음에는 무슨 일이 닥칠까? 그날 아침, 미미 엄마가 들렀습니다."

미미라는 보노보를 15년 동안 딸처럼 키우던 그 여성은 클로딘과 도타운 우정을 나누던 사이였다.

"메, 마 셰르mais, ma chère(어머, 내 사랑)."

미미 엄마가 물으며 덧붙였다.

"그렇게 죽을상을 한 얼굴은 처음이야."

클로딘이 미미 엄마에게 고민을 털어놓았다. 이야기를 다 듣고 나자 미미 엄마가 잠자코 생각에 잠겼다. 그러고는 이렇게 물었다.

"그럼 쁘띠 슈트Petit Chutes는 어때요?"

"처음 들어봐요."

"그 주인이 막 출소했어요. 열쇠를 챙겨요. 한번 가봅시다."

쁘띠 슈트 또는 리틀 폴스Little Falls는 크리스털Crystal산에서 생겨나 루카야Lukaya강으로 흘러든다. 킨샤사 바로 남쪽을 흐르는 이 강은 작은 폭포를 몇 개 지나며 강 골짜기에서 호수를 이룬다. 모래사장은 도시가 내뿜는 열기와 먼지를 잠시 피하고 싶은 이들이 즐겨 찾는 소풍 장소다.

쁘띠 슈트 뒤편에 자리한 숲의 소유주는 모부투의 수석 사무관으로 르 셰프Le Chef라고 불리는 사람이었다. 아버지 카빌라가 바로 투옥시켰는데, 르 셰프가 모부투의 자금을 내내 관리

했으니 틀림없이 캐볼 만한 비밀 몇 가지를 알고 있으리라고 판단했기 때문이다.

르 셰프가 클로딘이 처한 사정을 다 듣고 나서 말했다.

"숲을 당신한테 팔겠습니다. 지금 내게는 가진 게 전혀 없어요. 처음부터 다시 시작해야만 합니다. 20만 달러만 내십시오."

어마어마한 땅에 비하면 정말 쥐꼬리만 한 돈이었다. 하지만 클로딘에게는 2억 달러나 마찬가지였다.

"제게는 돈이 한 푼도 없습니다."

클로딘이 르 셰프에게 말했다.

르 셰프가 말없이 눈시울을 붉혔다.

"모부투는 동물을 사랑했지요. 훌륭한 환경보호운동가였습니다. 모부투를 도와 살롱가 국립공원Salonga National Park을 세웠어요. 모부투가 야생동물을 보호하고 싶어 했기 때문입니다."

르 셰프의 눈에 다시 초점이 돌아왔다.

"그렇게 하세요. 보노보에게 필요한 곳이지요. 돈은 1년 안에만 갚으면 됩니다."

"그리고 개리가 도착했어요. 우리는 전기담장을 쳤어요. 보노보를 이곳으로 처음 데려왔을 때 마마 앙리에트가 마야Maya를 등에 업고 있었습니다.

마마 앙리에트가 이렇게 외쳤어요.

'와, 롤라Lola군요.'

나는 이 말을 처음 들어봤어요. 마마 앙리에트가 말했지요.

'네, 부인. 롤라는 낙원이란 뜻이에요. 하늘이자 천국이란 뜻입니다.'

나는 앙리에트를 바라보고 미소를 지었어요.

'맞아요. 롤라 야 보노보, 보노보의 천국이에요.'"

나는 기립박수라도 치고 싶은 심정이다. 눈에 눈물이 핑 돈다. 브라이언이 접시 가장자리로 음식을 밀어놓고 있다. 클로딘은 자신이 겪은 이 기적 같은 이야기를 마친 뒤에도 이렇게 시무룩한 표정으로 입을 꾹 다물고 있는 사람이 낯설다. 클로딘이 브라이언의 기색을 살피며 묻는다.

"흠, 브라이언, 연구는 잘 되어가나요?"

브라이언이 접시 가장자리를 포크로 긁으며 대답한다.

"글쎄요. 보노보가 먹이에 별 흥미가 없어 해요. 실험할 능력은 있다고 보는데 영 먹이에 관심을 보이지 않습니다."

클로딘이 말없이 생각에 잠긴다.

"알다시피 수녀님 몇 분이 이곳을 찾은 적이 있습니다. 보노보가 가장 좋아하는 먹이가 무엇인지 물었어요. 초록 사과라고 알려드렸지요. 그랬더니 한 상자를 사 가지고 와서 우리 안으로 던져 넣었어요. 오 라 라*oh la la*(세상에나), 보노보들이 한바탕 성교를 맺는 거예요. 수녀님들은 얼굴이 빨개졌지요. 아마 어디서도 그런 광경을 못 보았을 겁니다."

시도해볼 만하다.

사과는 콩고에서 나지 않는다. 남아프리카공화국에서 비행기로 실어와야 한다. 개당 2달러로 콩고인 하루 일당과 맞먹는다. 30개 들이 한 상자 비용으로 콩고인 가족이 두 달 동안 먹고 살 수 있다. 나는 냉장고에서 사과 여섯 알을 꺼낸다.

나로서는 도무지 이해가 되지 않는다. 나는 사과가 싫다. 시큼할 뿐 아니라 불운을 부르는 과일이다. 사과 때문에 아담과 이브가 벌을 받았다. 백설공주를 죽였다. 더구나 롤라 야 보노보에서 보노보는 망고와 파파야, 바나나와 사탕수수, 톤델로 tondelo라는 붉은 나무열매와 자주색 껍질 속에 달콤하고 하얀 살이 들어 있는 망고스틴이라는 독특한 과일을 먹는다. 다른 맛난 과일이 수두룩한데 사과에 눈길이라도 줄까?

나는 사과를 한 줄로 늘어놓는다. 사과들이 제법 먹음직스러워 **보인다.** 제값을 하기만을 바랄 뿐이다. 껍질은 색깔이 양치류와 같고 물방울이 송골송골 맺혀 있다. 하나를 칼로 자른다. 반으로 갈라지며 아삭하고 하얀 살이 각각 드러난다. 씨앗이 윤이 나는 삼나무 재목 같다. 살에서는 여름 향기가 난다.

세멘드와와 이시로가 실험방에 와 있다. 이시로가 눈을 부릅뜨고 나를 뚫어져라 지켜본다. 세멘드와는 그물침대 가장자리 너머로 유심히 바라본다. 나는 봉지를 내려놓고 사과를 한 알 꺼낸다. 세멘드와가 고개를 들고 말한다.

"어."

이시로가 창살 사이로 기다란 몸을 비집고 들이밀려고 애쓴다. 봉지를 통째로 훔쳐가려고.

나는 두 보노보가 보는 앞에서 사과를 흔든다. 코밑에 대고 킁킁 냄새를 맡는다. 바로 이 자리에서 아작아작 다 먹어치우겠다는 듯이. 그러자 두 보노보가 강 건너 불구경하던 태도를 싹 걷어치우고 초조감에 휩싸여 높은 소리를 동시에 질러댄다. 서로를 한 번 바라보고 사과를 한 번 바라보고 나를 한 번 바라본다.

곧 나는 말로만 듣던 보노보 경험담을 직접 눈으로 보는 영광을 누린다.

세멘드와가 그물침대에서 내려온다. 몹시 허둥댄다. 풍만한 엉덩이가 흔들리고 가슴이 출렁인다. 이시로가 등을 곧게 펴고 다리를 활짝 벌리며 두 손을 아무렇게나 머리 위로 들어 올린다.

세멘드와가 이시로 위에 오르더니 두 손으로 이시로 팔을 잡고 꼼짝도 하지 못하게 붙든다. 이시로가 넓적다리로 세멘드와의 허리를 두른다. 세멘드와가 거대한 음핵을 이시로의 음핵에 대고 앞뒤로 찔러 넣기 시작한다. 그 속도가 점점 빨라진다. 세멘드와가 이시로의 눈을 똑바로 응시한다. 축 늘어져 있던 세멘드와의 음부가 탄력을 얻는다.

이시로가 입을 벌린다. 눈을 질끈 감는다. 소리를 지른다. 세멘드와의 엉덩이가 움직이는 박자에 맞춰 엉덩이를 비빈다. 세멘드와에게서 거친 숨소리가 난다. 헐떡이는 소리가 들린다.

갑자기 세멘드와가 등을 동그랗게 만다. 자신의 음부를 이시로의 음부 깊숙이 밀어 넣는다. 머리를 뒤로 젖힌다. 이시로가 넓적다리에 힘을 꽉 준다. 그러고는 둘 다 걷잡을 수 없이 몸을 떤다. 4초 동안. 내가 절정에 오를 때와 꼭 같은 시간이다.

내 손에 쥐고 있던 사과가 떨어져 바닥에 부딪힌다. 동시에 내 턱도 그만큼 떨어진다. 나는 돌아서서 브라이언을 바라본다. 그 얼굴에 죄책감이 어려 있다. 음란물을 보다 내게 들킨 사람처럼.

이시로가 창살 사이로 손을 뻗어 사과를 집는다. 한 입 베어 문다. 세멘드와가 이시로에게서 사과를 빼앗아 한 입 베어 문다. 태연하게 와작와작 씹어 삼킨다. 방금 우리 눈앞에서 거칠고 뜨거운 성교를 한 적이 없다는 듯이.

우리가 정신을 차리기까지, 그리고 보노보가 예의 바르게 사과를 다 먹어치우기까지 20분이 걸린다. 브라이언과 나는 텔레비전을 보며 마리화나를 피우는 친구들 같다. 서로 눈길을 피하면서 빨간 나무판자 양쪽 끝에 사과 조각을 수북이 올려놓는다. 세멘드와가 이시로에게 자신의 질을 내민다. 이시로가 사랑스럽다는 듯 음핵을 쓰다듬는다.

우리는 줄을 안으로 던진다. 이시로와 세멘드와가 각각 줄 끝을 잡아당기며 길고 빨간 나무판자를 자신들 쪽으로 조금씩 천천히 끌어당긴다. 나무판자가 끼익 소리를 내며 타일 바닥을 긁고 지나가다 탕 하고 실험방 창살에 부딪힌다. 이시로와 세멘드와가 나무판자 한쪽 끝에 같이 앉아 사과 조각을 깨문다. 아삭아삭 맛나게 먹는다.

내가 마침내 말한다.

"흠, 나도 군침이 도는걸."

10

나는 우리 숙소 계단에서 돌돌 말려 있는 어두운 그림자를 본다. 달빛에 기대어 다이아몬드 형태를 띤 엄청나게 큰 머리를 가까스로 알아본다.

가분살모사는 사하라 사막 이남 아프리카에 사는 '용'이다. 콧구멍 사이에는 뿔 두 개가 솟아 있고 창백한 두 눈 아래로 갈색 삼각형 무늬가 각각 밖으로 나 있다. 어떤 뱀보다 송곳니가 길며 어떤 독사보다 치명적인 독을 내뿜는다. 이 송곳니에 물리면 처음에는 극심한 통증을 느낀다. 이어 물린 자국을 중심으로 물집이 생긴다. 혀와 눈꺼풀이 부어오르고 경련이 일어나고 똥오줌이 줄줄 샌다. 그러고 나서 의식을 잃는다. 폐와 장과 요로에 출혈을 일으킨다. 결국 독이 심장 주변 근육을 손상시켜 심장마비로 죽는다.

그런데 여기, 가분살모사 한 마리가 눈에 띄지 않게 현관 앞

어둠 속에 숨어 있다. 나는 소리쳐 약혼자를 불러야 한다고, 이런 상황이라면 몸을 던져 나를 보호하면서 칼이든 총이든 **무엇**이든 휘둘러 나를 위험에서 구하는, 그렇게 내 생명을 구하는 사람이 약혼자이어야 한다고 알고 있다. 나는 소리친다.

"알란Alan! 알란!"

알란이 우리 숙소를 치운다. 콩고 남자치고 체구가 작다. 자랄 때 의붓어머니가 독을 먹였기 때문이다. 다섯 살 때 친어머니가 세상을 뜨자 아버지가 재혼을 했다. 자원이 빠듯하고 가족이 주렁주렁 달린 조그만 마을에서 두 가족이 합치면 결말은 대개 〈브래디 번치Brady Bunch〉*보다는 〈신데렐라〉로 끝난다. 부모가 재혼하면서 버려지는 아이들이 셀 수 없이 많다. 운이 사나우면 의붓아버지나 의붓어머니가 그 정도에서 그치지 않는다. 목숨을 앗아가기도 한다. 알란의 의붓어머니는 주술사한테서 독을 구해 와서 매일 아침 알란이 먹는 죽에다 조금씩 넣었다. 그래서 알란은 집에서 도망쳤다. 그리고 롤라 야 보노보에까지 이르렀다. 이곳에서 알란은 새로운 털북숭이 고아 무리를 만났다.

알란은 보노보를 사랑한다. 특히 보육장을 아낀다. 보노보

* 1969년부터 미국 ABC에서 방영된 가족 시트콤 드라마로, 각자 세 명의 자녀를 둔 두 주인공이 결혼하며 대가족을 이루게 되면서 벌어지는 이야기를 다룬다.

가 먹을 먹이를 세심하게 자르고 아침마다 우유를 떠놓는다. 잠은 우리 숙소와 가까운 작은 오두막에서 잔다. 그래서 집세를 아낄 수 있다. 내가 부르는 소리를 듣고 알란이 금방 달려온다.

"뱀이에요! 바로 거기! 가분살모사예요!"

알란이 오두막으로 달려가 삽을 가지고 돌아온다. 내가 현관 밖 긴 의자에 올라서서 두 손으로 입을 가리며 겁에 질려 떠는 동안 알란이 뱀의 목을 친다. 머리를 잃은 몸통이 마구 뒤틀린다. 나는 머리 일곱 개가 다시 자라서 우리 모두를 죽일지도 모른다는 터무니없는 공포에 시달린다. 10분쯤 지나자 몸부림이 잦아든다.

"메르시merci(고마워), 알란."

"메르시, 부인."

알란이 꼬리를 집어 들고 오두막으로 향한다. 요리해서 먹으리라. 나는 현관 밖 의자에 앉아 계단에 점점이 흩뿌려진 피를 뚫어져라 바라본다.

우리가 여기에 온 지도 두 주가 지나간다. 우리는 리처드와 함께 떠날 예정이었다. 하지만 브라이언이 계속 비행기표를 바꾸고 있다.

은감바 아일랜드 침팬지는 매우 놀라워서 그 협력 실험 결과가 가장 권위 있는 학술지인 《사이언스Science》에 실릴 정도였다. 그 침팬지들은 BBC와 내셔널지오그래픽 다큐멘터리에도 출연했다.

하지만 그 협력을 무너뜨리려면 그저 먹이를 나무판자 가운데에 놓기만 하면 되었다. 먹이가 가운데에 놓이면 침팬지 한 마리가 그 먹이를 껴안다시피 독차지하고 나머지 한 마리는 더 이상 놀이에 참여하려 들지 않았다.

이제 우리는 저 사과가 마법의 열매라는 사실을 알게 되었다. 지금껏 실험이라면 거들떠보지도 않던 보노보가 협력 실험을 다 거뜬히 통과해냈다. 이에 우리는 협력 실험을 통과하지 못하도록 실험해보기 시작한다. 우리는 먹이를 한가운데에 놓는다. 짝도 뒤섞어본다. 아무런 영향도 미치지 않는다. 나이가 많든 적든, 늙어 꼬부라졌든 보노보는 모두 함께 줄을 당긴다. 협력을 하지 않은 보노보는 딱 한 마리, 마야다. 사실 마야는 진통 중이었는데 우리는 몇 시간 뒤 건강한 수컷 새끼 보노보를 낳을 때까지 까맣게 모르고 있었다.

자신감을 되찾은 브라이언이 환하게 웃으며 여기저기 돌아다닌다. 아침이면 롤라 야 보노보로 출근하는 사육사 한 사람 한 사람에게 큰 소리로 인사를 건넨다.

"봉주르!"

사육사들도 손을 크게 흔들며 합창하듯 외친다.

"봉주르!"

나는 손가락 하나 까닥할 힘도 없다. 실험이 무척 세세하다. 정확해야 하고 치밀해야 한다. 실험과 관련해 하나부터 열까지

빠릿빠릿하지 못한 내 성격과 맞지 않는다. 실험을 망치지 않으려고 집중력을 마지막 한 방울까지 쥐어짠다.

우리는 아침 6시에 일어나 열네 시간이 지나서야 겨우 숨을 돌린다. 사과를 자르고 나무판자에 올리고 세멘드와가 줄을 몰래 가져가지 못하게 막는다. 다시 처음부터. 다시 처음부터. 보노보를 바꾼다. 구조물을 바꾼다. 자료를 입력한다. 파파 장이 차리는, 세 코스로 이루어진 맛있는 점심조차 건너뛴다. 시간을 아끼려고 대충 만든 샌드위치를 먹는다.

건물 안이 찜통처럼 덥다. 습도가 100퍼센트다. 첫날에는 이러다 쓰러지지 않을까 걱정도 들었지만 이제는 좀 무감각하다. 피가 묽어져서 이런 열기쯤 견딜 수 있게 된 듯싶다. 하지만 갑작스럽게 변화가 생길 때마다 회복하는 데 일주일이 걸린다.

집에 가고 싶다.

하지만 브라이언이 다른 실험을 구상하고 있다. 관대함이 반드시 자발적으로 생기지 않는다. 감정에 지배를 받을 수 있다. 감정이 다 그렇듯 관대함도 우선 마음으로 느낀 다음에야 머리로 생각할 수 있다.

관대함 때문에 보노보가 침팬지보다 더욱 협력적이라면 이는 지능보다는 감정에 따른 차이일 수 있다. 침팬지가 느끼는 감정이 보노보가 느끼는 감정과 두드러질 정도로 다르다면, 우리는 왜 침팬지는 서로를 죽이지만 보노보는 그렇지 않은지와 같은 여러 쟁점을 설명할 수 있다. 그리고 침팬지와 보노보의 감정

생활이 사람과 어떤 점에서 같고 어떤 점에서 다른지 밝혀낼 수 있다면, 사람 고유의 특성이 어디서 비롯하는지 알 수 있다.

가장 기본적인 감정 실험 가운데 하나가 새로운 대상에 어떻게 반응하는지 관찰하는 것이다. 심리학자는 아이가 어른이 되었을 때 내향적일지 외향적일지, 또는 분노발작temper tantrum이나 불안발작anxiety attack을 일으킬 경향이 높은지 낮은지 여부를 예측할 목적으로 이 검사를 아이에게 실시한다. 하지만 지금까지 아무도 이 실험을 이용해 침팬지와 보노보를 인간과 비교할 생각을 하지 않았다.

나는 생각만 해도 죽고 싶다.

브라이언이 숙소 밖으로 고개를 쑥 내민다.

"어이, 스키피Skippy*, 커피 한 잔만 내려줄래?"

"알란이 막 가분살모사를 죽였어."

내가 무엇을 기대했는지 지금은 헷갈린다. 객쩍은 허세? 브라이언이 먼저 뱀을 보았다면 똑같이 행동했으리라는 허풍 섞인 장담?

"으악."

브라이언이 외마디 소리를 내지르더니 집으로 쏙 들어간다.

---

*   1968년 오스트레일리아에서 방영된 드라마 〈스키피 부시 캥거루 Skippy the Bush Kangaroo〉에 나오는 캥거루 이름이다. 브라이언은 소년과 함께 모험을 떠나는 이 똑똑한 캥거루 이름을 따서 버네사의 애칭으로 삼은 듯하다.

　　내가 플라스틱으로 만든 빨간 고슴도치 인형을 집어 든다. 크기가 테니스공만 하다. 고슴도치 인형을 탁자 오른쪽에서 왼쪽으로 움직인다. 브라이언이 불만을 터뜨린다.

　　"왼쪽에서 오른쪽! 왼쪽에서 오른쪽으로 움직여야 하잖아."

　　나는 고슴도치 인형을 왼쪽에서 오른쪽으로 움직인다.

　　"이제는 안 돼. 벌써 움직였잖아. 절차를 깡그리 어길 셈이야?"

　　어찌되었든 이미 늦었다. 키콩고가 고슴도치 인형을 보더니 꺅 소리를 지르며 실험방 뒤쪽으로 달려간다. 몇 걸음 앞으로 나오더니 다시 도망친다. 경보음 같은 비명을 내지르며 다급히 사방을 두리번거린다. 가시가 뾰족뾰족하게 나고 눈알이 달린, 소름끼치게 생긴 빨간 존재에 맞서 자신을 도와줄 누군가를 찾는다. 콘크리트 벽이 확성기 역할을 한다. 키콩고가 지른 비명이 벽에 맞고 튕겨 나오며 음량과 음고가 치솟는다. 귀가 얼얼하다.

머리도 쪼개질 듯이 아프다. 브라이언이 뭐라고 소리친다.

"뭐?"

"코코넛! 잊지 마! 이번엔 코코넛이야!"

나는 고슴도치 인형을 탁자 옆 도구 가방에 다시 집어넣는다. 키콩고가 조심스럽게 다가온다. 고슴도치 인형이 어디로 사라졌나 궁금한 눈치다. 두 팔을 반복해서 올렸다 내린다. 혼자 파도타기 응원을 하는 것 같다. 내가 부른다.

"키콩고! 키콩고!"

나는 키콩고에게 땅콩을 주며 자신의 자리인 탁자 가운데로 다시 돌아가게 한다. 키콩고가 의심스런 표정을 지으며 다가와 땅콩을 집어 든다. 나는 코코넛을 꺼낸다는 걸 실수로 경찰차를 꺼낸다. 우리는 그 경찰차를 독일에서 샀다. 그래서 하얀 바탕에 초록색 띠를 두르고 옆면에 'POLIZEI'라고 쓰여 있다. 키콩고가 놀라서 두 눈이 휘둥그레진다. 뒷걸음치면서 내내 그 장난감에서 눈을 떼지 못한다.

나는 리모컨을 든다. 버튼을 딸각 누른다. 경찰차가 경광등을 번쩍이며 삐뽀삐뽀 경고음을 울린다. 탁자 오른쪽에서 왼쪽으로 쌩 지나간다.

키콩고가 질겁한다. 스파이더맨이 울고 갈 만큼 바닥에서 공중으로 4미터 가까이 펄쩍 뛰어올라 천장에 매어놓은 그물침대로 쏙 들어간다. 경찰차를 보고 비명을 지르며 올 굵은 침상에 납작 엎드린다. 갑자기 다시 몸을 일으키더니 도로 수그린다.

마치 경찰차가 자신을 향해 초음속 광선을 쏘기라도 할 듯이. 비명 소리가 너무나도 커서 보노보들이 숲에서 하나둘씩 나와 건물 안을 들여다본다. 도대체 무슨 일이 벌어지고 있는지 알아보려는 표정이다.

키콩고의 대리 엄마 노릇에 익숙한 마마 앙리에트가 이 실험을 도와주기로 되어 있다. 그런데 바닥에서 쿨쿨 자고 있다. 이 야단법석 소동이 일어나는 와중에 어떻게 잘 수 있는지 나로서는 이해하기 힘들지만.

마마들은 태도에 심각한 문제가 있다. 우리는 마마들에게 급료를 두 배나 올려 지급하고 있다. 하지만 우리가 포르투갈 노예 상인쯤 된다고 여길지도 모른다. 마마들에게 실험을 도와 달라고 부탁할 때마다 내가 화장실을 청소하라고 지시한 듯이 나를 바라본다. 실험을 진행하는 동안에도 마마들은 음울하게 허공을 노려보거나 바닥에 누워 잠을 잔다. 나는 그들 눈 속에서 내가 품은 생각이 그대로 드러나고 있음을 본다. 이 실험들은 자신들이 이제까지 본 일들 가운데 가장 바보 같다는, 우리가 제정신이 아니라는, 기온이 그늘에서 섭씨 37도까지 올라갈 때에는 제아무리 돈을 많이 주어도 신체 활동을 보상하지 못한다는.

"마마들에게 이 실험을 설명해줘."

브라이언이 말한다. 마마들이 전체 그림을 이해한다면 갑자기 참여하고 싶은 마음을 억누를 수 없을 거라고 확신에 차 있다. 나는 마마들에게 프랑스어로 감정반응-emotional reactivity 실험이 얼마나 중요한지 진땀을 빼며 설명한다. 마마들이 눈동자를 두렷두렷 굴리며 하품을 한다.

"마마 앙리에트가 관심을 가지도록 해봐."

브라이원이 애원하다시피 한다. 하지만 마마 앙리에트는 한 팔을 얼굴에 올리고 나머지 팔다리를 대자로 쭉 뻗은 채 바닥에 누워 있다. 바베이도스Barbados 해변에 누워 있다는 상상의 나래를 활짝 펼치고 있는 듯 보인다. 내가 마마 앙리에트에게 무슨 말을 해야 할까? 숨이 턱턱 막히는 열기 속에서 여섯 시간째 실험을 하고 있다. 차라리 바닥에 누워 바베이도스를 마음속에 그리는 편이 현명하고 분명 더 근사한 선택이지 않을까?

나는 가방 속에 다 감춘다. 키콩고가 건물 문 쪽으로 다가가 창살 사이로 음경을 찔러넣고는 밖에서 파파야와 카사바 이파리를 아삭아삭 먹고 있는 다른 보노보를 향해 마구 흔든다. 보노보 악수handshake를 간절히 청하면서.

이시로가 다가온다. 얼굴을 잔뜩 찌푸리고 있다. 분명 저 고함 소리가 평화로운 화요일 오후를 방해했으리라. 이시로가 키콩고의 음경을 세게 휙 잡아당긴다. 키콩고가 비명을 지르더니 곧 입을 다문다.

키콩고가 실험을 하러 돌아오지 않는다. 농장 동물을 잇달아 흉내 내기 시작한다. 개구리처럼 폴짝폴짝 뛴다. 엉덩이를 빼고 쪼그리고 앉아 오리처럼 뒤뚱뒤뚱 걷는다. 그러더니 네 발로 일어나 최면에 걸린 암소처럼 좌우로 흔들거린다.

"코코넛을 꺼내기로 되어 있잖아. 경찰차가 아니라. 물건을 꺼내기 전에 순서를 적어놓은 종이를 살펴보라고 도대체 몇 번이나 말해야 해?"

브라이언이 내가 바보에 대한 정의를 새롭게 써 내려가고 있다는 듯이 말한다. 나는 참을 만큼 참았다.

"아주 지긋지긋해. 난 3주 동안 죽도록 일밖에 안 했어. 그런데 넌 사사건건 흠만 들췄지. 난 이런 실험이 처음이야. 뭘 하고 있는지 전혀 모르겠다고. 지쳤어. 집에 가고 싶어. 이 보노보들은 정말이지 **해괴하기** 짝이 없어. 네 실험도 다 제대로 될 리가 없어."

나는 내 입장이 얼마나 확고한지 보여주려고 저 빨간 플라스틱 고슴도치 인형을 있는 힘껏 집어 던진다. 고슴도치 인형이 바닥에 부딪혀 튀어 오르더니 키콩고가 있는 실험방 안으로 들어간다. 키콩고가 일각이 여삼추처럼 흐르는 몇 분 동안 인형을 내려다본다. 그러더니 뾰족하게 돋아난 가시에 음경을 문지르기 시작한다. 나는 건물을 뛰쳐나온다. 곧장 숙소로 돌아가 욕실로 들어간 다음 문을 걸어 잠근다.

나일강의 시원지에서 브라이언과 온갖 눈꼴사나운 애정 행각을 벌이는 동안에는 한 남자와 그 남자가 품은 꿈을 사랑할 때 어떤 대가를 치러야 하는지 몰랐다. 꿈은 온 마음을 앗아간다. 꿈말고는 아무것도 존재하지 않는다. 다른 현실이 존재하지 않는다. 브라이언은 꿈에 사로잡혔거나 꿈과 지독한 사랑에 빠진 사람이다. 잠도 거의 자지 않는다.

나도 안다. 브라이언은 나를 사랑한다. 하지만 내가 떠나도 브라이언에게는 여전히 꿈이 남아 있다. 브라이언이 꿈을 잃어버린다면? 그런 브라이언은 빈껍데기다.

무엇보다 최악은, 내게는 꿈이 없다는 점이다. 나는 하고 싶다거나 되고 싶은 게 없다. 기아에 시달리는 아동이나 살 곳이 없는 동물을 구하겠다는 포부도 없다. 선교 활동이나 심장 수술도 적성에 맞지 않는다.

브라이언은 생체의학 연구소에서 실시하는 인지 연구의 대안으로 아프리카에 유인원 고아원을 세우고자 애쓰고 있다. 도대체 내가 요즘 무슨 일을 하는 걸까?

나에게는 집이 없다. 우리 물건은 독일에 있다. 하지만 가구라고 해봤자 마분지 상자로 만들어놓은 게 고작이다. 우리 두 사람 사이에는 무언가 소유물이 거의 없다. 더구나 나는 독일에 가족도 친구도 없다. 그래서 이 꿈이 내가 가진 전부다. 그마저도 내 것이 아닌.

나는 욕실 바닥에 누웠다. 소독약 냄새가 희미하게 난다. 문고리가 덜걱덜걱 움직인다. 만화에 나옴직한 귀신이 들어오려고 애쓰는 듯하다. 문 반대편에서 깊은 한숨소리가 들린다.

"스키피, 문 좀 열어봐."

"싫어."

"문 열어. 안 그러면 열쇠로 딸 거야."

제기랄. 나는 온 몸무게를 문에 실어 브라이언을 막을 수도 있다. 하지만 그러면 내가 취한 자세의 극적인 예술성을 포기해야 한다. 나는 발끝으로 잠금장치를 풀어 문을 연다. 브라이언이 들어와 내 모습을 보고 당연한 걸 묻는다.

"바닥에서 뭐해?"

나는 대답하지 않는다.

브라이언이 내 옆에 무릎을 꿇는다. 내 이마에서 곧은 머리카락을 고른다.

"괜찮아? 집이 그리워?"

내가 왜 이러는지 서두도 꺼내지 않았는데 나는 고개를 끄덕이며 눈물을 뚝뚝 떨구기 시작한다. 예쁘장하게 훌쩍이는 게 아니라 목 놓고 꺼이꺼이 울부짖는다. 보노보는 아마 내가 늑대인간이라고 여길지도 모른다. 브라이언이 내 목 밑으로 팔을 넣는다. 나를 일으켜 세워 앉힌다.

"알아. 이 일이 네겐 쉽지 않겠지. 하지만 언젠가 끝나. 네가 원한다면 오스트레일리아로 돌아가자. 학문의 길은 포기하지 뭐. 나는, 나는 배관공이 될게."

나는 가능성이 희박한 이 시나리오에 코웃음을 친다. 브라이언에게는 결벽증이 있다. 세균을 극도로 무서워한다. 문을 열때에도 옷소매로 잡고 연다. 현금자동지급기 버튼을 누를 때에도 다른 사람의 세균이 손가락 끝에 묻어 자신의 몸 다른 부분으로 퍼질까봐 손가락을 구부려 마디 끝으로 누른다. 브라이언이 막힌 변기를 뚫는 모습을 볼 가능성은 지극히 낮다. 하물며 다른 사람이 눈 똥 속에 깊숙이 팔을 집어넣는다고?

"넌 내 전부야. 네가 행복할 수 있다면 무슨 일이든 할 거야. 우린 잘 헤쳐 나갈 수 있어. 다 잘 될 거야."

브라이언이 내 흐느낌이 잦아들 때까지 참을성 있게 나를 안아준다. 찬찬히 내 옷을 벗기고 샤워기를 튼다. 따뜻한 물이 몸에 닿자 기분이 나아진다. 눈물 자국이 씻겨나간다. 수증기가 폐를 연다. 브라이언이 노란 수건으로 나를 감싼다. 브라이언에게서 그윽한 향기가 난다. 깃털 담요나 코코아 향 같은. 말소리도 내가 자란 바다 같다. 느낌도 집처럼 아늑하다.

지금까지 나는 이 관계에 한 발만 걸치고 있었다. 맞다. 우리는 약혼한 사이다. 하지만 실은 나는 그에게 헌신하지 않았다. 웨딩드레스조차 사지 않았다. 뛰어들거나 빠져나오거나 선택해야 할 때다.

나는 늘 가치 있는 일을 하며 살아가는 삶을 상상했다. 하지만 모험과 현실을 혼동했다. 굉장한 곳에 가서 흥미로운 일을 한다면 그것으로 족하다고 생각했다. 보고 즐기는 경기에 불과했다. 싫증 날 때마다 나는 짐을 쌌고 다른 흥미로운 일을 찾을 때까지 방황했다. 어떤 의미를 차곡차곡 쌓을 만큼 진득하게 붙들고 있던 적이 없었다.

나는 한숨을 푹 내쉰다. 누구에게 고민을 털어놓아야 하는지 안다. 그러면 어떻게 해야 할지 알리라.

나는 호숫가에 앉아 그를 찾는다. 미미가 먹이 구역 한가운데에 앉아 있다. 미미는 좌선을 하는 듯 차분하다. 미미 주위에는 보이지 않는 원이 그려져 있다. 그 원 안에 놓인 먹이는 모두 미미 차지다. 어린 수컷 보노보가 오렌지 씨만큼 원 안으로 손을 뻗으면 미미가 지그시 바라본다. 그러면 그 어린 수컷 보노보는 돌로 변하고 만다. 잠시 뒤 잠자는 야수 곁을 지나듯 발끝으로 살금살금 걸으며 안전지대로 되돌아간다.

미미가 싸움에 끼어드는 일은 거의 없다. 일어서서 문제를 일으킨 쪽으로 메두사 같은 두 눈을 번득인다. 그러면 이시로가 이끄는 미미의 경찰대가 재빨리 처벌을 내린다. 미미는 어느 누구도 적극 나서서 감싸지 않는다. 하지만 보노보들이 자신의 자그마한 몸집 뒤로 숨어도 내버려둔다. 이런 행동만으로도 보노보들을 보호할 수 있다. 아무도, 정말 아무도 미미를 탓하지 않기 때문이다.

암컷이 중심인 사회는 매우 드물다. 하이에나가 그렇지만 암컷 하이에나는 몸집이 수컷에 뒤지지 않으며 음경도 있다. 암컷 검은과부거미는 수컷을 먹으며 몸집이 네 배나 크다.

미미는 몸집이 타탄고의 절반밖에 안 된다. 하지만 확실하게 모두를 지배한다. 어떤 완력을 쓰지 않아도 절대권력을 휘두르고 있다.

타탄고가 담장 옆에 있다. 손가락이 철조망 밖으로 나와 있다. 언제나처럼 음울해 보인다. 타탄고가 어떻게 해서 웃음을 잃었는지 모두들 전하는 이야기가 다 다르다. 클로딘에 따르면 타탄고가 공포의 다섯 자매한테 '혼쭐난' 뒤로 그랬다고 한다. 자크에 따르면 타탄고가 어렸을 때 비비Vivi라는 친한 친구가 있었다고 한다. 둘은 어디든 어깨동무를 하며 함께 다녔는데 비비가 병으로 죽고 나서부터 타탄고가 다시는 웃지 않았다는 것이다.

타탄고가 내 마음을 사로잡는다. 타탄고는 끊임없이 자신을 과시한다. 하지만 그럴 때에도 고작 나뭇가지를 들 뿐이다. 으르렁거리며 울부짖지 않고 끽끽거리며 보채는 소리는 낸다. 방문객을 향해 흙을 던지기도 한다. 하지만 손톱을 단장해주었으면 바랄 때만 그렇다. (타탄고는 손톱이 더러우면 견디지 못한다.) 다른 수컷들을 위협한다. 하지만 문제가 될 조짐이 조금이라도 보이면 미미 뒤에 숨는다.

이시로가 미미 곁을 지키고 있다. 곁눈질로 키크위트를 흘끔 바라본다. 키크위트가 즙이 뚝뚝 흐르는 사탕수수 가지를 들고 있다. 이시로는 그 사탕수수 가지가 먹고 싶다. 키크위트를 잔뜩 노려본다. 이글이글 타오르는 눈빛으로 키크위트 머리에 구멍이라도 뚫을 기세다. 키크위트는 몸꼴이 축구선수 같다. 온몸이 근육질이며 목이 없다. 이시로를 번쩍 들어 올려 숲에 내동댕이칠 수도 있다. 하지만 키크위트는 꺅 소리를 지르며 사탕수수 가지를 떨어뜨린다. 그러고는 키콩고에 올라타서 자신의 음경을 문지른다.

세멘드와가 나른하게 누워 있다. 더 없이 편안해 보인다. 한 손을 배에 걸치고 있다. 세멘드와는 새끼를 낳은 지 얼마 되지 않아 풍만한 가슴이 젖으로 터질 듯하다. 세멘드와가 어린 암컷 보노보를 향해 턱을 까닥인다. 그러자 곧바로 어린 암컷 보노보가 다가와 세멘드와의 털을 고른다. 나는 세멘드와가 새끼 사랑이 지극한 어미라고 상상하려 애쓴다. 불면 날까 쥐면 꺼질까 노심초사 새끼를 보살피는. 그런데 도무지 그려지지 않는다. 밤에는 보모를 고용해 맡기고 낮에는 어린이집에 보내는 그런 엄마일 거라는 생각이 든다.

그때 내 눈에 그가 들어온다. 그는 독특한 자세로 앉아 있다. 주먹을 쥐어 턱밑에 괴고는 팔꿈치를 무릎에 올려놓고 있다. 나는 그 앞에 앉아 이야기를 꺼낸다. 나를 바라보는 그 눈빛에 내가 주절주절 늘어놓는 말 가운데 조금이라도 분명 이해한다는 확신이 든다.

보노보의 눈에는 호랑이나 상어의 눈에서 볼 수 없는 특별함이 담겨 있다. 인간의 눈과 닮았지만 도심 속 거리를 지나갈 때 낯선 사람이 던지는 경계심 어린 흘끗거림이 아니다. 정신과 의사가 한 시간에 300달러를 받고 관심 있는 척 꾸미는 눈빛이 아니다. 내가 잘 안다고 여기지만 사실 그렇지 않다고 깨달은 누군가의 눈초리가 아니다.

보노보의 눈은 속을 터놓을 수 있는 친구나 사랑하는 사람이나 성직자의 눈이다. 속을 꿰뚫어본다. 다른 것은 보지 않는다. 고백을 이끌어낸다.

나는 다른 어느 누구에게도 하지 않는 말을 미케노에게 한다. 부모님의 결혼이 파탄에 이르는 과정을 지켜보면서 행복한 결말을 꿈꾸던 내 믿음이 정말 산산이 부서져 나갔다고. 브라이언이 어느 날 갑자기 정신을 차려 내가 자신과 어울리기에는 턱없이 부족한 사람이라고 깨달으면 어떡하나 걱정스럽다고. 브라이언이라면 내가 곁에 없었어도 훨씬 더 잘할 수 있었다고.

미케노가 천천히 고개를 끄덕인다. 나는 약간 비탈진 둔덕에 앉아 있어 균형을 잡으려고 담장 철조망을 손으로 잡고 있다. 미케노가 내 손에 자신의 손을 포개어놓는다.

나는 평소에는 동물에게 말을 걸지 않는다. 그렇게 할 때에도 반응을 기대하지 않는다. 그런데 여기 앉아 있자니 미케노의 깜박이는 눈에 최면이라도 걸린 양, 나는 머릿속을 울리는 목소리를 듣는다.

두려워하지 마.

어쩌면 무의식이 기쁜 일에 재를 뿌리지 말라고 내게 전하는 말인지도 모른다. 어쩌면 신이 나를 부르려는 소리일지도 모른다. 몇 년 동안 신을 무시한 사람에게 이런 일을 행한다고 들은 적이 있다. 하지만 내가 그 목소리를 듣자마자 미케노가 미소를 짓고 나는 평온을 얻는다. 이시로가 울타리로 다가온다. 우리를 내내 지켜보고 있었다. 이시로는 미케노를 추앙한다. 사

육사가 미케노를 다른 집단으로 옮겼을 때 이시로가 몹시 그리
워해서 다시 옮겨와야 했다. 다른 암컷들도, 심지어 권력을 쥐
고 있는 암컷들조차 항상 기꺼이 자신을 내어주며 미케노와 성
교를 맺는다. 미케노는 보노보 사회의 브래드 피트Brad Pitt다. 암
컷들이 줄을 서서 미케노가 원하면 무엇이든지 다 들어준다. 하
지만 이시로가 미케노를 사랑하는 열정은 아무도 따라가지 못
한다.

이시로의 눈이 칠흑같이 새까맣다. 내게 던지는 눈빛을 보
아하니, 내 손에서 미케노 손을 잡아채는 몸짓을 보아하니 틀
림없다. 이는 암컷들 사이에서 통하는 범우주적인 신호다. **그는
내 거야.**

이시로가 표정을 푼다. 다른 암컷들처럼 내가 미케노에게
푹 빠진 건 내 잘못이 아니다. 이시로가 내게 위로라도 하는 듯
자신의 음부를 보여준다. 그리고 미케노를 데려간다.

여섯 달 뒤 나는 브라이언과 결혼했다. 파란 여름날, 오스트 레일리아 바닷가에서.

기쁨이 넘쳐흐르고 희망이 용솟음치고 사랑이 넘실거리고 온 세상이 빛난다.

완벽한 끝이자 완벽한 시작이다.

맹세코 내 인생에서 이보다 행복한 날이 없었다.

별안간 우리는 콩고에 다시 와 있다. 이제 우리는 부부다.

브라이언과 결혼식을 치르는 사이, 콩고는 역사적인 날을 맞고 있었다. 40년 만에 치르는 첫 민주 선거였다. 수십 년에 걸친 부패와 살육에 종지부를 찍고 바야흐로 콩고가 명예를 회복하려는 순간이다. 콩고는 두 볼이 발그레한 신부가 되어 민주주의의 제단을 향해 나아갈 것이다.

모두가 예식이 차질 없이 마치기를 바란다. 나머지 세계가, 특히 서구 유럽이 5억 달러라는 막대한 금액을 치르고 있다. 전 세계 코발트의 절반 이상과 전 세계 다이아몬드의 3분의 1과 전 세계 콜탄의 70퍼센트를 품고 있는 콩고는 아프리카를 빈곤에서 구하고 아프리카 대호수Great Lakes 지역*에 평화를 안길 수 있다.

오래전부터 신랑 들러리는 적대관계에 있는 씨족이 신부를 납치해가지 않도록 지키는 역할을 해왔다. 그런 신랑 들러리처럼 1만 7000명에 달하는 유엔 평화유지군이 참석하고 있다. 세계 최대 평화유지군으로 미국과 남아프리카공화국, 벨기에와 일본에서 파병한 군대로 구성되어 있다.

하지만 누가 신랑이 될까?

7월에 치른 1차 선거에서는 구혼자 서른세 명이 신부 콩고의 손을 잡으려고 줄을 섰다. 늘어선 후보군 가운데에서 총애를 한 몸에 받는 사람이 한 명 등장했다. 지난 5년 동안 충직하게 콩고를 지켜온 콩고의 첫 기사, 조세프 카빌라Joseph Kabila였다.

카빌라의 얼굴을 보면 두 손으로 어루만지고 싶다는 마음이 든다. 광대뼈는 빚어놓은 듯 도드라지고 활처럼 휜 입술은 육감적이다. 대리석 흉상처럼 우아하고 아름다운 외모를 지녔지만 눈빛은 흐리멍덩하지 않다. 조국이 짊어진 짐의 무게를 헤아리며 활활 불타오르는 듯하다. 모부투가 해외로 도망친 뒤 콩고를 지배한, 잔학한 독재자이던 아버지 카빌라의 핏줄이라고는 도저히 상상하기 힘들다.

아들 카빌라는 타락을 목격한 천사의 눈망울을 하고 있다.

과거는 수수께끼에 싸여 있다. 떠도는 풍문에 따르면 콩고

---

* 아프리카 대호수는 동아프리카 지구대 또는 동아프리카 열곡대 주변에 위치한 호수들을 말한다. 면적이 세계에서 두 번째로 넓은 민물 호수 빅토리아호와, 부피와 깊이가 세계에서 두 번째로 큰 민물 호수 탕가니카호와, 아프리카에서 세 번째로 큰 말라위호 등 크고 작은 호수가 모여 있다. 콩고민주공화국을 비롯하여 우간다, 르완다, 부룬디, 탄자니아, 잠비아, 케냐, 말라위, 모잠비크 등의 나라가 이 지역에 위치해 있다.

동부 산악 지대의 한 반군 진지에서 태어났다. 아버지 카빌라가 모부투 정권을 전복시킬 음모를 꾸미던 곳이었다. 엄마가 르완다 사람이라는 둥 아니라는 둥, 아버지 카빌라가 진짜 아버지라는 둥 아니라는 둥 소문이 무성하다.

아직 어렸을 때, 아들 카빌라는 모부투의 정보기관 눈을 피해 국경을 넘어 탄자니아로 몰래 들어갔다. 1996년, 아버지 카빌라가 모부투에 대항해 총공격을 감행하고 나서야 콩고로 돌아왔다. 아들 카빌라는 소년병 부대인 카도고를 이끌고 킨샤사로 진군하며 수많은 전투에서 승리를 거두었다. 아버지 카빌라가 스스로 대통령이 되었을 때 들리는 말에 따르면, 아들 카빌라는 중국으로 건너가 군사 훈련을 받았다. 그 뒤 돌아와 아버지 카빌라 아래에서 참모총장이 되었다.

하지만 이런 '사실' 가운데 어느 것도 확인되지 않았다. 아들 카빌라를 다룬 책도, 그 과거를 파헤친 언론 기사도 없다. 마치 안개 자욱한 산의 대기에서 주술로 불러낸 유령 같다.

2001년, 아버지 카빌라가 경호원에게 암살당했다. 그 경호원은 회의가 한참 진행되는 와중에 대통령에게 뚜벅뚜벅 걸어가 직사거리에서 총 세 발을 쏘았다. 열흘 뒤 아들 카빌라가 권력을 잡았다. 겨우 스물아홉의 나이에 세계에서 가장 젊은 대통령이 되었다.

아버지 카빌라는 부패를 일삼는 호전적인 폭군이었다. 많은 이들이 아들 카빌라는 그나마 낫지 않을까 기대조차 걸기를 두려워했다. 하지만 아들 카빌라는 콩고에 자부심을 찾아주었다. 동부를 제외하고 나라 전체에 평화가 찾아들었다. 반군과 군벌을 아우르는 거국적인 연합정부를 출범했다. 의회를 구성하여 제3공화국 헌법을 초안하고 제정했다.

그리고 지금, 고결한 기사처럼 누가 콩고를 다스릴지 콩고 신부에게 그 선택권을 주고 있다. 동부에 사는 콩고인들은 아들 카빌라를 사랑한다. 콩고 동부가 낳은 아들로 이곳 산속에서 태어났다. 마을을 공포로 물들이고 땅을 파헤쳐 자원을 약탈한 르완다와 우간다에 맞서 싸웠다. 하지만 900만 명에 달하는 킨샤사 시민은 아들 카빌라를 믿지 않는다. 아들 카빌라는 탄자니아의 언어인 영어와 스와힐리어를, 콩고의 언어인 프랑스어와 링갈라어보다 더 유창하게 쓴다. 대학을 우간다에서 나왔으며 어머니가 르완다인이라는 소문도 만만찮다.

아들 카빌라는 완벽한 지도자가 아니다. 킨샤사 시민들은 생활수준이 떨어지고 실업률이 연일 최고 기록을 갈아 치우는 상황을 겪어왔다. 정치 특권층이 변화를 차일피일 미루며 높은 보수와 특별한 혜택을 챙겼다. 선거 부정을 저지르고 방해 공작을 일삼는다는 소문이 공공연히 돈다. 킨샤사 시민들이 투덜거린다. **콩고인이라고 할 수 있을까? 이런 것도 선거라고 볼 수 있을까?**

옛날이야기에는 빠지지 않고 악당이 등장한다. 2006년 7월에 치른 선거에서 아들 카빌라는 45퍼센트 득표율을 거둔다. 하지만 50퍼센트가 되어야 아무도 토를 달지 않는 통치자가 될 수 있다. 그런데 지금 아들 카빌라와 다른 후보인 반군 지도자 장피에르 벰바Jean-Pierre Bemba가 서로 엎치락뒤치락하고 있다.

여느 훌륭한 구혼자처럼 벰바도 인맥이 탄탄하고 엄청난 부자다. 재산이 적어도 몇백만 달러에 이른다. 누이가 모부투 아들의 아내다. 1990년대 초 모부투의 개인 비서로 일하기도 했다. 틀림없이 이때 악명 높은 부유층의 생활방식을 배웠으리라.

벰바는 기골이 장대하다. 키가 180센티미터가 넘고 허리가 거대하여 나이든 수컷 고릴라처럼 보인다. 브뤼셀의 명문 대학에서 경영학 석사MBA 과정을 마친 뒤 가족과 함께 목재와 커피 사업을 운영하면서 부업으로 다른 사업에도 힘쓴 덕분에 그 수익으로 부자가 되었다. 하지만 벰바는 곧 깨달았다. 돈이 아무리 많아 봤자 권력이 없으면 종잇조각에 불과하다고. 1998년 아버지 카빌라가 정권을 잡자 벰바는 아르마니 양복을 벗고 전투복으로 갈아입었다. 그리고 콩고해방운동Movement for the Liberation of Congo(MLC)이라는 반군 단체를 조직했다.

완전무장을 하고 공포로 짓누른 벰바의 통치가 아직도 콩고 동부인들의 뇌리에 또렷하게 박혀 있다. 유엔 조사관의 보고에 따르면 베니Beni라는 소읍 인근에서 처형 117건, 아동 강간을 포함한 강간 65건, 납치 82건, 고문 27건을 자행했다. 사람들은 억지로 가족 구성원을 먹어야 했고 반군 역시 인육을 먹었다. 벰바도 이투리Ituri 피그미족을 먹었다는 소문이 돌았다.

몇몇 아프리카 지도자의 지지를 등에 업고 벰바는 이따금 콩고를 위협하는 일에서 짬을 내어 친구를 도우러 나섰다. 그 가운데에는 앙주펠릭스 파타세Ange-Félix Patassé 중앙아프리카공화국 대통령도 있었다. 2002년, 파타세는 벰바가 반군 단체를 끌고 와 쿠데타 시도를 진압해달라고 요청했다.

벰바와 그 반군이 중앙아프리카공화국 마을들에서 저지른 만행이 어찌나 참혹한지 국제형사재판소International Criminal Court는 벰바를 처단해야 한다고 목소리를 높였다. 그 혐의를 열거하면, 마을 약탈, 고문, 무고한 시민 학살, 여성 집단 강간 등이 있으며 그 외에도 '인간의 존엄성을 헤치는 천인공노할 짓'을 일삼았다.

결선투표는 2006년 10월에 치른다. 앞으로 3개월이 남았다. 콩고는 누구를 선택할까? 약이 될까? 독이 될까? 5년 동안 대통령으로 재임했지만 여전히 이방인인 저 신비에 싸인 왕자를 택할까? 희생자가 울부짖는 소리가 아직도 쟁쟁히 울려 퍼지는 저 뚱뚱한 용병을 택할까?

물론 양측 모두 국민이 던진 표를 존중하겠다고 약속한다. 패배하더라도 겸허하게 받아들이겠다고 약속한다. 상대방이 더 윤택하고 부강한 콩고를 건설하도록 돕겠다고 약속한다. 말로는 뭔들 못하랴.

킨샤사 국제공항이 폐쇄되었을 때 롤라 야 보노보로 떠나는 우리 여행은 이미 예약이 되어 있었다. 1차 선거는 비교적 평화롭게 치러졌다. 고작 12명 정도 목숨을 잃었고 40군데 투표소가 불탔을 뿐이다. 전쟁이 또 일어나리라는 예상에 비하면 그 정도는 거의 완벽하다는 데 누구나 의견이 일치한다.

하지만 우리가 도착하기 하루 전날, 벰바와 카빌라 지지자들 사이에 격렬한 충돌이 벌어진다. 23명의 사망자와 43명의 부상자가 나온다. 공화국 수비대는 중포를 킨샤사 시내에 배치한다. 기관총을 단 장갑차와 곡사포를 단 탱크도 있다. 공항이 폐쇄되고 브라이언과 나는 입국이 불가능해진다. 우리는 조금 에둘러 가기로 한다.

15세기 초 포르투갈인이 서아프리카 해안에 도착했을 때 괴물이나 머리 둘 달린 사람들이 들끓는 땅을 발견하리라고 예상했다. 유럽인은 모로코 아래 바다를 '어둠의 바다Sea of Darkness'라고 불렀다. 그 바다 너머에는 부글부글 끓어오르는 물이 배를 집어삼키고 하늘에서 떨어지는 불꽃이 배를 태워버린다는 소문이 자자했다.

포르투갈의 탐험가 디오고 카오Diogo Cão가 어둠의 바다보다 더 남쪽으로 내려가 위험을 무릅쓰고 '무명의 바다Sea of Obscurity'로 나아갔을 때 이루 말로 표현할 수 없는 왕국과 마주쳤다. 대양의 청록색 물빛이 황토색으로 바뀌고 어린아이만 한 물고기가 선원의 허기진 그물 속으로 뛰어들었다.

디오고는 앞으로 계속 나아갔다. 갑자기 땅이 갈라지더니 이어 하품하는 입처럼 딱 벌어진, 지금까지 어느 누구도 본 적이 없는 거대한 강이 펼쳐졌다. 폭이 10킬로미터가 넘었다. 맞은편 강둑이 어렴풋한 선을 그리며 저 멀리 지평선을 이루었다. 황금빛 강물이 초당 400만 리터 가까운 양을 바다로 쏟아냈다. 우르릉 쾅쾅 흘러가는 강물이 너무나도 거세어서 대양 바닥에 1킬로미터가 넘는 깊이로 곤두박질치며 장장 160킬로미터나 뻗어나가는 협곡을 깎아놓았다. 이상하게 생긴 나무가 뿌리를 바다에 박은 채 자라고 있었다. 거대한 강을 따라 모래톱과 작은 시내가 바늘땀처럼 이어져 있었다.

토착민은 스스로를 '바콩고Bakongo', 즉 '콩고 사람'이라고 불렀다. 앙골라에서 콩고민주공화국 북쪽 끝까지 아우르는 거대하고 강력한 왕국에 속한 사람들이었다.

바콩고인은 미개인이 아니었다. 포르투갈인을 화려한 은유가 풍부하게 담긴 서정적인 언어로 맞이했다. 바콩고인이 자신들의 땅을 지나며 왕에게 인도하는 동안 포르투갈 탐험가들은 농부가 밀림을 경작하여 과일과 채소 같은 작물을 길러내는 광경을 보았다. 또한 바콩고인은 암소와 염소와 돼지 같은 가축도 길렀다. 대장장이가 철을 녹이고 구리를 두들겼다. 조각가와 예술가, 도공과 직공이 일을 하느라 여념이 없었다. 대리석 기둥이 늘어서 있고 오벨리스크Obelisk*가 우뚝 서 있으며 상아에는

---

*   고대 이집트에서 태양 숭배의 상징으로 세운 네모진 거대한 돌기둥 기념비.

정교한 무늬를 새겼다. 별보배고둥을 화폐로 썼고 왕은 세금을 걷어 공공사업을 벌였다. 왕국은 번영을 누려 범죄가 드물었고 300만 명에 이르는 인구가 착실하게 성장해나가고 있었다.

왕궁은 콩고강 동남쪽에 위치한 절벽 꼭대기에 있었다. 바콩고의 왕 은징가 은쿠우Nzinga Nkuwu가 흑단과 상아로 만든 왕좌에 앉아 있었다. 후궁과 보좌관, 수행원과 심지어 집행관까지 완벽하고 정교한 체계를 갖춘 왕궁을 거느렸다.

하지만 포르투갈인에게 가장 깊은 인상을 남긴 것은, 그리고 결국 바콩고의 몰락으로 이어진 것은 노예였다. 이들은 바콩고인이 전쟁에서 사로잡은 포로와 유죄판결을 받은 죄인, 채무자와 지참금의 일부로 팔려온 어린아이들이었다. 포르투갈인은 새로 개척한 식민지인 브라질의 대규모 설탕 농장과 커피 농장에 필요한 노동력 공급원을 즉시 알아보았다. 그리고 바콩고 지배층과 인간 목숨을 거래하기 시작했다. 노예무역은 수익이 아주 높았지만 매우 부도덕했다. 어떤 바콩고인은 자신의 가족마저 팔았다.

백성의 탈출에 고민이 깊어지고 포르투갈인의 태도에 환멸을 느낀, 다음 바콩고 왕 아폰소Afonso는 그 유착을 끊으려고 애썼다. 하지만 이미 때를 놓친 뒤였다. 노예무역은 지속되었을 뿐 아니라 확대되었다. 급기야 다른 유럽 국가들이 포르투갈을 남쪽 앙골라로 밀어내고 나머지 바콩고 왕국을 차지하려고 쟁탈을 벌였다.

헨리 모턴 스탠리Henry Morton Stanley가 폭약을 펑펑 터뜨려 크리스털산맥을 뚫고 나가면서 레오폴드 왕의 철도를 내륙까지 놓았다. 그사이 어느 이탈리아 백작의 일곱 번째 아들인 피에트로 디 브라차Pietro di Brazza는 스탠리 못Stanley Pool 북쪽 땅을 요구했다. 못이라지만 사실 넓게 펼쳐진 콩고강의 정체 수역이었다. 피에트로는 자신이 프랑스령이라고 주장한 땅의 수도를 세울 작정이었다. 브라자빌과 스탠리빌(현 킨샤사)은 세계에서 유일하게 두 개로 나뉜 수도다. 강을 사이에 두고 거대한 두 자아처럼 마주보고 있다.

프랑스인과 벨기에인은 자신들이 차지한 영토에 바콩고 부족의 이름을 따서 붙였다. 두 나라는 프랑스 콩고와 벨기에 콩고로 알려지게 되었다. 나는 아직도 그 둘을 구분하는 데 애를 먹고 있다. 브라이언은 내가 헷갈리지 않도록 보노보 콩고(벨기에 콩고/콩고민주공화국)와 침팬지 콩고(프랑스 콩고/콩고공화국)라고 간단하게 부른다. 침팬지는 두 나라에 다 살지만, 보노보는 한 나라에만 살기 때문이다.

1880년, 프랑스가 침팬지 콩고를 점령하면서 지역 주민을 무자비하게 노예로 삼고 고무와 상아와 목재를 강탈하다시피 했다. 1960년, 침팬지 콩고가 독립을 하지만 여전히 원조 때문에 프랑스에 크게 종속되어 있었다. 1970년대 말과 1980년대 초, 석유 호황oil boom이 일어나던 시기에 연안에서 매장량이 엄청난 유전이 발견되었다. 프랑스 기업 엘프Elf가 채굴에 나섰다.

프랑스는 막대한 수익을 올렸고 사회 환원의 일환으로 학교와 슈퍼마켓과 병원을 지었다.

1985년, 유가가 폭락할 때 침팬지 콩고의 독재자 드니 사수은게소Denis Sassou-Nguesso는 돈을 물 쓰듯 펑펑 써대고 있었다. 콩고의 미래 석유 수익을 프랑스에 저당 잡힐 수밖에 없었다. 1990년 무렵, 콩고는 부채가 거의 50억 달러에 달했다. 프랑스한테는 안타깝게도 1992년 민주 선거에서 사수은게소가 패배했다. 선거로 뽑힌 대통령 파스칼 리수바Pascal Lissouba는 콩고의 과거 식민 통치자에 우호적이지 않았다. 자유무역을 도입하여 다른 외국 기업도 석유를 채굴하도록 허용하려고 했다. 이에 프랑스가 보복에 나섰다. 사실상 콩고에 원조를 중단하며 콩고프랑을 200퍼센트 올려버렸다. 콩고는 내전으로 치달았고 전前 독재자 사수은게소는 옛 자리를 되찾으려 애썼다.

침팬지 콩고인의 3분의 1이 난민이 되어 떠돌았다. 수만 명이 목숨을 잃거나 다쳤으며 여성 수천 명이 강간을 당했다. 하지만 100여 명이 총을 들고 다이아몬드 광산을 탈취하여 지역 주민을 강제로 동원해 보석을 파내게 한 다음, 총과 탄약으로 교환할 수 있는 보노보 콩고와 달리, 석유 굴착 장치는 탈취하기가 꽤 까다롭다. 육지에서 수 킬로미터 떨어진 연안에 놓여 있어 수송도 골치 아픈 문제다. 게다가 그곳을 점령하더라도 운용할 기술이 없다.

정부가 없으면 석유가 없고 석유가 없으면 돈도 없다. 기득

권층은 자신들 사이의 의견 차이는 잠시 한쪽으로 제쳐둘 만하다고 재빨리 결정을 내렸다. 자크 시라크Jacques Chirac 프랑스 대통령이 사수은게소에게 무기와 원조를 제공했다. 사수은게소가 민주적인 선거로 구성된 정부를 전복하고 1997년에 다시 정권을 잡았다. 사수은게소의 반대 세력이 정부에서 수익성 좋은 요직에 안주했다. 늘 있는 일이었다. 민주주의가 뒷전으로 밀려났고 급기야 2002년 부정선거로 이어졌다. 이때 사수은게소가 압승을 거두었는데 그 이유는 야당이 없었기 때문이다.

2006년, 침팬지 콩고에서는 하루에 석유가 26만 5000배럴이 쏟아졌다. 1인당 배럴이 이라크보다 많았다. 석유는 침팬지 콩고의 외화가득률foreign exchange earning*의 90퍼센트, 국내총생산의 40퍼센트, 정부 세입의 70퍼센트를 차지했다.

콩고공화국의 석유산업 중추인 푸앵트누아르로 향하는 비행기는 비즈니스석이 절반이다. 그 비행기의 절반 이상이 아르마니 양복을 빼입고 롤렉스 금시계를 찬 살집 좋은 석유 재벌들이다. 에어프랑스는 파리에서 푸앵트누아르까지 가는 직항편을 운항하는데 이코노미석도 가격이 6000달러나 한다. 기내

---

*   상품수출금액에서 수출품 생산에 투입된 수입원자재비를 뺀 잔액을 외화가득액이라고 하는데, 이 외화가득액이 수출금액에서 차지하는 비율이 외화가득률이다.

식은 맛이 기가 막히다. 귀마개와 이어폰과 수면 안대가 짙푸른 작은 공단 손가방에 들어 있다. 다리를 뻗을 수 있을 공간이 일반 항공기보다 두 배나 넓다.

브라이언과 나는 그 항공기에서 돼지가 진흙에서 뒹굴 듯 오일머니에 뒹굴 목적으로 푸앵트누아르로 날아가지 않는 유일한 승객이다. 머리도 감지 않고 운동복에 야구 모자를 눌러쓴 우리는 여섯 달 전에 돈이 다 떨어진 배낭 여행객 같다. 하지만 브라이언은 행동거지가 당당하다. 블루스 브라더스Blues Brothers*처럼 우리는 신의 사명을 받들고 있기 때문이다. 적어도 브라이언이 믿는 과학이라는 신의 사명을. 오, 그 이름을 거룩하게 하옵소서!

---

* 블루스 브라더스는 1976년 〈SNL〉에서 존 벨루시John Belushi와 댄 애크로이드Dan Aykroyd가 결성한 2인조 밴드다. 키 크고 깡마른 남자와 키 작고 통통한 남자가 검은 양복에 검은 모자와 검은 선글라스를 쓰고 활동했다. 1978년 발표한 1집 〈소울맨Soul Man〉이 빌보드200 차트에서 1위에 오르기도 했고 그 인기에 힘입어 이들이 주연으로 등장하는 동명의 영화와 게임이 만들어지기도 했다.

14

푸앵트누아르 공항에 도착하자 호화롭기 그지없던 저 비행기는 우리를 인정사정없이 아스팔트에 뱉어낸다. 울퉁불퉁한 그 길이 더러운 축사 같은 건물로 나 있다. 벽에는 입국 심사 절차가 분필로 휘갈겨 쓰여 있고 골이 진 양철 지붕에는 먼지가 짤랑거린다.

세관원이 구닥다리 책상에 앉아 있다. 책상에는 흰개미가 쏠은 구멍이 숭숭 나 있고 총알이 지나간 자국도 두 군데나 뚫려 있다. 세관원이 비행기에서 내린 승객의 여권을 하나하나 면밀히 살펴보는 동안 우리는 한 시간이나 줄을 서서 기다린다. 다른 세관원이 의심스런 눈초리를 번득이며 무슨 일로 여기에 왔느냐고 묻는다.

지저분한 주차장 위로 막 떠오른 태양에 눈을 깜박일 자유가 마침내 우리에게 주어진다. 우리가 나타나는 모습을 지켜본이들은 우간다인처럼 함박웃음을 짓지도, 탄자니아인처럼 매끄러운 일처리를 자랑하지도 않는다. 더 무뚝뚝하고 더 불친절하다. 그들은 오일머니로 한껏 기대에 부풀었지만 이내 낭패감만 맛보았다. 돈이 석유 재벌에게서 뚝뚝 떨어지는 모습만 볼 뿐, 어째서 자신들의 살림살이가 더 나아지지 않는지 이해하지 못한다.

사실 그 석유 재벌들이야말로 콩고가 가난의 굴레를 벗어나지 못하게 하는 장본인이다. 한 나라의 경제가 석유를 기반으로 삼는 경우, 경제 이론에 따르면 1년에 1인당 약 25배럴의 석유가 나야 어떤 이득이라도 본다. 침팬지 콩고는 1인당 24.7배럴로 그 문턱을 바로 코앞에 두고 있다. 나이지리아처럼 빈곤에 허덕이지 않는다. 나이지리아는 석유를 수백만 배럴을 생산하지만 인구가 많아 1인당 석유가 고작 6배럴에 불과하다. 쿠웨이트와도 다르다. 쿠웨이트는 1인당 석유가 300배럴이지만 사막의 술탄이 금과 다이아몬드를 휘감는 데 들어갈 뿐이다.

1980년대, 푸앵트누아르에 몰아친 석유 호황은 대규모 도시 건설 사업으로 이어졌다. 하지만 지금은 서서히 사양길로 접어들고 있다. 콘크리트 암이 건물을 조금씩 갉아 먹고 있다. 도로는 움푹 파인 구멍으로 성한 데가 없다. 주차장에서 아이들이 달라붙으며 돈을 달라고 외친다. 한 여자가 내 등을 걷어차며 욕을 지른다.

"흰둥이 마녀. 내가 너한테 주문을 걸었어."

우리는 자동차에 올라타 40분을 몰아 도시를 벗어난다. 무너지는 건물이 작은 마을로 바뀌며 이따금 휴양지를 지나친다. 어느 순간 대기에서 소금기가 물씬 풍긴다. 약 400년 전 포르투갈인이 경이에 휩싸여 배를 타고 지나가던 바로 그 바다를 따라 자동차로 달린다.

한 1킬로미터 넘게 달리자 도로가 끝난다. 이제부터 흙길이다. 흙길을 따라 우리는 내륙 깊숙한 곳으로 들어간다. 더 이상 집들이 눈에 띠지 않는다. 연안에 늘어선 덤불숲이 대초원으로 바뀐다. 숲을 오아시스처럼 품고 있다. 바람이 불면 금빛 풀줄기가 인어의 머리카락같이 물결친다. 밝은 빛깔을 뽐내는 태양새가 다리가 긴 귀뚜라미를 좇아 공중제비를 넘는다.

풍경이 선사하는 아름다움에 온통 마음을 빼앗겨 가까운 언덕에서 단말마의 비명소리가 흘러나오리라고는 전혀 예상하지 못한다.

우리는 세계 최대 침팬지 보호구역인 오레티Oleti에 차를 세운다. 곧이어 이런 광경을 목격한다.

침팬지가 사방팔방에서 뛰어다니고 있다. 사육사들이 침팬지를 좇으며 고함을 질러댄다. 침팬지 역시 고함으로 맞대꾸하며 더욱 빨리 뛰어간다. 한 침팬지가 널어놓은 빨래를 헤치며 달려간다. 결국 얼굴에 셔츠를 뒤집어쓴다. 앞이 보이지 않는 듯 두 팔을 내뻗어 휘젓는다. 그러더니 원숭이 울타리에 쾅 부딪힌다. 울타리 안에는 살인마 원숭이인 바부Baboo가 정신병자 같은 동작을 반복하고 있다. 다른 침팬지 세 마리가 몹시 화가 난 사육사한테서 도망치고 있다. 사육사가 빗자루를 들고 뒤쫓고 있다. 한 침팬지가 손에 분홍색 비닐 신발을 들고 있다. 한 사육사가 외친다.

"물! 물 좀 줘!"

하지만 물이 없다. 가장 가까운 우물도 차를 타고 20분을 가야 한다. 사육사들이 빈 컵을 들고 침팬지를 이리저리 쫓는다. 어느 누구도, 침팬지조차도 컵에 물이 들어 있다고 단 한 순간도 생각하지 않는다.

한 침팬지가 위성방송 수신 안테나 받침대를 잡고 봉춤을 추고 있다. 분명 아찔한 감각을 즐기고 있는 듯 보인다. 어떤 침팬지들은 차 지붕에 올라서 있고, 어떤 침팬지들은 세탁실에서 비누를 질겅질겅 씹고 있고, 어떤 침팬지들은 망고나무 주위를 빙글빙글 돌고 있다. 마약에 취한 유치원 같다고나 할까.

"적어도 불이 나진 않잖아."

나는 희망에 차서 말한다. 최근에 방문했을 때 보호구역에서 불이 두 번 났었고 관리 책임자가 자동차 충돌로 거의 죽다가 살아났다. 브라이언이 두 손으로 얼굴을 감싼다.

새로 온 관리 책임자인 마리아Maria가 우리를 맞는다. 차분한 태도로 아수라장을 헤치며 걸음을 옮긴다. 손에는 커피가 들려 있다. 마치 도서관에라도 가는 모습이다. 하나로 길게 땋아 밧줄 같은 머리를 한쪽 어깨에 늘어뜨리고 있다. 몸매가 수영복 모델 같다. 브라이언과 나는 서로를 쳐다보며 똑같은 물음을 던진다. 이 여자는 도대체 이곳에서 무엇을 하고 있는 걸까?

마리아는 지난 여섯 달 동안 세 번째로 부임한 관리 책임자다. 전임 관리 책임자는 사람 그림자 하나 보기 힘든 이곳에서 140마리 침팬지를 관리하느라 정신 줄을 놓아버렸다. 그 결과 이 보호구역은 재난 지역을 방불케 한다. 식수도 없고 전기도 없다. 사방에서 쥐가 들끓는다.

침팬지가 하는 일이라곤 기상천외한 묘안을 짜내어 탈옥을 계획하는 것이다. 전기담장에는 1만 볼트 전기가 흐른다. 이 정도면 성인 남자도 나가떨어진다. 하지만 침팬지에게는 심리적 장벽에 불과하다. 곧 푸른 나뭇가지에 전기가 통하며 한쪽 끝을 철조망에, 다른 한쪽 끝을 지면에 대면 합선이 일어나 기계 장치 전체에 전기가 흐르지 않게 된다는 사실을 알아냈다. 침팬지들은 잔가지를 이용해 전기가 우연찮게 나갔음을 알려주는 딸깍 하는 단전 소리가 나는지 귀를 기울이며 시도 때도 없이 전류 상태를 확인한다. 또 기다란 나뭇가지로 장대높이뛰기 하듯이 담장을 넘어가거나 무거운 통나무를 지렛대처럼 들어 올려 철조망을 모두 끊어놓는다.

전기담장을 더 높게 그리고 더 강하게 지어 올렸다. 철조망이 굵어졌고 전류가 세졌다. 사육사가 움직임 하나하나를 감시한다. 그래도 하루에 한 번은 누군가가 일을 낸다. 대개는 스무 마리가 패를 지어 우르르 몰려다닌다.

롤라 야 보노보의 보노보도 그런 재능이라면 뒤지지 않는다. 타탄고는 통나무를 이용해 전기담장을 넘어가며 나중에 그 통나무를 쪼개어 범죄 현장에서 증거를 없앤다. 패션 감각이 뛰어난 동성애자 같은 맥스는 야자나무에 올라 야자나무 잎 두 장을 함께 엮어 이 임시변통 줄을 타고 담장을 넘나들며 우아하게 놀러 다닌다.

차이점을 들자면 보노보는 담장 밖으로 나가고 싶어 하지 않는다는 것이다. 보노보는 어떻게 담장을 넘을 수 있는지 잘 알고 있다. 하지만 자리에 앉아 세 시간에 걸쳐 점심을 먹고 서로 털을 다듬어주는 일만으로도 행복하다. 빠져나가더라도 미케노는 농구공을 든 누군가를 찾으려고 이리저리 뛰어다니고, 타탄고는 암컷과 성교를 맺으려고 다른 울타리 안으로 뛰어들고, 맥스는 20리터에 가까운 물비누를 들이마시고서 며칠 동안 거품 트림을 하며 혼자 즐거워하려고 곧장 부엌으로 향한다.

반면, 침팬지는 봄방학을 맞이한 사교클럽 남학생 무리 같다. 이때를 놓칠세라 한바탕 소동을 피우고 싶어 한다. 음식저장실에 쳐들어가고, 사육사를 골탕 먹이고, 세탁물을 빨랫줄에서 훔치고, 창문을 부수고 들어가 냉장고에서 탄산음료나 맥주를 턴다.

브라이언과 나는 마리아가 얼마나 오래 이곳을 버틸지 내기를 걸었다. 마리아는 스페인 사람이다. 프랑스어를 잘 하지 못하며 영어는 더 못한다. 1년 남짓 밀림에서 지낸 적이 있을 뿐이다. 그러니 아마 곧 머리를 쥐어뜯으리라. 브라이언이 여섯 달이라고 말한다. 나는 잘 모르겠다. 마리아에게는 강인하면서도 동시에 유연한 구석이 있다. 문제는 저 길고 아름다운 머리를 감을 물 없이 얼마나 버틸 수 있느냐에 달려 있다.

도착한 다음 날 아침, 바퀴벌레가 내 얼굴을 기어 다니는 바람에 잠에서 깨어난다. 브라이언이 우리 침대에서 바퀴벌레 알 무더기를 여기저기 찾아낸다. 나는 잠깐 기절초풍하다가 곧 욕실로 들어간다. 우물물을 뜨러 간 트럭은 오전 10시가 지나야 돌아온다. 그때까지 물통 바닥에 들러붙은 찌꺼기를 견뎌야 한다. 거무튀튀한데다 그 안에서 무언가 죽어 있는 듯한 냄새가 풍긴다.

나는 세수를 건너뛰기로 결정한다. 요기라도 할 작정으로 빵을 약간 뜯는다. 발전기가 돌아가는 밤 몇 시간을 빼고는 전기가 들어오지 않기 때문에, 냉장고 바닥에는 물웅덩이가 고여 있다. 이상한 생물이 그 늪에서 진화할 것만 같다. 내가 바게트에 잼을 바르는데 쥐 한 마리가 소파로 튀어 오르더니 똥을 싸고는 다시 튀어 내려간다. 아직 아침 7시도 안 된 시각이다.

브라이언과 나는 숙소 현관 앞에 앉아 있다. 살인마 원숭이 바부가 우리의 일거수일투족을 감시한다. 바부는 이 보호구역에서 가장 두려운 영장류다. 이 점을 선뜻 이해하기 힘든 이유는, 이 원숭이가 코가 하얘서 새가 똥을 싸놓은 듯한 얼굴을 하고 있기 때문이다. 다 자란 수컷 침팬지 열두 마리가 탈출하더라도 사육사는 그 침팬지들이 다시 안으로 들어올 때까지 거침없이 좇을 수 있다. 그런데 바부가 탈출하면 모두 안전한 곳으로 달린다. 언젠가 한 스위스 자원활동가의 목을 물어뜯은 적이 있다. 그 자원활동가는 암컷 원숭이를 쓰다듬으려 들어섰다. 정말 다정한 사람이었다. 바부는 완벽하게 덮칠 수 있을 때까지 어둠 속에 몸을 숨기고 있다가 달려들어 목에 이빨을 박았다. 관리 책임자는 목을 꿰매야 했으며 푸앵트누아르까지 40여 분을 차로 달리는 동안 손으로 상처를 틀어막아야 했다.

바부가 사악한 눈길을 번득이지만 현관은 앉아 있기에 가장 멋진 곳이다. 이렇게 언덕 위에 있으면 산들바람이 저 대초원에서 파도처럼 불어온다. 그러면 차분한 마음으로 나머지 하루를 맞이할 수 있다. 우리 뒤쪽으로는 청소년기에 든 침팬지들이 소리를 낸다. 우리 눈앞으로는 숲이 희미한 윤곽을 드러내며 펼쳐져 있다. 그곳에는 다 자란 침팬지가 산다.

바부가 정신병자 같은 동작을 반복한다. 머리를 까닥까닥 흔들며 최면을 건다. 우리가 그 기묘한 고요함에 꼼짝없이 걸려들면 바부는 뛰어올라 박쥐처럼 허공을 가르며 팔다리를 쫙 뻗는다. 상상할 수 없는 속도로 날아온다. 강한 불빛에 갇힌 사슴처럼 옴짝달싹못한 채 그 섬뜩한 웃음과 멍한 눈빛에 그대로 얼어붙는다. 꼼짝없이 죽었구나 하는 생각이 들 즈음, 바부가 자신을 가둔 철망에 쾅 부딪친다. 우리는 거기 철망이 달려 있어 우리를 보호한다는 사실조차 깜빡 잊어버린다. 바부가 미끄러지듯 내려가면서 이빨을 드러내고 손톱으로 철망을 긁는다. 그 눈빛에는 꼭 다시 공격하겠다는 결의가 담겨 있다.

바부가 그 행동을 스무 차례나 되풀이하는 동안 우리는 뒤숭숭한 기분으로 바게트를 씹는다. 브라이언이 전체 계획을 설명하고 나는 집중하려고 애쓴다.

우리는 보노보가 침팬지보다 협력을 잘한다는 점, 이는 관대함 때문에 가능하다는 점을 알기 때문에 이제는 그 이유를 밝혀내고 싶다. 어째서 침팬지는 보노보보다 덜 관대할까? 서로 싸우고 죽이기 때문에 편협함을 배우는 걸까? 아니면 편협하게 태어났기 때문에 서로 싸우고 죽이는 걸까? 언론이 즐겨 묻는 질문처럼 선천적일까, 후천적일까? 아니면 서로 영향을 주고받는 걸까? 선천적인 면도 후천적인 면도 조금씩 있는 걸까?

침팬지의 편협함에는 지능이 필요하지 않다. 스스로에게 이렇게 말하지 않는다. "내가 먹이를 덜 갖는 건 불공평해. 따라서 화가 날 수밖에 없어." 기초 경제 이론에 따르면, 침팬지가 먹이를 무척 좋아한다는 점을 감안하면 손톱만 한 바나나 조각이라도 아무것도 없는 상황보다 나으며 따라서 협력해볼 만하다. 하지만 제안하는 금액이 부당하다고 여길 때 그 돈을 거절하는 인간처럼, 한 침팬지가 자신의 몫보다 먹이를 더 차지하려고 들면 나머지 침팬지가 참지 못할 수 있다. 감정이 앞서면서 협력을 거부한다. 두 침팬지 모두 아무것도 얻지 못한다는 의미임에도.

지금 우리는 침팬지의 감정생활을 면밀히 들여다보고, 이를 보노보의 감정생활과 비교할 계획이다. 지난해 키콩고와 함께 빨간 고슴도치 인형으로 기초 경제 실험을 실시했다. 이 실험에서 우리는 보노보와 침팬지를 사람 아이와 비교했다. 그 결과 보노보와 사람 아이는 모두 새 물건에 훨씬 강한 경계심을 보였다. 이 점이 내게는 의외였다. 두 살배기 내 조카 에스카Escha는 새로운 사람과 새로운 장남감에 호기심이 매우 강하기 때문이다. 하지만 두 살짜리 침팬지와 비교하면 여전히 수줍은 편에 속한다. 에스카는 한 번도 본 적이 없는 장난감을 집어 들기 전에 한순간 머뭇거렸을지도 모른다. 반면, 침팬지는 일말의 망설임도 없다. 새로운 물건을 보자마자 크리스마스 선물이라도 되는 양 덤벼든다.

침팬지와 보노보 사이에 이처럼 분명하게 나타나는 감정적 차이는 연구해볼 만한 현상임을 시사한다. 새로운 물건에 반응하는 모습은 무의식적이며 무조건적이다. 겁먹거나 경계하거나 흥분하거나 싫증 낸다. 아니면 이 모든 반응이 뒤섞여 있다. 그런데 감정을 어떻게 측정해야 할까?

우리 뇌에는 우뇌와 좌뇌가 있다. 공포나 분노나 압박 같은 감정을 비롯해 부정적인 자극을 받으면 우뇌가 활발해진다. 우뇌에 피를 공급하기 위해 몰리면서 열이 발생하여 오른쪽 바깥귀길의 온도가 올라간다. 압박을 받으면 그에 대한 반응으로 피가 바깥쪽 팔다리에서 안쪽 심장으로 밀려들어 손이 차가워진다. 기쁨이나 만족 같은 감정을 비롯해 긍정적인 자극을 받으면 좌뇌가 활발해지며 왼쪽 바깥귀길의 온도가 올라간다.

우리는 침팬지에게 거의 협력할 가능성이 없는 상대, 예컨대 낯선 대상과 마주보게 할 생각이다. 침팬지는 '우리 대 그들'이라는 의식이 매우 강하다. 두 집단이 야생에서 만나면 전혀 호의를 보이지 않는다.

1970년대, 제인 구달이 곰베의 침팬지가 두 집단으로 나뉘어 있다고 발표했다. 카하마Kahama 집단과 카세케라Kasekela 집단이었다. 카세케라 집단은 카하마 집단 구성원을 하나씩 하나씩 죽였다. 카하마 집단이 모두 사라질 때까지. 처음에는 이것이 타고난 본성이라는 점을 아무도 믿지 않았다. 하지만 시간이 흐르면서 절멸을 부르는 집단 사이의 공격성이 아프리카 전역에 걸친 거의 모든 현장에서 나타났다.

우리는 오레티 침팬지에게 낯선 원숭이의 목소리를 들려줄 계획이다. 라이프치히 동물원에 있는 패트릭Patrick이라는 원숭이의 목소리를 녹음한 소리다. 침팬지는 서로의 목소리를 알아듣는다. 따라서 패트릭의 목소리를 이제까지 한 번도 들어본 적이 없음을 알아차릴 것이다. 패트릭과 마주치면 누군가 죽임을 당할 수도 있음을 알기 때문에 침팬지들은 그 목소리를 들으면 생리적인 반응을 보여야 한다. 손이 차가워진다거나 오른쪽 귀 온도가 올라간다든가. 낯선 상대에게서 느끼는 공포는 경험으로 배울 수 없는 감정이라는 점을 증명하기 위해 우리는 막 어미를 잃은 한 살과 두 살 된 침팬지와 실험할 예정이다. 집단 사이의 접촉을 경험하지 못했을 확률이 높기 때문에 낯선 대상을 두려워해야 한다는 점도 배우지 않았을 것이라고 추정한다.

이에 비해 낯선 두 보노보 집단이 만나면 성교를 맺고 30분 동안 서로 털을 다듬어줄 가능성이 더 높다. 공격이 이루어져도 비교적 다치지 않은 채 모두 끝내는 듯 보인다. 죽는 보노보는 한 마리도 없다. 따라서 보노보의 오른쪽 귀 온도에는 아무런 변화가 없어야 한다.

우리는 또한 시각 자료를 써서 침팬지가 낯선 원숭이를 만나게 할 계획이다. 일본에서 침팬지 연구 단체를 이끌고 있는 테츠로 마츠자와가 밝혀낸 바에 따르면, 침팬지는 사진으로 서로를 알아본다. 그래서 우리는 그들이 잘 아는 침팬지 사진과 라이프치히 동물원의 낯선 침팬지 사진을 보여주면서 어떤 사진을 만지거나 바라보는지 관찰할 예정이다. 그러고 나서 보노보에게도 똑같은 실험을 실시할 계획이다.

출발이 순조롭다. 우리는 청소년 침팬지가 머무르는 야간 숙사에 있다. 작은 방 세 개가 문이 달린 큰 방과 이어져 있다.

가장 안쪽 방에 동물 이동장을 놓는다. 개를 가둘 때 쓰는 그런 종류다. 이동장 안에 스피커를 놓은 다음 노트북과 연결한다.

나는 사육사 아망딘Amandine에게 첫 번째 피실험 침팬지를 데려오라고 말한다. 아망딘이 실리아Celia를 데리고 들어온다. 일곱 살 난 침팬지로 얼굴에 주근깨가 나 있다. 나는 실리아에게 땅콩 한 알을 보여준다. 실리아가 아망딘의 곁을 떠나 실험방 안으로 달려 들어온다. 문을 닫고 쪼그려 앉는다. 내 뒤쪽에 놓인 땅콩이 가득 든 포도주 병을 보고 눈을 반짝인다.

키콩고나 다른 보노보와 전혀 다르다. 춤을 추지도 않고 빙빙 돌지도 않고 옆으로 재주를 구르지도 않는다. 실리아는 먹이를 원하며 먹이를 얻을 수 있다면 무슨 일이든 기꺼이 할 태세다. 나는 땅콩 한 알로 실리아가 와야 하는 바로 그 지점에 정확히 오도록 한다. 우리는 실험을 시작한다.

나는 노트북을 들고 바깥에 앉는다. 브라이언이 내게 신호를 보낸다. 나는 라이프치히 동물원의 패트릭 목소리를 튼다. 브라이언이 동물 이동장을 흔든다. 낯선 침팬지가 종종 동물 이동장에 실려 보호구역으로 보내진다. 우리는 실리아가 동물 이동장 안에 패트릭이 있다고 여기기를 바란다. 실리아가 창문으로 뛰어오르며 동물 이동장 안을 엿보려고 애쓴다. 브라이언이 동물 이동장을 흔든다. 내가 다시 외치는 소리를 튼다. 실리아가 실험방 안을 껑충껑충 뛰며 돌아다닌다. 분명 불안에 휩싸여 있다. 아망딘이 들어오자 실리아가 아망딘에게 매달린다.

아망딘이 실리아의 온도를 측정한다. 브라이언이 그 수치를 받아 적는다.

"됐어? 오른쪽 귀 온도가 올라갔어?"

내가 묻자 브라이언이 눈썹을 치켜 올린다.

"더할 나위 없는 결과야."

이어 침팬지 여섯 마리와 실험을 더 진행한다. 한 마리마다 18분 이상이 걸리지 않는다. 보노보와 실험하는 경우에는 한 시간이 족히 걸린다. 보노보는 실험방 안을 개구리처럼 폴짝폴짝 뛰어다니거나 줄을 슬쩍하려 드는 통에 기다려야 하지만 침팬지는 그럴 필요가 없다. 실험에 들어가기 전에 음경을 토닥여야 하는 일도 음핵을 쓰다듬어야 하는 일도 없다. 침팬지는 맛도 좋고 영양도 좋은 땅콩 한 줌을 얻는 일에만 온통 관심을 쏟는다. 그럴 수만 있다면 물불을 가리지 않는다.

나는 실험이 꼬이기 시작할 때면 어김없이 침팬지와 연구했으면 바랄 게 없다는 마음이 든다. 땅콩 파티가 끝나자 실리아가 당황하며 울타리 너머로 뛰쳐나온다. 곧장 실험방으로 걸어 들어온다. 나는 천천히 몸을 움직여 비디오카메라를 보호한다. 실리아가 두리번거리더니 저 망할 땅콩을 훔친다. 병을 낚아채어 유칼립투스 나무 꼭대기로 올라가 한 알씩 꺼내 오도독오도독 씹어 먹는다. 그러고는 술주정꾼처럼 빈 병을 흔든다.

곧이어 리투Litu가 도망쳐 우리 건물 지붕을 뛰어간다. 그 소리에 실험방에 있던 다른 침팬지가 크게 흥분한다. 침팬지 세 마리가 더 달아난다. 우리는 실험을 접어야만 한다.

보호구역과 정부 사이에서 징검다리 역할을 하는 연락담당 관 은냐니Nyani가 시간을 내어 방문한다. 침팬지가 온 사방에서 뛰어다닌다. 우리한테는 땅콩도 다 떨어졌다. 나는 온몸으로 카메라를 감싸고 있다.

나는 정중하게 프랑스어로 인사를 건넨다.

"봉주르, 무슈 은냐니. 저는 버네사이고 여기는 제 남편인 브라이언이에요. 우리는 오레티 침팬지를 연구하러 왔습니다."

"은냐니 씨에게 이렇게 만나 뵙게 되어 영광이라고 전해줘."

내가 브라이언의 말을 옮기는 사이 브라이언이 덧붙인다.

"은냐니 씨가 매우 중요한 사람이라고 들었다고 해."

은냐니가 활짝 웃으며 나는 거들떠도 보지 않은 채 브라이언에게 프랑스어로 말한다.

"물론입니다. 아내와 함께 이곳을 거니는 당신 모습을 보았습니다."

브라이언이 고개를 끄덕이며 미소를 짓는 동안 내가 영어로 옮긴다.

"저는 아내를 집에 두고 나옵니다."

은냐니가 말하자 브라이언이 맞장구친다.

"아하."

"아내를 데리고 다니면 다른 아내를 어떻게 찾을 수 있겠습니까?"

브라이언이 이토록 우스운 말은 처음 들어본다는 듯 껄껄 웃는다. 은냐니가 웃음을 거둔다.

"왜 아내를 집에 두고 오지 않는지 이해할 수 없군요. 아내가 이렇게 늘 옆에 있으면 우리 아름다운 콩고 여인 가운데에서 어떻게 당신 아내를 찾으려는 겁니까? 또 다른 아내를 거느리는 건 남자의 권리입니다. 충고 한마디하지요. 다음에는 **아내**를 집에 두고 오세요."

은냐니가 입술을 삐죽이 내밀며 나를 가리킨다.

나는 아망딘을 살핀다. 옆얼굴이 햇빛을 받아 윤곽선이 뚜렷하게 드러난다. 아망딘이 얼마나 아름다운 존재인지 어떻게 알아채지 못할 수 있었을까? 작업복과 침팬지 똥에 내 판단이 흐려졌지만 광대뼈와 한 치의 오차도 없이 둥글게 휜 입술에는 내가 판단 착오를 일으킬 어떤 요소도 없다.

브라이언이 멍청한 표정으로 웃고만 있다. 한 대 쥐어박고 싶다. 나는 브라이언을 대신해 퉁명스럽게 말한다.

"충고에 감사드립니다. 저는 아내와 행복하답니다. 제게는 다른 아내가 필요 없어요. 편안한 아침이 되길 바랍니다."

우리에게는 세 코스로 이루어진 식사를 차려줄 파파 장이 없다. 점심에 브라이언이 내가 샐러드를 만들기 전에 토마토를 세제로 뽀득뽀득 씻지 않는다고 소리를 지른다.

"왜 아망딘에게 토마토를 씻으라고 하지?"

내가 맞고함을 친다.

"아망딘? 아망딘이 이거랑 뭔 상관이야?"

"완벽하잖아. 안 그래? 이 나쁜 자식아! 다음에는 아망딘이 요리도 하고 통역도 하고 네 멍청한 실험도 하는 동안 나는 집을 지키면 되겠네. 어쩌면 여기에 사랑스러운 콩고 가족을 꾸릴 수도 있겠어."

"뭐? 잠깐만……."

나는 더 이상 말을 듣지 않고 문을 쾅 닫는다. 그리고 언덕을 뛰어 내려간다.

나는 언덕 아래까지 내려온다. 그제야 달리기를 멈춘다. 평소에는 여기까지 내려오지 않는다. 여기 침팬지는 우리가 꼭대기에서 함께 실험하는 작은 침팬지가 아니다. 아망딘이 손을 잡고 실험방으로 데리고 들어올 수 있는, 그래서 아망딘이 바라는 일을 하도록 구슬릴 수 있는 그런 침팬지가 아니다. 다 자란 침팬지는 전혀 다른 생명체다.

심바Simba는 몸무게가 나와 엇비슷하다. 54킬로그램 정도 나간다. 키는 나보다 조금 작은 164센티미터 정도 된다. 하지만 내가 거의 들어 올릴 수 없는 자동차를 실험방 끝에서 끝으로 집어 던질 수 있다. 팔이 내 넓적다리만큼 굵고 넓적다리는 나무 밑동만큼 굵다. 일어서면 근육밖에 없다. 기다란 팔은 근육이 붙은 밧줄 같다.

심바는 오레티의 다른 침팬지들보다 특히 탈출하는 데 도가 텄다. 지푸라기 토막이나 기름때에 전 걸레 등 아무거나 잡고 자물쇠를 따려고 애쓴다. 사육사들은 심바의 상냥하고 다정한 성격만큼이나 날카로운 지능도 무척 아낀다.

몇 해 전 심바가 자신의 울타리에서 벗어났다. 침팬지 두 마리가 그 뒤를 따랐다. 침팬지들이 시장으로 가던 여성들과 마주쳤다. 그들은 짐을 다 떨구고 내달렸는데 한 여성만이 과일 바구니를 움켜쥐고 제 자리에 서 있었다. 침팬지들은 그 여성의 목을 물어뜯고 배를 갈라 헤쳤다. 그 여성은 아기를 배고 있었다. 사육사가 그 여성을 발견했을 때 태아가 흙먼지를 뒤집어쓴 채 옆에 뒹굴고 있었다.

침팬지가 사람을 죽인 일이 그때가 처음이 아니었다. 브라이언이 선택한 첫 연구 주제는 우간다 시골 마을에서 벌어진, 침팬지가 아홉 차례에 걸쳐 공격하면서 세 명의 목숨을 앗아간 사건이었다. '살인마' 침팬지들은 마을에서 어린아이 여섯을 유괴하기도 했다. 나중에 발견되었을 때에는 모두 내장이 사라졌으며 발이나 팔이 없는 경우도 있었다. 9개월 된 아기는 얼굴이 뜯겨나갔다.

사람들처럼 침팬지도 본성에 어두운 일면이 있다. 키발레 국립공원 내 은고고Ngogo에서 수컷 침팬지 무리가 한 젊은 수컷 침팬지를 때려 죽음에 이르게 했다. 돌아가며 발로 차고 주먹으로 치고 이빨로 물었다. 도망가려고 하자 다리를 비틀어 부러뜨리고 뼈를 잡아당겨 골반에서 빼버렸다. 근처에는 또 다른 수컷 침팬지가 죽어 있었다. 목이 베이고 음경이 뜯겨나간 채였다. 고환이 시체에서 20미터쯤 떨어진 곳에서 발견되었다.

많은 동물들이 같은 동족을 죽인다. 수컷 사슴은 경쟁자에게 치명상을 입힌다. 토끼조차 영역을 둘러싸고 죽을 때까지 싸운다. 하지만 토끼 집단은 상대의 영역에 침입하지도, 다른 토끼를 끝까지 뒤쫓아 잡지도 않는다. 패를 짓지도 않는다. 희생자를 무릎 꿇리고 때리고 차고 다리를 부러뜨리고 고환을 뜯어내지도 않는다. 잔인한 승리에 도취해 괴성을 내지르지도 않는다. 그 피를 마시지도 않으며 손톱을 뽑지도 않는다. 다른 누군가에게 극심한 고통을 안겨서 뼛속까지 스며드는 환희를 맛보려면 어느 정도 지능이 필요하다. 증오와 질투와 악의를 닮은 복잡한 감정이 요구된다.

침팬지 사이의 전쟁은 동물원과 보호구역, 연구소와 야생에서 목격되곤 했다. 침팬지에게는 '우리 대 그들'이라는 개념이 매우 강하며, 이는 항상 통제할 수 있는 부분이 아니라는 점이 더욱 분명해지고 있다.

침팬지는 악마가 아니다. 친절을 베풀고 사랑을 나누고 슬픔을 느낄 수 있다. 사실 우리와 매우 닮았다. 침팬지가 폭력을 쓰는 배경은 인간이 폭력을 쓰는 그것과 똑같다. 암컷 때문에, 경쟁 상대인 수컷 때문에, 영역 때문이다. 침팬지처럼 땅에 의지해 살아가던 수렵채집사회에서 살인율도 대체로 이와 비슷하다.

안타깝게도 미국의 대다수 주에서는 5만 달러만 지불하면 인터넷으로 새끼 침팬지를 주문할 수 있다. 그리고 집 앞에서 받을 수 있다. 하지만 고양이 크기만 한 작고 귀여운 침팬지가 나중에 어떻게 변하는지 판매자는 결코 알려주지 않는다.

1967년, 나스카NASCAR* 선수인 세인트 제임스 데이비스St. James Davis가 탄자니아에서 밀렵꾼에게 잡힌 새끼 침팬지를 구했다. 세인트 제임스는 이 침팬지에게 모에Moe라는 이름을 붙여주고 캘리포니아에 사는 여자친구인 라돈나LaDonna에게 데리고 왔다.

세인트 제임스와 라돈나는 결혼했다. 암 때문에 라돈나가 아기를 낳을 수 없자 두 사람은 모에를 자식이라고 여기며 길렀다. 모에는 한 침대에서 같이 자고 텔레비전으로 카우보이와 인디언이 나오는 영화를 함께 보고 화장실 쓰는 법도 배웠다. 그런데 모에가 점점 자라면서 집을 부수기 시작했다. 두 사람은 뒷마당에 가로 3미터, 세로 4미터 우리를 만들어 모에를 가둬야 했다. 문제가 생기기 시작했다. 모에가 경찰을 때려눕혔다. 여성의 손톱 끝을 물어뜯었다. 관계 당국이 모에를 압수했고, 모에는 결국 캘리포니아의 한 외래 반려동물 보호구역으로 보내졌다. 하지만 그곳에서도 환영을 받지 못했다.

*   전미 개조자동차 경주대회.

모에가 서른아홉 번째 생일을 맞는 날, 세인트 제임스와 라돈나가 모에에게 파란 크림을 두른 커다란 딸기 케이크를 선사했다. 라돈나가 케이크를 자를 때 십 대 침팬지 한 마리가 우리에서 빠져나오는 모습을 보았다. 그 십 대 침팬지는, 몸집이 너무 크게 자라고 성격도 공격적으로 변하여 더 이상 연기를 할 수 없게 되자 훈련사가 두 손 두 발 다 들고 보호구역으로 넘긴 두 할리우드 침팬지 가운데 하나였다.

그 침팬지가 주위를 서성거리는 동안, 라돈나가 치명적인 실수를 저질렀다. 눈을 마주친 것이었다. 그 침팬지가 라돈나에게 달려들어 엄지손가락을 물어뜯었다. 세인트 제임스가 더 다치지 않도록 라돈다를 안전하게 식탁 아래로 밀어 넣자 두 번째 할리우드 침팬지가 나타나 세인트 제임스 공격에 가담했다.

두 할리우드 침팬지는 세인트 제임스의 코와 열 손가락을 거의 다 물어뜯었다. 두 눈을 후벼 팠다. 엉덩이와 왼쪽 발에서 살점을 뜯어냈다. 고환을 잡아 뽑았다. 라돈나의 비명 소리를 듣고 보호구역 관리자가 달려왔다. 그리고 두 침팬지 머리에 총을 쏘아 죽였다.

세인트 제임스는 저승 문턱까지 갔다 왔다. 혼수상태로 몇 주를 보냈고 수술도 수십 차례 받았다. 얼굴이 괴물처럼 변했다. 코가 있어야 할 자리에 구멍이 두 개 뚫려 있고 입도 입술이 사라지고 삐뚤빼뚤한 선으로만 남아 있다. 유리 눈알이 인공 안구에 박혀 있다. 의료비가 100만 달러가 넘고 세인트 제임스와 라돈나는 몇 년간 지루하게 이어질 법정 싸움에 휘말려 있다.

　침팬지를 기르는 사람들은 이렇게 말할 것이다. 이런 폭력은 정말 기이한 행동이라고, 사랑과 정성으로 키우면 침팬지를 길들일 수 있다고, 침팬지한테 상처를 입은 사람은 분명 어떤 잘못을 저질렀을 거라고. 하지만 침팬지가 지닌 어두운 본성은 길러지는 게 아니다. 개처럼 또는 자식처럼 거두어 기른다고 해서 없어지는 게 아니다.

　심바의 눈이 어느 때보다 차분하다. 주황색에 갈색 반점들이 박혀 있다. 심바가 내게 손을 내민다. 손바닥이 아래로 향해 있다. 내가 털을 다듬어주기를 바란다. 사람들이 침팬지가 왜 좋은 반려동물이 될 수 있다고 생각하는지 그 이유를 안다. 심바가 우리가 텔레비전에서 보는 다섯 살짜리 침팬지만 한 몸집이라면 저 물기를 머금은 눈이며 쫙 펼친 손이며 도저히 거부할 수 없다.

　하지만 텔레비전이나 잡지 광고에 나오는 침팬지는 다 자란 침팬지가 아니다. 일곱 살이 되기 전에 이미 세상에서 가장 힘센 사람 남성보다 힘이 더 세어진다. 예컨대, 영화 촬영 현장에서는 어그러지는 매 순간마다 수천 달러가 날아간다. 그런 곳에서 연기하려면 침팬지 연기자는 철저하게 통제되어야 한다. 텔레비전에 나오는 침팬지의 '미소', 입술을 뒤집고 이를 드러내는 그 미소는 종종 공포에 질려 지어내는 웃음이다.

사라 배클러Sarah Baeckler는 캘리포니아주 샌버너디도에 위치한 어메이징 애니멀 프로덕션Amazing Animal Productions에서 1년 동안 일했다. 침팬지들이 나탈리 포트만Natalie Portman, 아놀드 슈왈제네거, 애드리언 브로디Adrien Brody, 다코타 패닝Dakota Fanning과 사진을 찍었다. 영화와 텔레비전 프로그램에도 여러 편 출연하며 이 제작사는 수천 달러를 벌어들였다. 사라는 훈련사들이 새끼 침팬지 얼굴을 주먹으로 때리고 머리를 발로 차고 망치로 치는 모습을 보았다. 다른 훈련사는 야구방망이로 패고 전기충격을 가했으며, 물었을 때 상처를 입히지 않도록 이빨을 뽑았다. 침팬지는 무척 거칠지만 스스로 얼마나 거친지 깨닫지 못한다는 게 동물 훈련사들 사이에서 공통된 견해다.

침팬지가 열 살이 되면 더 이상 귀엽지 않다. 전기충격으로도 통제할 수 없다. 감정이 지배한다. 이따금 화를 내며 인간을 갈가리 찢는 흉포한 행동으로 이어진다. 호랑이와 맞먹는 힘과 이빨을 지녔지만 호랑이와 달리 문을 열고 자물쇠를 따고 불가사의한 지능으로 속이기까지 한다. 작은 무인가 길거리 동물원roadside zoo으로 들어가는 시기가 이 나이 무렵이다. 〈혹성 탈출〉에 나온 처브스Chubbs도 그랬다. 처브스는 텍사스주 애머릴로에 위치한 동물원에서 쓰레기 더미와 자기가 눈 똥 무더기에 둘러싸여 살았다. 도나도 그랬다. 도나는 애니멀킹덤탤런트서비스Animal Kingdom Talent Services에서 열두 살까지 일했다. 그 뒤 생체의학 연구 시설의 한 우리로 등 떠밀려 걸어들어가 19년 동안 간혀 살았다. 도나는 HIV와 다른 실험 때문에 골수생검*을 비롯해 172차례나 마취를 당했다. 때때로 고통을 이기지 못하고 정신을 잃었으며 끊임없이 자해했다.

문제는 반려동물 거래나 연예산업 내에서 고통받고 있는 개별 침팬지에만 국한하지 않는다. 사냥꾼이나 마을 주민이 〈스피드 레이서〉 같은 영화나 새끼 침팬지를 껴안고 있는 할리우드 인기 배우 사진을 가리킬 때, 어느 환경보호 단체가 아프리카에서 침팬지를 죽이고 새끼 침팬지를 반려동물로 파는 사냥꾼을 비난할 수 있을까? 우리가 미국에서 침팬지를 반려동물로 기를 수 있다면 어째서 그들이라고 그럴 수 없을까? 우리는 침팬지에 사람 옷을 입혀놓고 좋아라 깔깔거리며 비웃음거리로 삼으면서 어째서 우간다인이나 탄자니아인이나 콩고인은 침팬지를 더 존중해야 할까?

나는 온몸을 떨면서 심바의 손을 나의 두 손으로 감싼다. 손이 레슬링 선수만큼이나 크다. 내 두 손으로도 그 한 손을 다 감쌀 수가 없다. 살갗이 차갑다. 가죽처럼 딱딱하고 질기다. 바깥에서 일하는 사람 손 같다. 그 점만 빼면 나머지는 다 똑같다. 손톱이며 엄지손가락이며 마디마디 주름이며 손금이며.

심바가 손아귀에 힘을 꽉 쥐고 나를 창살 쪽으로 확 당겨서

---

* 골수에 생검침을 찔러 넣어 골수 조직을 뽑아내어 병리조직학에 따라 골수 상태를 검사하는 방법.

저 길게 구부러진 반짝이는 송곳니로 나를 죽일 수 있다. 하지만 심바는 그렇게 하지 않는다. 한숨을 내쉰다. 저 주황색에 갈색 반점이 박힌 두 눈을 감는다. 내 손길에 위안을 받으며. 이렇게 죄수처럼 갇혀 있는 건 심바 잘못이 아니다. 으르렁거릴지라도 문다고 호랑이를 탓하지 않는다. 심바는 그저 타고난 대로 행동했을 뿐이다.

야생에서는 그런 죄에 어떤 처벌도 내리지 않는다.

15

오레티에서 브라이언이 매일 아침 일어나자마자 BBC 뉴스를 찾아보며 킨샤사가 안전한지 알아본다. 분명 안전하지 않다. 두 대통령 후보가 선거운동에 전심전력으로 매달려야 하지만 암살당하지 않을까 두려워하고 있다. 두 후보가 집에서 두문불출하는 동안 양측 군대가 거리를 배회하고 있다. 이따금 작은 충돌이 벌어지지만 보도가 정확하지 않다. 5명이 죽었다고도 하고 120명, 200명이 죽었다고도 한다.

카빌라의 군대가 견착식 미사일을 벰바의 헬리콥터에 쏘았다. 박살 난 헬리콥터는 벰바의 잔디밭 앞마당에 고철 덩어리가 되어 놓여 있다. 벰바가 옥상에서 선거 과정이 사기라며 악쓰고 있다. 자신이 선거에 이기면 분명 손바닥 뒤집듯 말을 바꿀 것이다. 하지만 지금 벰바는 거국적인 반란을 꾀하며 기반을 다지고 있다.

유럽연합 집행위원회European Commission가 카빌라와 벰바에게 평화롭게 선거를 진행하자고 통사정하고 있다. 유엔 콩고 감시단United Nations Mission in DR Congo(MONUC)이 모든 힘을 동원해 설득하고 있다. 코피 아난Kofi Annan 유엔 사무총장이 카빌라와 전화로 대화를 나눈다. 유럽 외교관들이 벰바의 저택을 방문한다. 선거까지 앞으로 두 달이나 남아 있다. 전쟁을 시작하기에 충분히 긴 시간이다. 킨샤사에 살얼음판 같은 나날이 이어지고 있다.

콩고인은 평화를 염원한다. 1차 선거에서는 2500만 명 이상이 선거인 등록을 했다. 인구의 절반에 가까운 수다. 1800만 명 이상이 5만 개 투표소에서 몇 시간 동안 줄을 섰다. 며칠을 걸어온 이들도 있었다. 많은 투표소가 길이 없는 곳에 있었다. 죽음과 협박과, 선거는 눈 가리고 아웅이라는 소문에도 굴하지 않고 찾아왔다. 어떤 투표소는 공격을 받아 불타고 어떤 투표소는 군대가 장악했다는, 빠르게 번지는 소식에도 굴하지 않았다.

나는 브라이언의 어깨 너머로 뉴스를 읽으며 혼란에 빠진다. 내 안의 나는 우리가 당연히 피비린내 나는 킨샤사로 가지 않을 거라고, 침팬지와 실험을 마치자마자 집으로 돌아갈 거라고 외치고 싶어 한다. 아프가니스탄에서 살해된 구호단체 활동가와 캄보디아에서 살해된 기자를 다룬, 내가 읽은 여러 기사를 곰곰이 떠올린다. 나는 머리를 내저으며 이렇게 생각했다. '흠, 그런 나라에 들어가다니, 뭘 기대한 걸까?'

내 안에 또 다른 나는 그런 자신을 부끄러워한다. 나는 겁이 없었다. 완벽한 펭귄 사진을 찍으려고 얇은 빙하 위를 미끄러지던 여자는 어디로 간 걸까? 에티오피아에서 얼룩말이 모여드는 물웅덩이를 찾으려고 반군 지역을 가로지르며 랜드크루저를 몬 사람이 누구였을까? 나도 안다. 젊은 한때의 치기에 불과하다고, 서른을 향해 질주할 때에는 조금씩 스스로를 지킬 수 있어야 마흔 번째 생일에 이를 수 있다고. 그런데 나는 저 오랜 모험정신이 그립다.

보노보 사회의 브래드 피트인 미케노는 로댕의 조각 같은 자세로 앉아 기다리고 있으리라. 나는 미케노에게 돌아오겠다고 약속했다. 모든 사람이 보노보를 잊듯이 나도 미케노를 잊을 수 있을까?

마음을 정할 수가 없다. 브라이언이 언론 보도를 계속 주시하며 미국 대사관과 영사관과 재외 공관에게 일일이 전화를 걸어 킨샤사가 안전한지 묻는다. 그들이 하는 말은 똑같다. 미치지 않고서야 어떻게 킨샤사에 들어가겠다는 생각을 하느냐, 전쟁이 콩고강을 넘어와 호되게 당신을 치기 전에 어서 집으로 돌아가라는 내용이다.

한 가닥 희망도 보이지 않는다.

그때 데비가 도착한다.

데비는 나처럼 침팬지를 사랑하는 여성을 미래의 남편감과 이어주는 일말고도 보호구역 시찰에 관해서도 전문가다. 은감바 아일랜드를 아프리카에서 가장 모범적으로 운영되는 보호구역으로 일으켜 세운 뒤에 우간다인에게 넘겨주었다. 이제 자신이 겪어온 경험을 주변과 공유하면서 마리아가 오레티라는 재난을 바로 잡을 수 있도록 도움의 손길을 보태려고 한다.

마리아는 우리가 도착한 이후 대화를 나눌 짬도 내지 못했다. 한번은 이가 들끓는 새끼 고릴라를 안고서 하얀 기생충이 맨팔을 기어 다녀도 참을성을 발휘하며 우유를 먹이고 있었다. 한번은 젊은 침팬지와 진흙탕을 뒹굴어 흙투성이가 된 채 심장 박동수를 재고 있었다. 한번은 자신보다 몸집이 두 배나 큰, 다 자란 수컷 침팬지에 침착하게 바늘을 찌르고 있었다.

한편, 마리아는 여전히 신비에 싸여 있다. 자신의 숙소에서 혼자 지낸다. 사무실에는 새벽부터 밤 11시까지 불이 켜 있다. 우리 침실 창문에서 깜박이는 불빛이 보인다. 은빛 인광이 별빛만큼이나 한결같다.

마리아와 데비는 금세 둘도 없는 단짝이 되거나 아니면 서로 못 잡아먹어서 안달인 앙숙이 될 것이다.

"데비, 물이 없어!"

나는 두 팔을 활짝 벌려 데비를 꼭 안으며 환영 인사를 외친다. 데비의 강청색 눈이 모래땅을 재빨리 훑는다.

"물이 나올 거야."

그 말에 놀라서 내 눈이 휘둥그레진다.

"데비, 어떻게 물을 나오게 할 건대?"

"오스트레일리아에서 하던 식으로. 땅에 구멍을 파서 물을 찾을 거야."

"데비, 여기는 사방이 쥐야."

"고양이를 기르면 돼."

"바퀴벌레도 말도 못해."

"살충제를 놓지 뭐."

"데비, 롤라 야 보노보에 가고 싶어. 그런데 킨샤사에서 사람들이 죽어 나가."

데비가 어깨를 곧게 펴며 말한다.

"난 보노보를 한 번도 본 적이 없어. 같이 가자."

데비는 짐칸에 어미 잃은 침팬지를 싣고 집단학살이 한창이던 부룬디를 가로지르며 자동차를 몰았다. 군인들이 AK-47 소총으로 관자놀이를 누르며 데비를 아스팔트 도로에 내동댕이친 적도 있었다. 데비는 가슴 달린 터미네이터다. 누군가 우리를 킨샤사로 데리고 갈 수 있다면 데비밖에 없다.

이제 데비도 한 배에 올라탔으니 브라이언이 두 팔을 걷어붙이며 행동에 나선다. 브라이언은 우리가 10월 29일 결선투표일 전에 킨샤사를 빠져나올 수 있다면 안전할 거라고 판단한다. 벌써 9월 12일이다. 오레티를 떠나기 전, 우리는 3주치 실험을 어떻게든 쑤셔 박아 나흘 안에 끝내야만 한다. 나는 수석 사육사에게 가서 금요일까지 침팬지 70마리로 실험해야 한다고 전한다.

침팬지의 귀 온도는 뚜렷한 형태를 보이고 있다. 낯선 침팬지가 외치는 소리를 들으면 손이 차가워진다. 오른쪽 귀 온도가 올라간다. 분명 신경을 바짝 세운다. 다른 침팬지 집단의 공격을 받은 적이 한 번도 없을 만큼 어린 새끼 침팬지도 낯선 침팬지가 외치는 소리를 들으면 신경을 도사린다.

우리가 침팬지들에게 사진을 보여주었을 때 수컷은 좋아하지 않았다. 암컷은 낯선 수컷에 눈길도 주려고 하지 않았다. 암컷 침팬지는 낯선 수컷 침팬지한테 심하게 다칠 수 있다. 새끼 침팬지를 잃는 건 말할 것도 없다. 나는 암컷 침팬지가 낯선 침팬지 **소리가 날 때** 왜 그렇게 겁을 집어먹는지 이해한다. 더구나 그 소리가 그저 녹음이라는 사실을 모를 테니까. 그렇다면 사진은? 침팬지는 사진이 누군가를 나타낸다는 점을 안다. 게다가 우리처럼 사진과 실물 침팬지는 다르다는 점도 안다. 그럼에도 여전히 낯선 침팬지의 사진을 보거나 만지려고 하지 않는다.

실험하는 침팬지가 하도 많아서 브라이언과 나는 너무 지친 나머지 서로에게 소리 지를 기운도 없다. 우리는 하루에 여덟 시간을 실험하고 현관에 무너지듯 앉는다. 바부가 우리를 향해 고개를 젓는다. 마치 우리가 저지른 어리석음에 곧 대가를 치르리라는 듯이.

나흘째 되는 날, 우리는 가방을 싼다. 비행기 표도 예매한다. 그렇게 출발 준비를 마친다.

16

우리가 탄 비행기가 텅텅 비어 있다. 불길한 징조다. 보통 우리가 가려는 곳에 갈 만큼 멍청한 사람이 한 명도 없다는 의미다. 브라이언이 팔걸이를 두드리며 말한다.

"와우, A727기야. 이 아가는 나보다도 나이가 많아."

나는 이 말이 비행기를 칭찬하는 소리로 들리지 않는다. 우리는 환한 대낮에 킨샤사 공항에 도착한다. 1974년 무하마드 알리가 '정글의 혈투'라고 불리는 시합을 치르려고 도착했을 때 그를 비추던 햇빛만큼이나 샛노랗다. 비행장 전체가 비행기 무덤 같다. 우리가 활주로를 따라 천천히 달리는 동안 순조롭게 착륙하지 못해 망가진 러시아 안토노프 비행기와 또 다른 A727기의 잔해를 지나친다.

우리가 아스팔트 도로로 걸어 내려오자 다리가 길고 파란 눈화장을 한 금발의 공항 직원이 다가와 말을 건다.

"무슈, 마담, 이곳 공항에는 비행기가 서지 않습니다. 다시 비행기에 올라타시겠습니까?"

"우리는 헤와 보라 항공편을 타고 왔어요."

내가 말하자 직원이 인상을 쓴다.

"벨기에로 가시려는 게 아닙니까? 에어 브뤼셀 항공편을 찾으시려는 게 아닙니까?"

"아니요. 여기가 우리 목적지예요."

"아."

직원이 할 말을 잃은 듯 보인다. 입국심사대로 나가는 문을 바라본다. 굳게 잠겨 있다.

"알겠습니다. 그럼, 안녕히 가십시오."

직원이 총총걸음으로 멀어진다. 우리가 옮겨온 질병에 걸릴지도 모른다는 듯이.

이런 경우는 처음이다. 입국심사대에 줄이 없다. 맞은편에도 사람들이 없다. 소리를 지르고 옆으로 밀치고 알림판과 여권을 흔드는 인파가 보이지 않는다. 입국심사대 안쪽에 있는 남자가 칸막이 방 천장을 뚫어져라 쳐다보며 볼펜으로 탁자를 탁탁 두드리고 있다. 보아하니 최근에 아주 한가했던 듯싶다.

"패스포트, 실 부 플레*passports, s'il vous plait*(여권을 주십시오)."

입국심사대 직원이 나와 브라이언의 여권을 휙휙 넘긴다. 사자 머리 모양의 파란 콩고민주공화국 입국허가증을 확인하고

직인을 찍는다. 데비의 여권으로 넘어간다. 두 번이나 넘긴다.

"마담, 입국허가증은요?"

데비는 숱하게 불법으로 국경을 넘었기 때문에 입국허가증을 여분으로 들고 다니는 칫솔이나 구강세정제처럼 여긴다. 출발 전에 브라이언이 데비에게 입국허가증을 받으라고 애원하다시피 했지만 데비는 "걱정 붙들어 매"라는 한마디로 싹 무시하며 입국허가증 없이 여행길에 나섰다.

데비가 말한다.

"우리 앞으로 온 문서가 있습니다."

클로딘은 젊은 시절 국경을 넘을 만큼 넘었다. 일명 해결사와 손이 닿아 있었다. 하지만 지금은 그 사람이 어디에도 보이지 않는다. 입국심사대 직원이 호통을 친다.

"입국허가증 없이는 들어올 수 없습니다. 입국허가증이 없으면 돌아가야 해요."

일이 잘 풀리지 않는다. 해결사가 오지 않으면 뇌물로 1000달러를 내놓아야 한다. 바로 그때 클로딘의 해결사가 수하물 찾는 곳에서 달려온다. 땀을 뻘뻘 흘리는 해결사의 손에는 문서가 한 장 펄럭이고 있다. 입국심사대 직원이 해결사에게 버럭 소리를 지른다. 뒷돈이 날아가게 생기자 머리끝까지 화가 치솟는 모양이다. 분통을 터뜨리며 한마디 덧붙인다.

"다음에는 입국허가증을 꼭 챙기도록 하세요!"

우리가 짐을 찾는 사이 데비가 말한다.

"봤지? 걱정 붙들어 매라니까."

나는 도착하자마자 롤라 야 보노보가 쥐 죽은 듯이 고요하다는 것을 금세 알아차린다. 텅 비어 있다. 손님용 숙소에 여행객이 한 명도 없다. 유럽에서 온 자원활동가도 없다. 방문한 대사도 고위 관리도 없다. 우리가 도착했다는 말이 서서히 퍼진다. 자크가 수줍게 미소를 지으며 내 손을 꼭 쥔다. 파파 장이 부엌에서 나와 주걱을 흔들며 활짝 웃는다. 콧대 높은 마마들, 마마 앙리에트, 마마 이본, 마마 에스페랑스, 마마 미슐랭이 놀란 표정을 짓는다. 우리가 다시 돌아오다니 믿기지 않는 눈치다.

우리가 테라스에 자리 잡을 즈음, 자동차 한 대가 멈추고는 콧잔등에 주근깨가 난 까무잡잡한 여자아이가 내리더니 계단을 뛰어 올라온다. 어깨에서 허리까지 대각선으로 띠를 둘렀다. 그 안에는 아프리카 스타일로 머리 모양을 한 작고 주름진 아기가 안겨 있다. 클로딘이 바짝 뒤를 따른다. 연갈색 입술연지를 발랐는데 눈부시게 하얀 셔츠와 갓 감은 머리를 돋보이게 한다.

"꼴이 말이 아니죠? 잠을 한숨도 못 잤어요."

주근깨가 있는 까무잡잡한 여자아이는 클로딘의 딸 패니 Fanny다. 두 사람은 전혀 닮지 않았다. 클로딘은 붉은 머리가 구불구불하고 몸매가 부드러운 곡선을 그리고 있어 내게 강을 떠올리게 한다. 반면, 패니는 꼬불꼬불하게 엉킨 머리에 눈이 까맣고 팔다리가 길어 철사로 만든 올가미와 비슷하다.

패니를 보니 누군가가 떠오른다. 나는 누굴까 생각해내려고 애쓴다.

나는 그 아기가 패니의 아이라고 짐작한다. 하지만 띠 안을 들여다보니 왕관 모양의 검은 머리는 새끼 보노보였다. 두 손을 이리저리 흔들며 앙증맞은 손가락을 꼬물거린다. 무언가를 잡으려 쭉 뻗는다.

"미미 아기예요. 미미가 아기를 담장 너머로 던져 버리다시피 했어요."

유인원이 어린 나이에 어미 품에서 떨어지고 다른 유인원과도 자라지 않으면 대개 자신이 낳은 새끼를 버린다. 미미 잘못이 아니다. 미미는 인간 가족이 거두어서 키웠기 때문에 보노보를 어떻게 키워야 하는지 볼 기회가 없었다. 다섯 아이를 키운 엄마인 클로딘은 화를 참을 수 없다.

"미미가 자기 몸 밖으로 뭔가 뒤범벅인 덩어리가 나오자 끔찍해했어요. 껠 이데_Quelle idée_(어떻게 그런 생각을 할 수 있지)!"

패니가 무척 속상해하며 말한다.

"새끼가 아픈 건 제 탓이에요. 엄마는 안 계시고 새끼는 열이 펄펄 나고, 그래서 의사에게 데려갔어요. 의사가 우유에 꿀을 타서 먹였어요. 그런데 이제는 설사가 멈추지 않는 거예요. 경련도 일으키고요. 몬 듀_Mon Dieu_(세상에 맙소사)! 지금 엄청 아파해요."

나는 패니에게서 눈을 떼지 못한다. 패니는 아름답지 않다.

얼굴이 날카롭고 각이 져 있다. 눈이 너무 크고 코가 너무 갸름하다. 눈망울이 빛을 받아 반짝이고 팽팽하게 말린 곱슬머리가 어깨를 스치면 아름답다는 말로도 모자라다. 사람을 홀린다.

나는 패니가 누구를 떠올리게 하는지 깨닫는다. 이시로다.

"이름이 에롬베Elombe예요. 링갈라어로 '작은 전사'라는 뜻이에요."

우리가 에롬베를 빙 에워싸고 어른다. 클로딘이 왔으니 이제 나을 것이다. 우리는 그토록 사랑스러운 수컷 새끼 보노보의 탄생에 축하를 보낸다.

나는 클로딘과 데비가 서로 싫어하게 될까봐 조금 불안하다. 사람들은 누구든 자신과 시간을 가장 많이 보내는 이와 닮는 경향이 있다. 세월이 흐르면 어떤 사람은 배우자와 비슷하게 보이고 어떤 사람은 개와 비슷하게 보이는 이유다.

침팬지족族 사람은 거칠기가 내장 같고 억세기가 손톱 같다. 사소한 의견 차이에도 피를 튀기며 싸울 자세를 하지만 두어 번 주먹이 오고간 뒤에는 서로 마음을 풀고 사이좋게 지낸다.

보노보족族 사람은 보다 의뭉스럽다. 늘 웃는 얼굴을 하고 있지만 속으로 무슨 생각을 하는지 알기 어렵다. 그들이 가장 싫어하는 사람이 함께 있더라도 전혀 눈치채지 못한다. 어떤 대가를 치르더라도 집단 내 평화를 반드시 지켜나가기 때문이다. 그런데 누군가가 탈선을 되풀이하면 보노보는 천천히 동맹 세력을 모은다. 그리고 **치카치카붐**chicka chicka boom 당분간 털어내지 못할 교훈을 얻는다.

보다 중요한 점은, 침팬지족 사람들이 줄곧 침팬지 보호 정책에 불평을 늘어놓으면서도, 정작 자매종이 안타깝게도 '침팬지'라고 불리는 점에 대해서는 언급하기를 잊는다는 것이다. 보노보는 침팬지만큼이나 사람과 매우 가까운 사이다. 게다가 침팬지보다 더 심각한 멸종위기에 처해 있다. 대규모 유인원 학회에서조차 보노보를 철저히 외면한다. 침팬지를 구하기 위해 흘러들어 오는 보호기금에서 보노보는 동전 한 닢 구경하기 힘들다.

열띤 소개를 하다보니 나 스스로가 약간 보노보와 닮은 기분이 든다. 이 두 사람은 내가 무척 존경하는 사람들이다. 나는 보노보 악수handshake를 퍼뜨리고 싶다. 모두가 꼭 사이좋게 지낼 수 있도록. 그런데 걱정할 필요가 없다. 클로딘은 기품이 넘치는 안주인이고 데비는 흠잡을 데 없는 손님이다. 게다가 두 사람 사이에는 아주 중요한 공통점이 있다. 둘 다 어미 잃은 새끼를 야생으로 돌려보내고 있다는 것.

아프리카에 있는 보호구역은 모두 똑같은 문제를 안고 있다. 거의 꽉 찼다는 점이다. 삼림파괴와 이어지는 벌목과 채굴로 서식지에 길이 뚫린다. 그 길을 따라 사람들이 들어오고, 그 사람들에 섞여 숲에서 돈벌이가 될 만한 일을 찾는 사냥꾼도 들어온다. 지난 10년 동안 각 보호구역에서 어미를 잃은 새끼가 꾸준히 늘어났다.

방사放飼는 모든 보호구역의 꿈이다. 어미 잃은 새끼를 보살펴 태어난 숲으로 돌려보내는 일을 가리킨다. 그러면 줄어드는 야생동물의 개체수가 다시 늘어날 테고 어미 잃은 새끼가 계속 들어오더라도 보호구역은 보다 여유로운 공간을 마련해줄 수 있을 테니까.

많은 과학자와 환경보호 활동가가 보호구역의 유인원을 모두 머리에 총을 쏘아 죽여야 한다고 생각한다. 보호구역을 운영하는 비용으로 국립공원을 지원하여 유인원 수십 마리가 아니라 수천 마리를 보호해야 한다고 주장한다. 보호구역이 야생의 유인원을 보호하는 데 쓰여야 할 지원금을 독점한다고 우려한다. 사람 관리자가 보호구역 동물에게 야생 개체군을 절멸시킬 수도 있는 질병을 옮길 수도 있다고 걱정한다.

하지만 유인원을 위협하는 가장 큰 요소는 질병이 아니다. 부시미트 거래다. 보호구역의 96퍼센트에서 개체수가 감소하는 원인은 사냥이다. 1960년대 이후 벌어진 내전으로 만신창이가 된 아프리카의 20개 나라에서 군인이 일삼던 약탈은 수확과 경작에 지장을 초래한다. 그 결과, 지역 주민이 숲으로 내몰리고 시장에 내다 팔 부시미트를 얻으려 사냥한다. 때때로 군인이 지역 주민에게 총알을 나눠 주고 가족들을 인질로 잡아놓는다. 저녁거리를 들고 돌아올 때까지.

보호구역은 종종 토착민이 유인원을 먹잇감이 아닌 다른 존재로 볼 수 있는 유일한 장소다. 롤라 야 보노보에서만 교육 과정을 거쳐가는 사람이 연 3만 명에 이른다.

유인원 보존을 위해 보호구역의 유인원은 전 세계에서 온다. 이는 번식해도 좋을 만큼 유전적으로 다양하다는 의미다. 하지만 방사 프로그램을 성공적으로 이끌려면 몇 차례 예행연습을 해야 한다. 유인원이 야생에서 거의 멸종될 때까지 기다렸다가 방사한다면 단 한 번의 잘못으로도 미래가 사라질 수 있다. 효과를 거둘 방법을 찾아야 한다.

헬프 콩고HELP Congo는 오레티에서 그리 멀지 않은 곳에 있다. 1996년에 헬프 콩고가 콩쿠아티둘리 국립공원Conkouati-Douli National Park에 어미 잃은 침팬지를 풀어놓기 시작했다. 잇따라 세밀한 연구를 발표했는데, 이에 따르면 방사한 침팬지 서른일곱 마리의 생존율이 62퍼센트였다. 2004년에는 암컷 네 마리가 새끼 다섯 마리를 낳았다. 이는 방사 프로그램이 성공적이라는 점을 보여주는 수치다.

데비와 클로딘이 국제자연보전연맹International Union for Conservation of Nature(IUCN)의 지침을 엄격히 준수하면서 헬프 콩고의 발자취를 밟아나가기로 결정한다. 데비가 헬프 콩고처럼 몇몇 섬에 침팬지를 방사할 예정이다. 침팬지들이 스스로 먹이를 구하고 사람 없이 살아가는 일에 익숙해질 것이다. 그리고 마침내 안전한 곳을 찾는다면 야생에 풀어놓을 계획이다.

클로딘은 여러 해 동안 방사할 장소를 찾고 있었다. 배를 타고 위험한 콩고강의 물길을 여러 차례 오르내렸다. 트럭을 타고

육로로 반군 지역을 가로지르며 여행한 적도 있었다. 처음에는 헬프 콩고 같은 섬을 찾았지만 우기가 오면 콩고강이 범람했다. 클로딘이 찾은 섬은 대부분 크리스마스 무렵이면 물에 잠겼다. 여러 장소를 찾아냈지만 결국 물렸다. 인근 주민들이 지나치게 공격적이거나 보노보가 여전히 식당 차림표에 있었다. 그러던 끝에 결국 찾아냈다.

콩고강이 무지개에 안겨 상류로 굽이치며 내륙으로 향할 때 그 일부는 갈라져 나와 수백 킬로미터를 평탄하게 흘러간다. 그리고 다시 더 작은 지류 수십 갈래로 나뉜다. 본류는 로포리Lopori강으로 불리는데 이 강이 갈라지기 전에 바산쿠수Basankusu라는 마을을 지난다. 바산쿠수에서 통나무배를 타고 20분 정도 가면 로포리강이 두 갈래로 갈라진다. 그 갈라지는 지점에 사람의 발길이 닿지 않은 숲이 자리 잡고 있다. 약 6만 평(200제곱킬로미터)이 넘는데 맨해튼의 세 배에 달하는 면적이다. 이곳 숲에 포Pô족이 산다.

일롱가 포Ilonga Pô가 이 지역에 정착한 지는 100년도 더 넘었다. 일롱가는 리살라Lisala 출신이다. 리살라는 북쪽으로 300킬로미터 이상 올라가면 나오는 마을이다. 일롱가는 아들과 함께 음식과 비축 식량을 찾아 돌아다니고 있었다. 물고기를 잡으러 강을 따라 내려왔을 가능성이 높지만, 집에서 멀리 떨어진 거리로 판단하건대 운이 썩 따르지는 않았던 것 같다.

돌아다니다 지쳐 일롱가와 아들은 오래된 나무 둥치 옆에 천막을 쳤다. 두 사람은 예상보다 오래 머물렀다. 사실 꽤 오랫동안 머물러 지나가는 마을 사람들이 이 낯선 이들을 포라고 부르기 시작했다. 포는 현지어로 '썩은 나무 둥치'라는 뜻이다.

알려졌다시피 일롱가 포는 떠나지 않았다. 지역의 몬고 부족과 작은 충돌이 두어 차례 있었다. 하지만 오히려 그들을 쫓아버리고 그곳에 터를 잡고 내내 살았다. 포족은 대다수가 어부다. 더 이상 사냥에 기대어 먹거리를 구하지 않는다. 숲은 보노보 서식지로 안성맞춤이다. 하지만 아무도 20년 넘게 보노보를 한 마리도 보지 못했다.

클로딘은 이내 포족 사람들이 마음에 쏙 들었다. 점잖고 상냥하다. 클로딘이 만났던 다른 일부 부족 사람들처럼 공항을 지어달라는 둥, 부족민 모두 파리로 보내달라는 둥 요구하지 않았다. 클로딘은 약속했다. 포족이 보노보를 지키는 수호자가 되겠다고 승낙한다면, 언젠가 보노보가 그들을 지키는 수호자가 되어줄 것이라고. 보노보가 학교에 넣을 문구와 병원을 채울 의약품을 제공할 것이라고. 보노보가 사람들을 고용하고 여성들과 아이들을 교육시킬 것이라고.

다른 사업 계획들은 보호 활동에 공격적인 태도를 보인다. 중앙아프리카공화국에서는 세계자연기금World Wildlife Fund(WWF)이 전직 군인을 환경보안관으로 고용했다. 살롱가 국립공원에서는 야생동물 관리사가 칼라시니코프 소총으로 무장한다.

포족은 총을 원하지 않는다. 전쟁을 너무 많이 겪었기 때문이다. 표범 이빨 목걸이를 목에 건 족장이 말한다.

"우리가 보노보를 지키겠소. 어느 누구도 우리 모르게 숲에 들어가거나 숲을 나오지 못할 것이오."

클로딘은 그 말에 동의했다. 총기는 금지.

미미가 낳은 새끼 보노보가 울음을 터뜨린다. 패니가 달래면서 클로딘과 함께 뛰어간다. 수의사 크리스핀을 찾는다. 브라이언과 나는 데비를 데려가 보노보들을 인사시킨다.

미케노는 내가 떠날 때 앉아 있던 그 자리에 그대로 앉아 있다. 로댕의 생각하는 사람처럼 주먹을 쥔 손으로 턱을 괴고 있다. 반갑다고 까악 소리를 지르며 손을 내민다.

세멘드와가 새끼를 낳았다. 엘리키아Elikia는 아주 작고 어여쁜 암컷으로 엄마를 닮아 눈이 커다랗고 입이 장미꽃 봉우리 같다. 타탄고의 온몸을 기어 다니고 있다. 작은 손가락을 꼼지락거리며 타탄고의 귓속에 집어넣다가 타탄고의 입꼬리를 잡아당기다가 한다. 엘리키아는 타탄고가 웃기를 바란다. 하지만 타탄고는 근엄한 표정을 지으며 먼 하늘로 눈길을 던진다. 선웃음 한번 치지 않는다.

세멘드와는 새끼가 다 자란 수컷의 날카로운 송곳니와 머리카락 한 올만큼도 떨어져 있지 않은데도 분명 개의치 않은 듯 보인다. 광선을 쏘는 듯 눈을 가늘게 뜨면서 데비가 내게 선물해준 초록색 목걸이에서 눈을 떼지 않는다. 구슬은 단단히 말린 종이로 은감바 아일랜드와 이웃한 여성 단체가 만들었다.

'그 목걸이가 갖고 싶어.'

세멘드와의 눈이 분명 그렇게 말하고 있다. 보노보는 무언가를 원할 때에 '응시peering'라고 부르는 행동을 한다. 상대방 얼굴을 똑바로 마주보고 서서 자신이 원하는 것을 뚫어져라 바라본다. 순수한 정신력만으로도 소유권을 이전할 수 있다는 듯.

세멘드와가 얼굴을 담장에 바짝 대고 내 목걸이를 응시한다. 나와 족히 1미터는 떨어져 있지만 나는 뒷걸음친다. 세멘드와가 아름답고 허영심 강한 여느 여자처럼 자신이 가지지 못한 물건을 탐낸다. 세멘드와는 좀도둑질에 관한 한 일가견이 있다. 카메라 수십 대와 열쇠 수십 개뿐 아니라 신고 있는 신발과 차고 있는 시계도 훔쳤다. 한번은 얼굴에 쓰고 있는 안경을 훔치는 모습도 보았다.

나는 그 거리에 안심하며 말한다.

"안 돼. 내 거야."

세멘드와가 흙을 한 움큼 집더니 던진다. 내 가슴으로 흙이 후드득 날아든다. 나와 목걸이에 진흙이 튄다. 눈 깜짝할 사이에 이시로가 세멘드와 오른쪽 뒤편에 와서 선다. 둘 다 나를 쏘아본다. 내가 비밀스런 자매애 맹약이라도 깨뜨린 듯하다. 이시로가 경찰차 경광등을 꺼내어 머리에 딱 붙일 기세다.

"또 만나서 반가워."

미미가 망고 껍질을 벗기고 있다. 마니에마가 보육장을 졸업

했다. 키콩고와 함께 미미 발치에 앉아 있다. 뚫어져라 바라보고 있지만 겁먹은 표정이 여실하다. 나는 미미가 자신이 담장 너머로 던진 새끼를 걱정할까 문득 궁금해진다. 걱정하는 표정이 보이지 않는다. 망고를 먹는 데 여념이 없다. 망고 철을 맞아 처음 먹는 망고다. 매끈하고 살이 실하고 황금색이다. 손가락 사이로 단물이 뚝뚝 떨어진다.

덜 자란 수컷들이 무릎을 꿇고 엎드려 애원하지만 황후 마마는 거들떠도 보지 않는다. 먼 곳을 지그시 바라보며 깊이 생각에 잠겨 곱씹고 있다. 중차대한 국가 문제를 고민하고 있는 듯 보인다. 이따금 입에서 조각이 하나씩 떨어진다. 키콩고와 마니에마가 그 조각을 잡으려고 황급히 달려든다.

"머리가 정말 작잖아. 왜 그런 거야?"

데비가 되풀이해서 말하자 브라이언이 거든다.

"그건 아무것도 아닙니다. 이걸 보셔야 해요."

밤이 내리고 있다. 우리는 숙사를 향해 걸음을 옮긴다. 보노보들이 우리를 따라온다. 자크가 출입구에 서 있다.

"알레*Allez*(가자)!"

자크가 외친다. 그러자 보노보들이 준비가 되었다고, 기다리고 있다고 대답하듯 꺅꺅거린다.

오레티와 은감바 아일랜드와 다른 모든 침팬지 보호구역에서는 밤이 되어 숙사 안으로 들어갈 시간이 되면 덩치가 큰 수컷 침팬지가 가장 먼저 와 기다란 그물망 터널을 쿵쾅거리며 걸어간다. 여봐란듯이 큰 소리를 지르면서. 이어 어린 수컷이 서열 순으로 따른다. 그 뒤로 암컷이, 다시 그 뒤로 어린 암컷이 따른다. 덩치 큰 수컷은 이미 들어가 자신의 잠자리에 오르고 먹이를 대부분 차지한다. 암컷은 수컷 주위를 살금살금 기다시피 다닌다. 무단침입으로 곤경에 빠지지 않으려고 애쓴다. 때때로 암컷은 과시 행동으로 얻어맞는 일을 피할 수 있어 숲에서 자기를 더 좋아한다.

자크가 문을 연다. 아무도 고함을 지르지 않고 밀치지 않고 떼밀지 않는다. 미미가 세월아 네월아 천천히 터널 속을 걸어간다. 야간 숙사로 들어가더니 지푸라기를 모두 모으기 시작한다. 그러고는 문 바로 옆에 어마어마하게 커다란 보금자리를 만든다. 코끼리를 숨겨놓더라도 아무도 알아챌 수 없을 만큼. 미미가 안쪽을 향해 올라가 아주 기분 좋게 자리를 잡는다. 곧 세멘드와와 이시로와 나머지 암컷들에게 들어와도 좋다고 허락한다. 모두 편안한 그물침대로 올라간다. 이어 타탄고와 미케노가 들어와 그물침대로 올라가거나 지푸라기를 모으기 시작한다. 그 뒤로 젊은 암컷이 들어오고 모두 잠자리를 준비한다.

5분쯤 지나 십 대인 수컷과 더 어린 수컷이 터널을 따라 기다시피 들어온다. 키크위트와 키콩고, 마니에마와 나머지 보노보가 터널에서 기다린다. 그사이 밤이 짙어진다.

미미가 두 눈을 감는다. 잠에 드는 용처럼. 축구 선수 같은 키크위트가 미미에게 몇 발자국 다가간다. 미미가 한쪽 눈을 뜬다. 키크위트가 물러난다. 어린 수컷들이 터널에 웅크리며 몸을 숨긴다. 기다리고 기다리고 또 기다린다. 미미가 다시 눈을 감을 때까지. 이번에는 나머지 보노보보다 담도 세고 몸집도 작은 키콩고가 발끝으로 살금살금 출입문을 넘어 미미를 지나쳐간다. 키콩고가 자칫 호되게 얻어터질지도 모르는 암컷들 사이를 지나간다. 그 모습을 지켜보는 나머지 어린 수컷들 사이에서 손에 잡힐 듯한 긴장감이 피어오른다.

키콩고가 발끝을 세우고 한 번에 손가락 한 마디만큼씩 움직인다. 거의 다 왔다. 키콩고가 올라가고 싶은 그물침대가 보인다. 왼쪽 첫 번째 방에 있는 이시로 바로 옆이다.

미미가 올가미의 철사처럼 불쑥 팔을 뻗는다. 앙상하고 기다란 손가락이 키콩고의 발목을 움켜쥔다. 키콩고가 소리를 지른다. 키크위트도 덩달아 소리를 지른다. 어린 수컷들도 따라 소리를 지르는 동안 키콩고가 미미의 손아귀에서 빠져나오려고 발버둥을 친다. 모두 다시 터널 속으로 멀찌감치 물러난다.

어린 수컷들이 아직 터널 속에 남아 있다. 이윽고 밤이 깊어진다. 그때쯤이면 다들 지쳐 곯아떨어져 어린 수컷들이 살금살금 기어 미미 옆을 지나갈 수 있다. 지푸라기 몇 가닥을 모아 바닥에 몸을 누이고 잠을 청할 수 있다.

브라이언이 데비를 바라본다. 자긍심이 가득하다. 마치 자신이 그 모든 일을 진두지휘한 듯이.

데비가 고개를 흔들며 말한다.

"어우, 소름 끼쳐."

며칠 뒤 미미가 낳은 새끼가 죽는다. 설사는 생후 몇 주밖에 안 된 새끼 보노보에게 치명적이다. 패니의 얼굴이 눈물범벅이다. 클로딘도 눈 밑이 시커멓다. 클로딘이 눈물 젖은 목소리로 말한다.

"흠, 적어도 우린 이제 눈 좀 붙일 수 있겠네."

나는 보노보가 그렇게 연약한지 알지 못했다. 보노보가 강인하다고 여겼다. 아기 침팬지가 그렇듯. 보호구역 안에서 클로딘이 곁에 있다면 끄떡없으리라 생각했었다.

하지만 나는 보노보를 아주 단단히 잘못 생각하고 있었다.

17

클로딘이 오전 11시에 차를 세운다. 허둥지둥 뛰어내리는 모습에 당혹스러운 표정이 역력하다.

"킨샤사에서 총격전이 벌어졌어요. 이곳까지 오는 데 아침나절이 다 걸렸답니다. 떠나야 해요."

데비는 오레티 재정비를 시작하려고 이미 돌아가고 없었다. 킨샤사에서 소규모 전투가 이어지면서 데비가 탈 푸앵트누아르행 항공편이 결항했다. 그래서 배를 빌려 콩고강을 건너 브라자빌로 들어가야 했다.

벰바의 텔레비전 방송국 두 군데가 불길에 휩싸였다. 그 보복으로 벰바 지지자가 거리에서 타이어를 불태우고 있다. 오늘 아침, 누군가가 총을 발포했고 도시 전체가 신경증을 일으키고 있다. 모두 휴대폰을 붙들고 있어 통신망이 마비된 상태다. 도로도 몇 시간 째 꽉 막혀 있다. 클로딘이 우리가 불안해하지 않도록 조심한다.

"단 한 발뿐이었어요. 나머지는 라됴 트로투아 *radio trottoir* 예요."

페이브먼트 라디오 pavement radio* 또는 거리에 떠도는 풍문.

클로딘이 덧붙인다.

"하지만 유비무환이라고 하잖아요, 위 *oui* (안 그래요)?"

우리는 황급히 짐을 꾸린다. 다시 돌아올 수 있을지 기약할
수 없다.

클로딘네는 마 캄파뉴 Ma Campagne에 있다. 킨샤사의 탁 트인
언덕에 위치한 교외다. 높고 하얀 담장이 집들을 둘러쌌는데 일
부 담장 위에는 가시철망을 두르거나 으깬 유리 조각을 심어놓
았다. 집에는 패니가 기다리며 나이지리아 연속극을 보고 있다.
클로딘의 남편 빅토르 Victor도 있다. 클로딘이 조롱 반 애정 반을
담아 말한다.

"봘라 *voilà* (자)! 나의 대장 pasha 이에요."

빅토르는 생김새가 정말 터키 귀족 같았다. 반은 르완다, 반
은 이탈리아 피가 흐르는 빅토르는 위풍당당한 풍모를 지니고
있다. 지휘관다운 위엄이 엿보인다. 패니의 짙은 곱슬머리와 고
양이 같은 우아함이 어디서 왔는지 분명하다.

---

*   주로 아프리카 도시 지역에서 주요 정보를 중계하는 비공식 자치
통신 네트워크를 말한다.

빅토르는 운송업을 하고 있다. 면적이 프랑스의 세 배인데 반군이 득시글거리고 도로는 5000킬로미터도 안 되는 (그나마 절반은 자동차로 다닐 수도 없는) 나라에서 물건을 A에서 B로 어떻게 옮기는지 아는 사람이다. 그렇다고 엄밀히 밀수업자는 아니다. 현대판 레트 버틀러Rhett Butler** 라고나 할까. 빅토르가 소파에 느긋하게 앉아 궐련을 피우고 있다. 한 손을 불룩한 배 위에 얹은 채.

"이게 큰일이라고 봅니까? 약탈이 자행되던 동안 여기 있었더라면 그렇게 생각하지 않을 겁니다."

빅토르의 걸걸한 목소리에 집 전체가 우렁우렁 울린다. 1997년 모부투의 운이 기울어질 때 봉급을 받지 못한 군인이 폭동을 일으켜 수천 명이 킨샤사를 휩쓸고 지나갔다.

"폭도들이 떼 지어 다녔어요. 닥치는 대로 훔치고 불태웠습니다. 바로 우리 집 앞까지 왔어요. 대문을 탕탕 두드렸지요."

"어떻게 했어요?"

내가 묻자 빅토르가 만면에 미소를 띤다.

"뭘 할 수 있겠어요? 대문을 열었어요! 그리고 이렇게 말했지요. '환영합니다, 여러분. 부담 갖지 말고 마음껏 가져가세요.'"

이웃이 내 물건을 앗아가도록 내버려두다니, 나로서는 상상

**   영화 〈바람과 함께 사라지다〉(1939)에 등장하는 남성으로, 사랑하는 여인 스칼렛 오하라의 곁을 맴돌면서 도움을 준다.

도 못할 일이다.

"막아보려는 시도조차 안 했어요?"

"몇 집 건너 아래에 한 남자가 살았습니다. 그 남자가 지붕에 올라가 소리를 질렀지요. 자신을 내버려두지 않으면 총을 쏘겠다고 말이죠. 그래도 폭도들은 밀고 들어왔어요. 대문을 발로 차고 부쉈지요. 그 남자가 총을 쏘았습니다. 군중을 향해 총부리를 겨누고 발사했지요. 하지만 사람들이 수천 명이었어요. 그 숫자는 상상하는 것보다 많습니다. 그 남자가 총을 쏘자 사람들은 화가 났어요. 분노를 터뜨렸습니다. 그러다 마침내 알다시피……."

빅토르가 고개를 저으며 말을 이었다.

"총알이 다 떨어질 수밖에 없지요."

패니가 내게 그다음 이야기를 들려준다. 아버지가 대문을 열고 링갈라어로 정중하게 말하자 폭도들이 가족이 앉을 의자 몇 개를 가져왔다. 빅토르와 클로딘, 패니와 어린 남동생 토마스Thomas가 잔디밭에 놓인 식탁 의자에 앉아 있는 동안 폭도들이 집을 약탈했다. 클로딘이 서글프게 덧붙인다.

"전부 가져갔어요. 상상도 할 수 없을 거예요. 전기 회선에서 구리 전선까지 빼갔습니다."

우리는 며칠 동안 클로딘네에 머문다. 패니와 나이지리아 연속극을 보며 미래에 대해 이야기를 나눈다. 패니는 이제 막 법학 학위를 땄다. 변호사가 되지 않겠다는 것말고는 자신이 무엇을 하고 싶어 하는지 알지 못한다. 다방면에 재능을 보이는 이십 대가 그렇듯 패니도 똑같은 문제를 고민하고 있다. 선택지가 무척이나 다양하고 화려하여 마비가 될 지경이다. 콩고로 돌아와 열대우림을 지키는 데 헌신해야 할까? 지금 사귀고 있는 파리의 록 스타와 결혼해야 할까? 브라이언이 인터넷으로 환경보호 프로그램을 살펴보도록 도움을 주고, 나는 영원한 팬이 되는 일이 어떤 장단점을 지니고 있는지 이야기해준다.

복도는 클로딘이 콩고에서 보낸 50년 세월이 고스란히 담긴 사진으로 도배되어 있다시피 하다. 문산맥 너머를 바라보는 젊은 시절의 클로딘, 빅토르와 함께 킨샤사를 거니는 클로딘, 표범을 꼭 안고 있는 클로딘, 아이들과 손자들에 둘러싸인 클로딘.

지금도 그렇지만 젊은 시절 클로딘은 정말 아름다웠다. 머리카락이 석류 속처럼 붉디붉었다. 구불구불한 곱슬머리가 두 어깨에서 물결쳤다. 모래시계 같은 곡선미와 반달 같은 눈썹과 세심하게 그린 입술이 화려한 은막의 여신 같은 매력을 풍겼다.

패니의 말에 따르면, 엄마는 항상 갓 씻고 나와 새로 향수를 뿌린 모습을 하고 있다. 늘 얼굴을 단장하고 머리도 한 올 흐트러짐 없이 단정하다. 생각해보니 나 역시 클로딘이 마스카라를 칠하지 않거나 구릿빛 눈 화장을 살짝이라도 하지 않은 모습을 본 적이 없다. 아침 식탁에서조차도 그랬다.

어느 날 아침 식탁에서 패니가 민소매와 짧은 반바지 차림으로 나타나자 클로딘이 부드럽게 타이른다.

"마 셰르Ma chère(내 사랑), 네 아무르amour(연인)가 지금 이 모습을 보는 일이 없으면 좋겠구나. 조금 더 노력을 기울여야 해. 네가 신경 쓰고 있다고 보여줘야 해."

내가 내 아무르 옆에 앉는다. 아침이면 늘 그렇듯 빨래 바구니에서 막 기어 나온 듯한 평소 모습 그대로. 머리도 빗지 않고 이도 닦지 않는다. 엉덩이가 축 늘어진 운동복 바지에 'AUSTRALIA'라는 글자가 희망을 북돋는 색깔로 박힌 낡은 티셔츠를 입고 있다. 갑자기 머릿속에서 음악이 울리며 어떤 상상이 펼쳐진다. 그 상상 속에서 클로딘이 내 버릇을 톡톡히 바로잡으며 일라이자 둘리틀Eliza Doolittle*처럼 나를 아름다운 귀부인으로 변신시킨다. 하지만 남들은 몰라도 나는 내가 엄청 게으르다는 점을 안다. 그리고 이 운동복은 **정말** 편하다.

밤이 오자 우리는 빅토르가 콩고의 오지를 도보로 구석구석 누빈 이야기에 귀를 기울인다. 트럭을 끄는 사진, 나무 등걸을 타고 강을 건너는 사진을 본다. 통나무배 두 척이 함께 묶여 있고 그 위에 SUV 자동차가 놓인 사진도 한 장 있다.

"통나무배가 물에 잠겨 있는 동안 그 위에서 저 자동차를

---

* 　영화 〈마이 페어 레이디My Fair Lady〉(1964)에 나오는 인물로, 언어학자인 히긴스 교수의 내기 때문에 교양 없는 빈민가 처녀에서 우아하고 세련된 귀부인으로 변모한다.

운전해야 했어요. 만약 놓쳤다면 무슨 일이 일어났을지 상상할 수 있을 겁니다."

빅토르가 말하여 호탕하게 웃는다.

클로딘이 바깥 상황을 예의 주시한다. 위험이 닥칠 가능성에 촉각을 곤두세운다. 경기장에서 열린 뱀바의 유세 집회는 경찰과의 충돌로 끝났으며 사망자가 여섯 명이 나왔다. 카빌라의 경호원이 부통령의 경호원을 쏘았다. 벨기에 비행기가 마마 앙리에트네 인근에서 추락했다. 카빌라의 옥외 광고판이 총알 세례를 받았다. 정말 무차별 사격이었다. 아무도 먼저 비난하지 않았다. 아무도 먼저 바주카포를 쏘지 않았다.

뱀바나 카빌라의 지지자들이 도시 곳곳에서 슬그머니 움직인다. 양측 사이에 이루어진 휴전이 아슬아슬하다. 하지만 양측 모두 공멸의 가능성을 엿보았기 때문에 지금으로서는 협력하는 일에 만족한다. 며칠 뒤 클로딘이 보호구역으로 돌아가도 안전하다고 판단한다.

"앙 페트*En fait*(사실) 무슨 일이 생긴다고 해도 어쩌면 그곳이 더 안전할지도 몰라요. 우리 모두 와서 당신과 함께할 수도 있어요."

킨샤사에서 무슨 일이 벌어지고 있든 보호구역에서 지내는 삶에는 마법이 깃든다.

브라이언이 보다 침착하게 이번 실험에 임한다. 실험방 안에서 재주를 넘거나 음부를 만져줄 때까지 실험에 참여하지 않은 보노보 때문에 실험 시간이 침팬지보다 두 배는 더 걸리지만.

"마마 이본!"

내가 숲속 보육장으로 이어지는 오솔길에서 부른다. 내가 가고 있으니 마마들이 돌보는 작고 사나운 새끼 보노보들의 주의를 딴 곳으로 돌리라고 알려준다. 나는 와락 숲으로 들어가 브리지트 바르도 놀이터로 향한다. 마마 네 명이 나를 보고는 환하게 웃는다.

나는 마마들 마음을 얻으려고 무척 공을 들여왔다. 하루에 한번은 꼭 마마들과 앉아 시간을 보낸다. 집단이 아니라 개인으로 마마들을 알려고 노력을 기울인다. 덕분에 흥미로운 사실들을 알게 되었다. 이를테면, 가슴이 풍만한 마마 앙리에트는 성가대 독창자다. 매우 유명해서 노래를 들으려고 킨샤사 전역에서 찾아오곤 한다. 20년 전 마마 앙리에트의 목소리가 정말 감미로워 목사가 앙리에트에게 사랑을 고백했고 두 사람은 결혼하여 지금껏 잘 살고 있다.

여장부인 마마 이본은 세 아이를 홀로 키우는 엄마다. 한때는 발레리나였다. 기다랗고 탄탄한 팔다리를 우아하게 움직이는 모습을 가만히 눈여겨보면 분명한 듯싶다. 또한 현대적인 것이라면 무엇이든 무시하는 엄격한 고전주의자다. 음악에도 조예가 깊어 발레를 그만두었을 때 바이올린을 다시 잡았다. 모부투가 이본의 오케스트라를 공식 행사에서 연주하도록 초대하기도 했다.

나는 맹세코 마마 에스페랑스보다 아름다운 생명체를 이제 껏 본 적이 없다. 나른한 눈길에는 빛이 감돈다. 무엇을 입든 오 트쿠튀르처럼 보이는, 슈퍼모델 뺨치는 몸맵시를 가질 수만 있 다면 나는 죽어도 여한이 없다. 날마다 적어도 스무 명에 이르 는 젊은 남자들이 감전 사고의 위험을 무릅쓰며 보육장을 둘 러싼 담장 철망 사이로 전화번호 쪽지를 밀어 넣는다. 마마 에 스페랑스는 앙증맞은 코를 세우고 새끼 보노보에게 쪽지를 주 어 짝짝 찢어버리게 한다. 이제 겨우 열아홉 살이다. 하지만 어 리지 않다. 남자친구가 다름 아닌 조세프 카빌라 대통령의 종교 고문이다.

마마 미슐랭은 여전히 미지의 존재다. 프랑스어를 모르기 때 문이다. 하지만 나는 미슐랭에게 손자가 치아 개수보다 많다는 점을 안다. 콩고의 기대 수명을 고려하면 아직 살아 있다는 게 기적이다.

마마들과 어울리며 시간을 보낼수록 마마들이 마음을 풀어 놓는다. 내게 별명까지 지어준다. 새로 온 보노보에게 늘 하듯이.

"버네사?"

마마 이본이 내 손을 잡는 동시에 보노보 한 마리가 하늘에 서 내 머리로 떨어진다. 보노보가 두 팔로 머리를 감싸고 두 손 으로 눈을 가린다.

"말루!"

마마 이본이 말루를 내게서 떼어낸다. 말루가 키득거리며 달아난다. 다른 보노보 네 마리가 동시에 모습을 드러내며 다리를 기어오른다. 손을 휘휘 흔들고 나를 툭툭 치며 주의를 끌려고 애쓴다. 그 모습이 하도 귀여워 화를 낼 수도 없다. 마마 이본이 참을성 있게 보노보들을 내게서 떼어낸다.

"마마 이본, 마마 이본이 돌보는 작은 새끼 보노보는 바보예요."

"누구요?"

"키크위트요."

마마 에스페랑스가 눈을 동그랗게 뜨더니 하하 웃는다.

"키크위트는 조바zoba예요."

대충 옮기자면, '얼간이'라는 뜻이다. 키크위트는 목이 짧은 축구 선수 같다. 나는 개인적으로 키크위트를 무척 좋아하고 항상 안아주고 싶어 한다. 하지만 브라이언은 손을 귀에 딱 붙이고서 내릴 줄 모르는 키크위트 때문에 속을 태우고 있다. 우리는 감정을 연구할 목적으로 체온을 재려고 애쓰고 있다. 그런데 키크위트가 아무도 체온계를 귀에 대지 못하게 한다.

"키크위트는 조바라니까!"

마마 앙리에트가 못 박듯 되풀이 말한다. 그러고는 키크위트 이야기로 나를 즐겁게 해준다. 그 내용을 옮기면, 키크위트는 어렸을 적에 먹는 곳에서 오줌도 싸고 똥도 싸곤 했다. 배변 훈련을 하던 두 살 때까지는 봐줄 수 있었다. 하지만 다섯 살이 되어서도 똥오줌을 못 가리면 전혀 그럴 수 없다. 키크위트를 빼고 모든 보노보가 마마에게서 내려와 품위 있게 거리를 유지하며 볼일을 본다. 보육장에 막 도착한 아주 어린 보노보조차 키크위트보다 빨리 배변 훈련을 마친다.

마마 에스페랑스가 생각에 잠겨 이렇게 덧붙인다.

"어쩌면 키크위트는 먹이 곁을 떠나고 싶지 않았는지도 모르죠."

하지만 키크위트는 지능에서 떨어지는 부분을 다정함으로 채운다. 정말 다정해서 한번은 방문객을 껴안고는 풀어주지 않았다. 그 방문객이 보호구역을 나설 때에도 키크위트가 풀지 않았다. 그 방문객이 보호구역으로 다시 데리고 와 키크위트가 안길 다른 누군가를 찾지 못했더라면 키크위트는 집까지 쫓아가 아마 그 방문객이 죽을 때까지 떨어지지 않았으리라.

"그런 얼간이가 없다니까."

마마 앙리에트가 고개를 흔들자 마마 미슐랭이 쿡쿡 웃는다.

"저기, 마마 이본, 키크위트가 길을 잃었을 때 기억나?"

마마 이본이 입술을 꽉 다문다. 그 이야기를 다시 들어야 한다고 생각하니 짜증이 나는 모양이다. 마마들은 자신들이 돌보는 보노보를 자식처럼 여긴다. 보노보가 똑똑하면 자랑스러워하고 뒤처지면 조금 속상해한다. 마마들은 서로 늘 놀려먹는다. 마마 앙리에트가 나를 돌아본다.

"하루는 키크위트가 미국인 학교에서 사라졌어요. 사흘이나 찾아다녔지요. 무려 사흘이나요! 숲을 뒤지고 교실이며 식품 창고며 모든 곳을 살폈어요. 사흘째가 되는 날이었어요. 까마귀가 망고나무 주위를 빙빙 도는 모습이 보였어요. 우리는 생각했죠. 참 이상한 일이네. 까마귀가 왜 망고나무 주위를 빙빙 도는 거지? 그래서 사육사 한 명이 망고나무를 올라갔습니다. 그런데 거기 꼭대기에 키크위트가 있지 않겠어요? 이파리를 푹 덮고서 말이에요. 믿겨져요? 장장 사흘이나 키크위트가 나무 위에 앉아 있었어요. 자신을 잎으로 덮고서 말이에요. 도대체 이게 뭔 일일까요?"

"적어도 키크위트는 암컷 무리한테 두들겨 맞지는 않았잖아요."

마마 이본이 더는 참을 수 없다는 듯 쏘아붙인다. 마마 이본은 마마 앙리에트가 돌보는 새끼 보노보 타탄고를 말하고 있다.

"어머! 타탄고는 대장이야!"

"**미미**가 대장이지! 타탄고는 덩치만 커다란 빙충이 샌님처럼 엉덩이를 차였잖아."

한동안 공방이 계속된다. 마마 에스페랑스와 마마 미슐랭이 한바탕 폭소를 쏟아낸다. 결국 마마 이본이 팔을 휘적휘적 내저으며 나를 따라 언덕을 내려온다.

키크위트가 마마 이본이 건물 안으로 걸어 들어오는 모습을 보자 꺅 소리를 내지르기 시작한다. 실험방 철창에 매달려 울부짖는다. 펄쩍펄쩍 뛰며 흥분에 휩싸여 음경을 흔든다. 마마 이본이 키크위트가 있는 방으로 들어오자 허공을 가르며 날아가 두 팔로 마마 이본의 목을 휘감는다. 그 무게에 휘청이며 넘어질 뻔하지만 곧 키크위트를 달래며 부드럽게 노래를 부른다.

"키크위트, 요 바보, 요 작고 귀여운 바보."

키크위트가 품속으로 녹아든다. 우리가 낯선 보노보가 외치는 소리를 튼다. 마마 이본이 키크위트의 귀 온도를 잰다. 숫자들을 불러준다. 브라이언이 그 숫자들을 더하고 나서 인상을 쓴다. 보노보의 오른쪽 귀 온도가 침팬지보다 덜 올라가리라고 예상했다. 그런데 지금까지 보노보의 오른쪽 귀 온도가 전혀 올라가지 않았다. 보노보가 새로운 물건에 무척 예민하기 때문에 동물 이동장을 딸각거리고 낯선 보노보가 외치는 소리를 틀면 적어도 조금쯤은 불안해하리라고 예측했다.

하지만 결과는 그 반대로 나온다. 보노보 가운데 일부는 동물 이동장으로 조심스럽게 다가왔다. 반면, 침팬지 대다수는 그렇지 하지 않았다. 오히려 보노보의 **왼쪽** 귀 온도가 올라갔다. **긍정적인** 감정을 담당하는 뇌 부분이 자극을 받았다는 의미다. 브라이언이 다시 한번 계산을 확인한다. 체온계가 고장 났던 걸까. 아니면 감정반응에 관한 한 보노보의 뇌는 전혀 다르게 신호를 받는 걸까.

맥스가 실험방에 있다. 맥스는 수컷 모델로 완벽하다. 풍성한 머리가 사방으로 흩날린다. 나를 보자 자물쇠를 흔든다.

그래, 나는 멋져.

맥스의 두 눈이 내게 말하고 있다. 눈썹이 무모한 기울기를 그리며 올라갔다. 나는 맥스에게 완두콩만 한 사과 조각을 건넨다. 맥스는 스스럼게 내게서 그 조각을 받아 5분에 걸쳐 먹는다. 그러고는 다시 머리털을 흔들고 데릭 쥬랜더Derek Zoolander의 블루스틸Blue Steel* 을 스스로 재해석해 내게 선보인다. 한쪽 어깨를 약간 앞으로 내밀고 입술을 오므리며 뺨을 홀쭉하게 하고 두 눈을 약간 가늘게 뜬다. 맞바람을 맞고 있는 것처럼. 나는 말한다.

"맥스, 인생에 정말, 정말 터무니없을 정도로 잘 생기는 일말고도 얼마나 여러 가지 일이 있는지 궁금한 적 없어?"

맥스가 깊이 숨을 들이쉬고는 푹 내쉰다. 내가 그런 어리석은 질문을 던지는 바람에 맥스가 짜증을 내고 있다.

나는 맥스에게 타탄고 사진과 라이프치히 동물원의 보노보인 조이Joey 사진을 보여준다. 맥스는 두 사진을 유심히 바라보고는 타탄고 사진을 만진다. 그러고 나서 곧 조이 사진도 만진다.

"타탄고 사진을 먼저 만졌습니다."

나는 카메라를 향해 말한다. 브라이언이 글로 적는다.

이어 나는 맥스에게 침팬지 두 마리 사진을 보여준다. 하나

---

* 데릭 쥬랜더는 영화 〈쥬랜더〉(2001)의 주인공으로 세계적인 패션 모델로 나온다. 밴 스틸러Ben Stiller가 감독과 주연을 맡았다. '블루 스틸'은 데릭 쥬랜더의 시그니처 표정이다.

는 라이프치히 동물원의 침팬지이고, 하나는 오레티 보호구역의 침팬지다. 맥스는 두 침팬지를 보더니 질겁한다.

"이이이이이이이이이이이이이이크."

높고 거슬리는 소리다. 맥스만이 낼 수 있는 소리이며 맥스가 아주 싫은 무언가를 볼 때에만 내는 소리다.

"이이이이이이이이이이이이이크."

맥스는 사진에 손끝도 대지 않는다. 실험방 뒤쪽으로 가서 분노에 찬 눈으로 나를 노려본다. 맥스는 롤라 야 보노보로 오기 전에 몇 달 동안 침팬지 옆에서 지냈다. 그때 기억이 행복하지 않았음에 틀림없다.

"이리 와, 맥스. 그냥 사진일 뿐이야. 진짜 침팬지가 아니야."

20분 동안 어르고 달래보지만 맥스가 더 이상 실험에 참여하지 않겠다는 의지를 분명히 보인다. 실험은 자발적으로 이루어지기 때문에 우리는 포기하고 맥스를 숲으로 내보낸다. 맥스가 나를 지나쳐 문으로 걸어가면서 나를 보고 미간을 찌푸린다. 나는 맥스에게 교활한 수를 썼다. 그리고 맥스는 그 수를 달갑게 여기지 않는다.

다음은 이시로다. 이시로는 들어오자마자 자물쇠를 일일이 확인한다. 항상 그렇게 시작한다. 우리는 이시로와 실험할 때마다 10분을 더 감안해야 한다. 자물쇠를 하나하나 두 번씩 확인하지 않으면 절대로 아무것도 하지 않기 때문이다. 밖으로 나가 제멋대로 휘젓고 다니고 싶어서가 아니다. 이시로는 마음만 먹으면 매일이라도 탈출할 만큼 똑똑하다. 우리가 일을 제대로 하고 있는지 확인하고 있을 뿐이다. 보건과 안전 수칙을 잘 따르는지, 설렁설렁하는 건 아닌지 점검하고 있다. 자물쇠를 달그락달그락 흔들어보며 지푸라기 토막으로 자물쇠 두어 개를 따보려 한다. 자물쇠가 하나도 빠짐없이 꼭 잠겨 있다고 확신하고 나서야 편안하게 자리를 잡고 실험에 참여한다.

이시로도 맥스가 그랬듯 침팬지 사진에는 아무런 반응도 보이지 않는다. 하지만 침팬지 사진을 보는 시간이 보노보 사진을 보는 시간보다 짧다. 미케노 사진이 나오자 그 사진을 창살 사이로 끌어당겨 실험방 안 자신 옆에 두려고 한다. 나는 사진을 사이에 두고 이시로와 실랑이를 벌인다.

"이시로, 미케노 사진을 가져갈 수 없어. 미케노는 밖에 있어. 맙소사. 어서 돌려줘!"

다음 실험 대상은 키콩고다. 키콩고에게는 점점 정이 간다. 롤라 야 보노보에서는 보노보마다 맡은 역할이 있다. 미미가 황후, 이시로가 경찰, 키크위트가 배변 훈련이 언제 끝날지 모르는 늦둥이라면 키콩고는 어릿광대다. 두 발로 바닥을 탁탁 두드리며 먹는다. 입을 있는 대로 크게 벌려 혀를 턱에 대려고 기를 쓴다. 등을 바닥에 대고 누워 빠르게 뱅글뱅글 돌 때면 영락없는 브레이크 댄서다. 개구리처럼 공중으로 펄쩍 뛰어올라 발뒤꿈치를 서로 마주칠 때면 진 켈리Gene Kelly*가 따로 없다. 뇌가 덜걱거려 뇌진탕이라고 일으키면 어쩌나 싶을 정도로 머리를 마구 흔들 때면 〈더 머펫 쇼The Muppet Show〉에 나오는 애니멀 Animal 같다. 사육사가 노래를 부르면 춤을 추고 엉덩이를 씰룩 이며 박자에 맞춰 손뼉을 친다. 키콩고는 영원히 끝나지 않을 〈SNL〉을 진행하고 있다.

키콩고가 짧게 춤을 추고 원을 그리며 돌고 나서 어지러울 때쯤에야 자리를 잡고 실험에 참여한다.

계획대로 착착 진행된다. 라이프치히 동물원의 루이자Lousia 라는 암컷 새끼 보노보 사진에 이르렀을 때다. 키콩고가 사진을 눈높이까지 들어 올리더니 입을 맞춘다. 부루퉁한 루이자의 입술이 키콩고의 혀가 묻힌 침으로 온통 범벅이 된다. 나도 여덟 살 때 마이클 잭슨Michael Jackson 포스터에 입맞춤하던 기억이 난다. 키콩고가 루이자 얼굴에 자신의 음경을 문지른다. 나는 마이클 잭슨 포스터에 그러지는 않았다.

키콩고가 바닥에 루이자 사진을 놓는다. 음경 끝으로 루이자 얼굴의 윤곽을 따라가기 시작한다. 나는 도저히 참을 수 없다.

"카메라를 꺼야 한다고 생각하지 않아?"

"실험 결과일 뿐이야. 키콩고는 낯선 보노보를 좋아하네."

"이건 실험 결과가 아니야. 음란물이나 다를 게 없다고. 정액으로 덮이기 전에 사진을 빼앗아 와야 해."

---

*　미국의 배우로 댄서와 가수, 영화감독으로도 활동했다. 뮤지컬 영화 〈사랑은 비를 타고〉(1952) 등에 출연했다.

"실험이 끝날 때까지는 안 돼."

키콩고는 내가 루이자 사진을 빼앗으려고 하자 소리를 질러 댄다. 사진을 가슴에 꼭 끌어안는다. 실험실 뒤쪽으로 달려간 다. 키콩고가 얼이 빠져 우리를 바라본다. 자신의 소중한 루이 자를 빼앗아가려는 나쁜 사람들인 우리를. 키콩고가 사진을 바 닥에 놓고 성교를 한다. 브라이언과 나는 너무 당황해서 그 자 리에 못 박힌 듯 서 있는다.

사람들은 이를 과학이라고 부른다.

클로딘이 우리에게 일요일에는 실험하지 말라고 충고한다. 하지만 브라이언은 아무런 자료도 얻을 수 없는 날을 단 하루 도 상상할 수 없다. 그래서 클로딘이 건넨 충고를 무시한다.

롤라 야 보노보를 찾는 관광객이 연 2만 명에 이른다. 대다수 는 보노보를 한 번도 본 적이 없는 학생들이다. 아름다운 호수가 있고 소풍 장소로 안성맞춤인 롤라 야 보노보는 학생들이 자연 서식지와 닮은 공간에서 보노보를 볼 수 있는 유일한 장소다.

주중에는 버스가 보호구역을 탐방하려는 학생들을 정문에 내려놓는다. 교육담당관인 피에로Pierrot가 미리 학교를 방문하 여 학생들을 만났다. 피에로는 학생들에게 보노보 동영상과 사 진을 보여주고 콩고에서 보노보를 보호하기 위해 무엇을 할 수 있는지 이야기를 나누었다. 교육 프로그램이 꽤 성공을 거두어 어미 잃은 보노보 몇 마리가 롤라 야 보노보로 들어왔다. 학생들이 집으로 돌아가 이웃 가운데 보노보를 데리고 있는 사람이 있으면 이는 불법이며 롤라 야 보노보로 보내야 한다고 설득했기 때문이다.

보통 일요일에는 가족 단위로 수백 명이 방문한다. 하지만 다가올 일요일에는 아니다. 이번 일요일에는 10월 15일 결선투표일까지 시간을 보내야 하는 평화유지군과 군인들로 붐빌 것이다. 헬리콥터가 하루 종일 보호구역 상공을 날아다니고 있다.

제2차 세계대전이 한창이던 당시 연합군이 독일에 폭탄을 비 오듯 쏟아붓던 때, 뮌헨의 헬라브룬 동물원Hellabrunn Zoo에는 보노보 우리가 침팬지 우리 바로 옆에 있었다. 유난히 인정사정없이 폭탄을 퍼붓는 동안 보노보는 한 마리도 남지 않고 겁에 질려 죽어버렸다. 침팬지는 모두 괜찮았다.

낮게 날아다니는 헬리콥터가 롤라 야 보노보 내 보노보들 신경에 어떤 영향을 미치는지 상상할 수 있다. 보노보는 이 비행기와 저 비행기가 어떻게 다른지 구분할 수 있다. 유엔 헬리콥터가 파리행 에어프랑스 866기가 아니라는 점도 분명히 이해한다. 더구나 이곳 보노보는 대다수 전쟁으로 어미를 잃었다. 반군이나 군인은 제대한 뒤 다시 사회의 일원으로 살아야 했다. 하지만 돈도 없고 일자리도 없어 많은 이들이 총과 탄약을 써서 먹고살았다. 그래서 많은 보노보가 어미를 잃기 전 마지막으로 본 존재가 바로 제복 입은 남자였다.

평화유지군 몇 명이 실험방 안으로 들이닥쳐 우리가 여기서 무엇을 하고 있는지 설명을 요구한다. 키콩고를 빼고 다른 보노 보들이 소리 없이 숲으로 숨어든다. 군인들이 보노보 한 마리를 보겠다고 결정한다.

브라이언이 그들에게 말한다.

"죄송합니다. 이곳은 방문객 출입금지 구역입니다."

"그럼, 여기서 뭐하고 있습니까?"

유엔이 최근 추문으로 몸살을 앓고 있다. 평화유지군이 성적 불법행위를 150건 이상 저질렀다. 그 가운데에는 열두 살밖에 안 된 어린 소녀와 성관계를 갖는 대가로 1달러를 지불한 일도 포함되어 있다. 프랑스 평화유지군 숙소에서는 콩코 도처에서 팔리는 음란물 동영상이 나오기도 했다. 러시아 평화유지군 두 명이 잼과 마요네즈를 주고 어린 소녀와 성관계를 가졌다. 반군 지도자에 따르면, 유엔 평화유지군은 키상가니에서 어린 소녀 뒤꽁무니를 쫓아다니기로 가장 유명하다. 나는 제구실을 하려는 평화유지군이라면 명예를 되찾기 위해 피눈물 나는 노력을 기울여야 한다고 생각했다. 하지만 그들은 전혀 그렇게 하지 않았다.

브라이언이 마침내 그들을 내보낸다. 키콩고는 차분한 듯 보인다. 그때 외국 억양이 심한 목소리가 크게 부른다.

"키콩고! 키콩고! 몬 셸mon cher(아가)!"

키콩고가 길고 높게 소리를 지르기 시작한다. 벽을 기어오르고 머리를 쑥 내민다. 미친 듯이 난리 친다. 그러는 동안 건너편에서 누군가가 키콩고에게 말을 건네고 있다. 나는 밖으로 나간다. 그제야 무슨 일이 일어나는지 본다. 사십 대 중반의 통통한 인디언 남자가 키콩고 손을 부드럽게 잡고 있다. 나는 짜증 섞인 말을 삼킨다. 자크가 그 남자를 따뜻하게 맞이한다.

"키콩고 아빠입니다."

자크가 내게 말한다.

아무도 키콩고 아빠가 무슨 일을 하는지 모른다. 하지만 사우디아라비아를 왕래하는 출장에서 다이아몬드를 거래하는 기미가 보인다. 키콩고 아빠는 야생동물 거래꾼한테서 키콩고를 사서 킨샤사의 집으로 데려왔다. 키콩고를 어린아이보다 더 사랑했다. 하지만 롤라 야 보노보에 와본 후 키콩고가 다른 보노보와 함께 어울려 살아야 한다는 사실을 깨달았다. 키콩고 아빠는 클로딘의 생일에 버스 한 가득 꽃을 실어 보낸다. 그리고 항상 두둑한 현금 다발을 남긴다.

키콩고 아빠가 말한다.

"한 달치 먹이를 가져왔습니다. 선거로 상황이 악화할 경우 키콩고도 다른 보노보도 굶지 않았으면 합니다."

브라이언은 클로딘이 옳다고, 그리고 일요일에 실험은 사실상 불가능하다고 인정한다. 우리는 실험을 중단하고 점심을 먹으러 간다.

울타리 근처 수영장에서 벨기에 평화유지군 몇 명이 클로딘을 에워싸고 있다. 허리를 곧추세운 자세가 공격적이다.

"우리는 이 나라를 보호하고 있습니다. 그러니 입장료를 낼 필요가 없어요." 이에 클로딘이 말한다. 정말 상처받은 모습이다.

"당신네는 우리와 형제지간이나 마찬가지입니다. 그러나 이곳은 정부 자산이 아니에요. 제 보호구역이라고요."

평화유지군들이 입을 꾹 다문다.

"저는 월급을 받지 않아요. 입장료로 받는 돈은 전부 보노보를 보호하는 데 쓰입니다. 콩고의 야생동물을 돕고 싶지 않으세요?"

두어 명이 어깨를 들먹인다. 클로딘이 가슴을 똑바로 펴고 결연한 표정을 짓는다. 한낮의 햇살에 머리카락이 더욱 붉게 타오른다.

"그렇다면 미슈messieurs(여러분), 당신들은 이곳에서 환영받지 못합니다."

내가 이 군인들한테 크게 충격받은 점은 그 상전 같은 태도다. 선거 기간 동안 감도는 불확실성이 자신들에게 일종의 콩고 소유권이라도 주는 양 행동한다. 콩고를 누구든 차지할 수 있다는 듯이 거들먹거린다.

1890년, 조지프 콘래드Joseph Conrad가 유럽인이 콩고에서 행동하는 모습을 보고 이렇게 묘사했다. "강단 없이 무모하고 배포 없이 탐욕스럽고 용기 없이 잔인한 …… 그 땅 가장 깊숙한 곳에서 보물을 노략질하려는 욕망뿐이었다네. 그 욕망의 이면에 도덕적 목적은 없었어. 금고를 터는 날강도나 다름없었지."

100년 이상이나 흘렀지만 별로 달라진 게 없다.

군인들은 쿵쿵거리며 멀어진다. 클로딘이 슬픈 표정을 지으며 고개를 흔든다.

"저들은 이 나라에 온 대가로 한 달에 5000달러를 받아요. 위험한 나라에 왔기 때문에 특별수당도 받지요. 콩고인이 아닌 경우 이곳 입장료는 5달러예요. 비싼가요? 농non(아니잖아요)!"

유엔 평화유지군이 막 떠나려 할 때 한 북한 장성이 검은 벤츠 자동차를 수영장 옆에 세운다. 클로딘이 우리를 향해 눈을 치켜뜬다. 이렇게 말하는 듯싶다. '다시 출동해야겠군.'

"죄송합니다, 장군님, 수영장 옆에는 주차하실 수 없습니다." 그가 딱딱거린다.

"당연히 나는 주차할 수 있지."

"밖에 주차장이 있습니다."

"나는 여기에 주차하겠다고."

"여기는 제 집입니다. 자동차를 옮기시든가 아니면 나가주세요."

나는 클로딘이 정말 침착해서 깜짝 놀란다. 이제껏 클로딘이 목소리를 높이거나 무례한 언사를 입에 올린 모습을 본 적이 없다. 힌두교 소만큼이나 차분하다. 여기가 내 보호구역이라면 나는 점심때가 되기도 전에 벌써 쉰 번은 화를 터뜨렸을 것이다. 애틀랜타주 출신인 브라이언은 총을 뽑아 누군가를 쏘았을지도 모른다.

결국 그 북한 장성이 자동차 열쇠를 운전기사한테 집어 던진다.

"차는 빼지. 하지만 들어올 때 입장료는 못 내겠어."

클로딘이 한숨을 내쉬고 점심을 먹으러 우리와 함께 걸음을 옮긴다.

18

미케노가 이시로의 무릎을 베고 누워 있다. 야자나무 사이로 어른거리는 햇살에 미케노가 두 눈을 감는다. 파란 잠자리가 수련을 헤치고 내려앉는다. 이따금 물고기가 수면에 앉은 불운한 벌레를 삼키느라 첨벙 소리가 난다. 보노보들이 늦은 아침을 먹으며 여기저기 흘린 부스러기와, 분홍 자몽과 망고와 사탕수수 껍질 사이에 누워 있다.

이시로가 미케노의 머리털을 빗는다. 손톱으로 부드럽게 두피를 긁는다. 때때로 미케노가 이시로 손을 잡는다. 이시로가 장난치듯 손을 뺀다. 그러면 미케노가 그 손을 다시 붙잡고는 손끝마다 입을 맞춘다.

이시로가 미케노 머리에 무엇을 했든 기분이 좋음에 틀림없다. 미케노가 발기하기 때문이다. 이시로의 입꼬리가 올라간다. 미케노 얼굴로 기다란 몸을 굽혀 귀를 살짝 깨문다. 미케노가 이시로 귀에 대고 무어라 중얼거린다. 이시로가 뒤로 눕는다. 미케노가 이시로 다리 사이에 자리를 잡는다. 이시로가 두 팔을 미케노 어깨에 두르고 무용수 같은 넓적다리로 허리를 감싼다.

둘이 서로 눈을 맞춘다. 얼굴을 마주보고 사랑을 나눈다. 미케노가 눈을 감는다. 그 순간이 오자 머리를 뒤로 젖힌다. 이시로가 소리를 지른다. 높은 목소리에는 승리감이 배어 있다.

곧 둘이 서로를 향해 무너진다. 따뜻한 산들바람이 한낮의 태양을 가른다. 자크와 내가 연못 건너편에서 그 둘을 바라본다.

우리는 정열적으로 사랑을 나누는 그 광경에 좀 민망하다. 그래서 정치를 주제로 대화를 이어간다. 자크는 동부 출신이다. 카빌라에 투표할 것이라고 말한다.

"전쟁이 또 일어나리라고 보세요?"

내가 묻자 자크가 대답한다.

"우린 전쟁이라면 지긋지긋합니다. 전쟁은 우리에게 아무것도 남기지 않아요."

이시로가 미케노 품 안에서 동그랗게 몸을 말고 곤히 자고 있다.

자크가 대수롭잖게 말한다.

"아무튼 친구가 내일 옵니다. 전쟁 동안 나처럼 동부에 있었어요. 인사 나눌래요?"

"그럼요. 일 마치고 만나요."

무그와구Mugwagu는 달덩이 같은 얼굴에 목소리가 부드럽다. 보자마자 나는 그 순한 눈빛과 밝은 미소를 알아본다. 자크와는 아주 다르다. 무그와구에게는 바퓨에 부하가지bapfuye buhagazi, '걸어 다니는 시체' 같은 면모가 없다. 어째서 무그와구는 그토록 어린아이처럼 환한 미소를 지을 수 있을까? 그런데 어째서 자크는 아직도 그렇게 어두울까?

무그와구의 이야기는 자크의 이야기가 끝난 곳에서 시작한다. 아버지 카빌라가 스스로 콩고의 권좌에 앉았다. 그러고 나자 자신에게 권력을 쥐어준 르완다와 우간다 사람들을 내쫓아 버렸다.

집단학살을 이끈 후투족 극단주의자들이 여전히 무장한 채 콩고 동부의 산악 지대에 진을 치고 있고, 르완다는 자신의 이익에 우호적인 정부를 원했다. 양측은 카빌라가 꼭두각시감이라고 판단했다. 하지만 틀렸다.

전쟁이 났을 때 우리는 우비라Uvira에 있었습니다. 나는 의사가 되려고 공부하고 있었지요. 부모님은 레바논 상인 밑에서 일했어요. 어머니가 가게를 지키는 동안 아버지가 탄자니아를 오가며 장사를 했습니다. 우리는 전쟁이 닥친다는 소식을 들었어요. 그래서 부카부Bukavu를 향해 떠났어요. 더 안전하리라고 여겼기 때문이지요. 부카부는 중요한 도시입니다. 정부가 부카부를 반군 손에 그토록 오래 내버려두리라고는 생각하지 못했어요.

전쟁은 1998년 8월 2일에 발발했다. 반란은 모부투 지지자와 환멸을 느낀 카빌라 추종자와 봉급을 받지 못한 군인이 주동했다. 르완다가 군대를 파견했다. 그리고 반군과 함께 고마와 부카부, 우비라와 다른 동부 도시들을 통제한다고 공표했다.

르완다는 쉽게 승리하리라고 예상했다. 모부투를 무너뜨릴 때 썼던 전략을 그대로 쓰고 있었다. '수도를 점령하라. 그러면 승리하리라.' 8월 4일, 반군이 해안에 위치한 키토나Kitona로 날아갔다. 정부를 타도하겠다는 의도를 방송으로 널리 알릴 셈이었다. 르완다 군대가 동부 국경을 장악하고 남쪽으로 북쪽으로 진격했다. 그 길을 따라가면서 다이아몬드 광산과 금 광산을 속속 손에 넣었다. 또한 보마Boma와 마타디Matadi 같은 항구도시를 비롯해 콩고강을 따라 늘어선 발전소도 점령했다.

전쟁이 터지고 두 주도 채 안 되어 르완다 군대가 킨샤사로 행군해 나아갔다. 수도를 포위하고 전력과 수도를 끊었다. 그렇게 킨샤사의 숨통을 조이며 죽음으로 몰아갔다.

그런데 느닷없이 카빌라가 비상한 외교적 수완을 발휘하고 난데없이 정치적 매력을 발산하여 앙골라와 짐바브웨를 자기편으로 끌어들였다. 다름 아닌 막대한 채굴권을 약속한 것이다. 짐바브웨는 다이아몬드를, 앙골라는 석유를 원했다. 그 대가로 두 나라는 킨샤사를 옥죄고 있는 르완다를 공격했다.

우간다가 뛰어들어 르완다를 도왔다. 내친김에 카사이Kasai 다이아몬드 광산과 카탄가Katanga 구리 광산으로 곧장 향했다.

광물과 목재와 가축을 약탈했다. 우간다 대통령의 형제가 콩고의 여러 지역을 장악하고 항공사를 설립하여 다이아몬드를 밀반출했다. 훗날 콩고에 청혼하는 구혼자인 장피에르 벰바가 반군 단체를 이끌고 커피 농장과 은행, 광산과 공장을 강탈했다.

아버지 카빌라는 군사적 도움에 대한 대가로 담배 같은 이권을 제시했다. 나미비아와 차드, 에리트레아와 수단을 끌어들였다. 곧 여러 나라에서 각각 파견한 군대가 콩고에 너무 많이 모여들었다. 그 결과 그들이 누군지, 그들이 누구와 싸워야 하는지 아무도 파악할 수 없었다.

2000년 무렵, 콩고의 한 광물이 세계시장에서 두각을 나타내면서 상황이 바뀌었다. 이 광물은 다이아몬드보다 가치가 높고 구리보다 매장량이 풍부하고 금보다 강도가 단단했다. 19세기에 처음 발견된 콜탄은 가공하지 않은 상태에서는 검은 진흙처럼 보인다. '콜탄coltan'은 '컬럼바이트 탄탈라이트columbite-tantalite'를 줄인 말이다. 니오븀과 탄탈럼이라는 두 희귀 광물이 든 광석이다.

탄탈럼은 첨단 전자기기에서 전하를 전도하는 축전기에 쓰인다. 1990년대 말, 정보기술 분야가 급성장했다. 이는 누구나 노트북과 휴대폰을 갖고 싶어 했다는 의미다. 이에 콜탄은 몸값이 천정부지로 치솟는 광물이 되었다. 매우 희귀했기도 하거니와 극소수 나라에서만 발견되었기 때문이다. 2000년에는 불과

몇 개월 만에 가공하지 않은 콜탄 광석의 가격이 파운드당 30달러에서 380달러로 껑충 뛰었다.

부니아부터 고마와 킨두Kindu와 부카부에 이르는 콩고의 강바닥과 광대한 숲에는 콜탄이 어마어마하게 묻힌 지대가 띠처럼 이어져 있다. 이 지대는 무그와구의 고향을 가로지른다. 이들 도시한테는 안타깝게도 콜탄의 세계 최대 공급지가 말 그대로 발밑에 있었다. 반군 세력이 말벌처럼 꼬여 들었다. 다이아몬드나 구리 같은 다른 광물과 더불어 콜탄은 손쉬운 표적이다. 어떤 장군이든 어떤 작은 부대든 광산을 차지하고 지역 주민을 위협하여 일을 시킬 수 있다.

지역 공동체는 반군 침입자 무리한테서 자신들을 보호하려고 힘을 규합하여 저항 단체를 결성했다. 스스로를 마이마이Mai Mai라고 부르며 카빌라와, 공격당하는 여러 도시와 마을을 지키기 위해 결집했다. 마이마이는 종종 화력이 우세한 군인과 맞닥뜨릴 경우 주술을 사용해 자신감을 북돋웠다. 이 '마이마이'라는 이름은 물을 가리키는 스와힐리어에서 유래하는데, 이들 반군이 성스러운 물을 몸에 지니고 다니면 총알을 피할 수 있다고 믿었기 때문이다.

숭고한 운동으로 첫발을 내디뎠지만 이내 약탈을 일삼는 젊은 남성 무리로 타락했다. 마을을 습격하고 여성을 강간하고 콜탄과 다른 광물을 거래하며 자금을 마련했다.

마이마이는 세력이 강해져서 1999년 루사카 평화협정Lusaka

Peace Accord을 방해하기도 했다. 2001년 유엔이 추산한 바에 따르면, 3만 명에 달하는 마이마이가 여전히 동부 지역을 공포로 물들이고 있었다.

반군은 르완다인이어야 했어요. 하지만 르완다인인지 아닌지 알기 힘들었어요. 우리가 부카부에 도착했을 때 마이마이가 이미 사람들을 죽이고 있었어요. 이들 마이마이는 키부kivu 북쪽에서 왔어요. 그들은 정부를 돕고 있어야 했어요. 반군과 싸우기 위해서, 우리를 보호하기 위해서 왔다고 말했으니까요. 하지만 정작 현실은 그들에게서 우리를 보호해야 했어요.

그들은 우리 이웃인 파트리스 무케니Patrice Mukeni의 목을 벴어요. 고등학교 때 친하게 지내던 무처디라Mutcherdira와 에리카 칼루스Erica Kalous도 죽였어요. 자신들을 적에게서 보호하는 주술에 쓸 희생양이 필요하다면서요.

그들은 제게 화살을 쏘아 댔습니다. 나는 온몸이 상처투성이가 되었어요. 그러고는 우리 집으로 쳐들어와 제게 칼을 휘둘렀어요. 여기 머리에 아직도 그 상처가 남아 있습니다.

부모님은 지켜볼 수밖에 없었어요. 달리 무엇을 할 수 있겠어요? 어머니가 울부짖었어요. 차라리 자신을 죽이라며 나를 내버려두라고 비셨어요. 마이마이는 안 된다고 말했어요. 내가 아들이기 때문에 적들이 어디에 있는지 틀림없이 알고 있다면서요.

그들은 우리 마을에서 여자들을 강간했어요. 실은 남자와 아이들에 관심이 있었지요. 강제로 전쟁터에 끌고 가고 싶어 했어요. 어머니가 온몸을 던졌어요. 그러자 어머니를 두들겨 팼어요. 그들은 결국 우리를 내버려두고 떠났지요.

제 상처를 치료하던 선교사가 말하더군요. 내가 떠나야 한다고요. 내가 이제 마이마이의 표적이 되었으니 가족이 모두 위험하다고요. 그래서 우리는 떠났습니다. 나는 바지 세 장과 셔츠 두 장을 챙겼어요. 탄자니아로 향했지요. 우리가 선택할 수 있는 일이 그것밖에 없었습니다.

콩고는 이미 난민으로 위기에 처해 있었다. 집단학살 이후 르완다 난민이 120만 명이나 나흘 만에 콩고 국경을 넘어 물밀듯이 몰려들었다. 2003년 무렵에는 콩고인 340만 명이 고향을 등지고 떠났지만 국경을 넘지 못했다. 그 때문에 이들을 찾기가 어렵고 돕기는 더욱 어려웠다.

무그와구의 고향인 우비라 인근, 키부 남부의 동쪽 지방에서 반군 단체와 마이마이가 서로 교전을 벌였다. 그로 인해 수천 명이 탕가니카 호수를 건너 탄자니아로 들어갔다. 난민촌이 사람들로 발 디딜 틈이 없었다.

유엔군이 우리를 칸지부시Kanzibusi라는 난민촌으로 데려갔어요. 그곳도 사람들이 엄청 많았지요. 이루 다 셀 수도 없을 정도였어요. 난민촌에 도착하자 담당자가 천막 넘버를 주었어요. 우리는 그 천막을 다른 가족과 함께 썼어요. 다 해서 스물일곱 명이었지요. 너무 비좁아서 몸집 크기 별로 짝을 지어 나란히 자야 했어요. 키가 작다면 키가 큰 사람 옆에서 잤어요. 그래야 공간을 절약할 수 있으니까요. 매트리스는 언감생심 꿈도 못 꾸었어요. 얇은 담요 한 장을 깔고 잤어요.

개처럼 살았어요. 여섯 달 동안 먹은 거라고는 콩밖에 없었어요. 하루에 한 가족당 콩 한 컵, 쌀 한 컵 반, 기름 약간을 배급했어요. 가끔 토마토가 나왔어요. 소금은 일주일에 한 번 주었지요. 하지만 마땅히 조리할 냄비 하나 없는데 어떻게 콩을 요리해 먹겠어요? 선교사가 작은 통에 우유를 가득 담아 주었어요. 우유를 다 먹으면 그 통이 매우 요긴하게 쓰였지요. 천막에서 지낼 적에는 그 통 하나가 보물이었어요.

우리한테 할당된 음식을 훔치는 나쁜 사람들도 있었어요. 그들은 유엔군과 가까운 사이였어요. 돈을 훔치고 음식을 훔치고. 그래서 우리한테는 거의 아무것도 남지 않았어요.

아무도 난민촌 안에서 벌어지는 군사작전에 대해 잘 알지 못한다. 하지만 반군 지도자가 지지자들에 힘입어 권력을 부리는 자리에 선출되기란 꽤 수월하다. 식량이나 의약품에 접근할 수 있는 권한을 이용해 사람들에게 보상을 해주거나 처벌을 내리기도 어렵지 않다.

집단학살을 시작한 후투족 극단주의자들이 수년 동안 동

부 국경을 따라 늘어선 난민촌에서 재조직되고 재무장되었다. 그러자 다른 단체들도 똑같은 전략을 구사했다. 그들 편에 서지 않으면 나도 가족도 굶주릴 가능성이 더 커졌다.

난민촌에서 가장 견디기 힘들었던 점은 그 불결하기 짝이 없는 환경이었어요. 화장실이 50개 있었어요. 그냥 땅바닥에 구덩이만 파놓은 것이었지요. 화장실 한 개를 천막 10동이 써야 했어요. 다 합치면 300명에 가까운 사람들이었지요. 누군가 안에 들어가 있으면 기다리고 또 기다려야 했어요. 화장실은 우리 천막에서 400미터 정도밖에 떨어져 있지 않았어요. 악취가 코를 찔렀지요.

날마다 사람들이 죽어나갔어요. 특히 이미 너무 먼 길을 걸어온 사람들이 그랬어요. 장티푸스와 황열과 말라리아 …… 에 걸렸어요. 의사는 한 달에 한 번이나 왔을까요? 진료소가 한 군데 있었어요. 아픈 사람 대다수는 치료를 받지 못했어요. 여동생이 천식으로 죽을 고비를 넘겼어요. 다행히 아버지가 탄자니아에 사는 친구에게 전화를 걸어 간신히 약을 구할 수 있었지요.

스스로 인간임을 느끼려면 최소한 몇 가지가 필요합니다. 충분한 먹을거리와 잠잘 수 있는 곳과 화장실로 쓸 공간. 이 가운데 어느 하나 제대로 갖춰 있지 않았어요.

물도 음식도 의약품도 부족했다. 2006년 현재, 콩고의 사망자 수는 500만 명을 맴돈다. 이들 대다수는 총알보다 질병과 영양실조로 죽었다. 사망자의 거의 절반이 5세 이하 어린아이들이었다. 카탄가주Katanga Province의 모비아Mobia와 칼레미Kalemie에서는 전쟁 중에 태어난 아이들 가운데 75퍼센트가 두 돌을 맞이하기 전에 세상을 떠났다.

전쟁이 콩고강의 숨통을 조였다. 콩고강은 관계망을 이루는 핏줄이자 교역을 잇는 핏물이다. 강간이 비일비재하게 일어나 여성들이 들판에서 일하기조차 두려워했다. 당연히 추수할 농작물이 없었다. 난민촌에서는 말라리아와 설사와 폐렴 같은 질병이 들불처럼 번졌다. 1인당 고작 3달러면 고칠 수 있는 그런 질병들이었다.

그런데 나는 무그와구의 얼굴에 어린 표정을 보고 깜짝 놀란다. 미소를 머금고 있기 때문이다.

그때 나는 사랑에 빠졌습니다.

물을 길으려면 항상 우물가에 늘어선 긴 줄에 오래 서 있어야 했어요. 물이 오염되어 있어서 많은 사람들이 아팠지요. 우리는 세균을 죽이려고 생강이나 마늘을 먹었어요. 하루는 다른 사람들과 함께 줄에 서 있는 한 소녀가 눈에 띄었어요. 소녀는 아름다웠어요. 그날부터 나는 그 우물로 물을 길러 갔어요. 소녀를 볼 수 있을까 싶어서요. 이름이 레티시아Leticia라는 것도 알아냈지요. 레티시아는 열네 살이었어요.

시간이 한참 지나서야 나는 레티시아에게 말을 걸 수 있었어요. 마침내 용기를 남김없이 끌어모아 서로 친구가 될 수 있냐고 물었어요. 안 된다는 대답이 돌아왔어요. 나를 보면 죽은 오빠가 떠오른다고 했어요. 나는 여기가 어떤 곳이든 우리는 지금 이곳에 있고, 우리가 어떤 일을 겪고 있든 함께 헤쳐 나갈 수 있다고 말했어요.

레티시아는 열심히 일을 하며 가족을 도왔어요. 다리에 총알이 박힌 할아버지를 극진히 보살폈지요. 곧 레티시아와 사랑하는 사이가 되었어요. 하루 종일 노래하고픈 심정이었어요.

그런데 그때 우리가 도착하고 나서 여섯 달쯤 지나 아버지가 나를 난민촌에서 탈출시킬 계획을 세웠어요. 킨샤사에는 나를 맡을 수 있는 작은아버지가 살았어요. 엄마와 누이들과 형들과 아버지는 그대로 난민촌에 남았어요. 나를 보내는 이유는 내가 가족을 책임질 사람이 되길 바랐기 때문이었어요. 내가 가족을 도울 방법을 찾아야 한다고요. 지금도 나는 이 짐을 짊어지고 있습니다. 내가 가족을 구해야 한다는 점을 잘 알고 있어요.

레티시아가 울었어요. "이렇게 떠나면 곧 나를 잊을 거야"라고 말했어요. 그러고는 울고 울고 또 울었어요. 하지만 나는 레티시아를 잊지 않았어요. 끔찍한 일들만 터지는 상황 속에서 레티시아만은 아름답게 빛나는 존재였어요. 나는 비행기를 타고 킨샤사로 오는 내내 레티시아를 생각했어요. 누이한테 전화를 걸어 안부를 물어야겠다고 다짐했어요.

내가 난민촌을 떠나고 얼마 지나지 않아 레티시아도 난민촌을
떠나 부템보Butembo에 있는 고모에게로 갔어요. 레티시아는 떠나
기 전에 내 어머니를 찾아왔어요. 두 사람은 함께 울었어요. 어머
니는 내가 레티시아를 사랑하고 있다는 사실을 아는 것 같아요.
나는 지금 혈액학을 공부하고 있어요. 5년 뒤에는 의사가 될 거
예요. 가족이랑 킨샤사에서 함께 살고 싶어요. 무엇보다 레티시
아와 결혼하고 싶어요. 킨샤사에는 레티시아보다 사랑스러운 여
인이 없어요.

나는 형에게 레티시아 고모네 전화번호를 알아봐달라고 부탁했어
요. 형이 알아오면 나는 전화를 걸 겁니다. 빨리 전화하고 싶어요.

나는 무그와구한테 깜짝 놀란다. 조금도 불안한 기색이 없
다. 즐겁고 행복해 보인다. 사랑에 빠진 사람 같다.

나는 배를 한 방 걷어차인 기분이 든다. 처음 콩고 내전 이야
기를 들었을 때 **저 바깥에서** 일어나는 일쯤으로 치부했다. 사람
들이 서로를 잡아먹고 잔혹한 부족 전쟁을 벌이는, 저 미쳐 돌
아가는 곳에서나 일어난다고 여겼다. 아버지한테 무슨 일이 벌
어졌는지 알고 싶었다. 하지만 장미전쟁부터 제1차 세계대전에
이르기까지 어떤 전쟁에서든 볼 수 있는, 죽음과 파괴 같은 추
상적이고 포괄적인 주제를 찾고 있었다. 콩고 내전이 나와 아무
런 관련도 없다고 생각한 것이다.

콩고를 주제로 글을 쓰는 거의 모든 이들은, 헨리 모턴 스탠

리부터 통나무배에 몸을 싣고 콩고강을 오르내리는 저돌적인 기자까지 거의 모든 이들은 여전히 콩고를 암흑으로, 17세기에 포르투갈 상인이 두려워한 바로 그 암흑으로 바라본다.

2006년, 스탠리를 따라 여행길에 올랐던 티모시 부처Timothy Butcher는 "어째서 아프리카인은 아프리카를 경영하는 데 이다지도 서투르단 말인가?"라고 혼잣말을 하며 콩고를 "미래보다 과거에 더 얽매인 나라"라고 표현했다. 킨샤사에서 10년 동안 수의사로 일한 미국인 델피 메싱어Delfi Messinger는 "정치와 빈곤과 무지의 수렁에 빠진 한 국민의 운명"을 되돌아보아야 한다고 강조한다. 수상 작가이자 《쿠르츠 씨의 발자취를 따라서In the Footsteps of Mr. Kurtz》를 쓴 미켈라 롱Michela Wrong은 킨샤사의 무관심을, 자신의 운명을 자신의 손으로 일구지 않으려는 사람들의 무의지를 한탄했다.

하지만 내가 만난 사람들이 전하는 이야기는 전혀 다르다. 마마 앙리에트가 부르는 노래나 마마 에스페랑스가 터뜨리는 웃음에는 무관심이 눈곱만큼도 없다. 자크가 자신이 겪어낸 상실을 비통하지만 온전하게 받아들이는 태도에는 무지가 손톱만큼도 없다. 그리고 여기, 무그와구도 있다. 인간다운 품위를 유지할 수 있는 최소한의 환경마저 박탈당하고서도 여전히 사랑할 용기를 품고 있는.

멀리 하늘에서 내려다본 콩고인이 수동적이고 무질서하고 무기력하다면 과연 누구 책임일까?

콩고는 황량하고 궁벽한 곳에 홀로 떨어져 있는 변두리가 아니다. 우리는 세계가 하나로 연결되어 있는 경제체제 속에서 살고 있다. 콩고는 아프리카의 다른 여러 나라보다 더욱 핏줄 같은 관계망으로 이어져 있다. 이 관계망을 통해 돈과 광물, 그리고 선진국이 윤택한 생활을 영위하는 데 필요한 다른 자원을 우리 나라로, 우리 집으로, 우리 휴대폰으로 보낸다.

르완다의 콜탄 수출액이 월 2000만 달러로 치솟았을 때, 다이아몬드 수출이 연 166캐럿에서 3만 500캐럿으로 뛰어올랐을 때, 르완다에서는 콜탄도 다이아몬드도 나지 않는다는 사실을 알면서도 구매한 이들이 누구였을까?

1997년 우간다가 금을 8100만 달러나 수출하여 금이 그들의 두 번째 주요 수출품이 되었을 때, 우간다에서는 더 이상 금이 나지 않는다는 사실을 잘 알면서도 우간다가 눈부신 경제성장을 이루고 있다면서 칭찬을 아끼지 않던 이들이 누구였을까?

오하이오주 트윈스버그Twinsburg는 오대호 인근에 위치한 작은 도시다. 480번 고속도로 가까운 곳에 트리니테크Trinitech라는 콜탄 제련 공장이 있다. 회사 웹사이트에 들어가면 미소 짓고 있는 직원들 사진을 볼 수 있다. 나는 오른쪽에 서 있는 동글동글한 아시아 여성이나 왼쪽에 반소매 셔츠 차림으로 서 있는 남성이 자신들이 제련하는 콜탄이 콩고의 군벌이나 반군한테서 사들이는 광물이라는 사실을 알고 있는지, 그 군벌이나 반군이 지역 주민을 노예처럼 부려 수천 톤씩 그들의 땅에서 훔쳐 낸다는 사실을 알고 있는지, 지역 주민이 그렇게 국경을 넘어 르완다로 운송되는 콜탄을 그저 지켜볼 뿐이라는 사실을 알고 있는지 궁금하다.

트리니테크Trinitech는 네덜란드 기업과 함께 르완다에 연구소를 세웠다. 연구소에서는 콩고에서 나는 콜탄의 질을 분석한다. 폴 카가메 르완다 대통령은 내각에 별도의 독립 부서를 두었다. '콩고부'다. 훔쳐온 광물을 처리하기 위해 만든 부서다. 트리니테크의 현지 대표는 폴 카가메의 처남이다. 물론 트리니테크는 콜탄이 어디서 났는지 전혀 알지 못했다고 주장한다. 르완다에서는 콜탄이 나지 않는다. 그렇다면 어디서 났다고 생각했을까? 캐나다?

트리니테크는 수많은 기업 가운데 하나일 뿐이다. 유엔은 콩고의 천연자원 수탈과 관련하여 아프리카와 아시아, 유럽과 북아메리카의 26개국을 지목하고 있다. 여기에는 다국적기업과 은행과 소규모 무역업자도 포함한다.

콩고에서 나는 콜탄은 중국과 카자흐스탄, 독일과 미국으로 팔려나갔다. 스위스의 메탈로르 테크놀로지Metalor Technologies가 우간다에서 수출하는 콩고 금을 자그마치 6000만 달러어치를 사들였다. 앵글로 아메리칸Anglo American이 반군 단체와 금을 거래했다. 벨기에와 네덜란드 기업들이 반군 정부에게서 광물채굴권을 사들였다. 아메리칸 미네랄 필드American Mineral Fields

의 공동 창립자인 장 불Jean Boulle은 반군이 자신의 개인 자가용 비행기를 이용하도록 허락했다. 벡텔사Bechtel Corporation가 반군 정부를 위해 나사의 인공위성 연구와 콩고의 광물 잠재량을 알아보는 적외선 지도 제작에 자금을 댔다. 그리고 카빌라가 인종 폭동을 진압하도록 도왔다.

오스트레일리아 기업인 앤빌 광업 유한회사Anvil Mining Limited가 킬와Kilwa라는 마을에서 100명 이상을 살육한 정부군을 지원했다. 또한 자동차와 비행기를 군인에게 제공했다. 세계에서 가장 질 좋은 구리와 은을 생산하는 이 회사의 광산을 반군이 봉기하며 위협하자 이를 진압하기 위해서였다. 군인들이 앤빌 사의 자동차로 반군과 일반 시민을 태워 나르며 고문하고 처형했다. 나는 이 사실에 헤아릴 수 없을 만큼 마음이 아프다. 브라이언이 그렇듯, 누구나 그렇듯, 나도 내 조국이 '자유로운 이들의 땅이자 용기 있는 자들의 고향the land of the free and the home of the brave'*이라고 생각하고 싶다. 하지만 우리가 콩고에서 행동한 모습을 보면 존경할 만한 구석도 용맹스러운 구석도 전혀 찾아볼 수 없다.

언제까지나 무지를 변명으로 내세울 수 없다. 나는 3년간 핸드폰을 여섯 개, 노트북을 세 대 썼다. 이 경이로운 기계를 진지

*   미국 국가의 가사 중 일부다.

하게 바라본 적이 한 번도 없었다. 각 부품이 어디서 오는지 의문을 품어본 적도 없었다. 나 역시 전쟁에 땔감을 넣은 셈이었다. 자금을 댄 셈이었다. 제2차 세계대전 이후 벌어진 그 어느 전쟁보다 많은 사람이 죽어나간 제2차 콩고 내전에 나도 책임을 피할 수 없다.

19

"우린 여기 있으면 안 돼."

브라이언이 소파에 누워 책을 읽고 있다. 옆에는 촛불이 타고 있다. 전기가 또 나갔기 때문이다.

"우린 보노보한테서 아무것도 배울 수 없어. 보노보는 우리와 전혀 달라. 우리한테는 고문하고 살해하는 유전자가 있어. 하지만 보노보는 아니야."

브라이언이 한쪽 눈썹을 치켜올린다.

"리처드 도킨스Richard Dawkins 책은 읽어봤어?"

"우린 침팬지야. 누군가는 사랑할 수 있는 능력이 있겠지. 하지만 그 나머지는 이 **끔찍한 굴레**에서 벗어날 수 없어. 콩고는 어쩌다 한 번 우연히 일어나는 사고가 아니야. 세계 곳곳에서 늘 일어나는 일이라고. 우리가 알아야만 할 건 전부 강 건너편 오레티에 있어. 짐을 꾸리고 떠나야 해."

"그럼, 우리가 하는 협력 실험은 뭐야? 감정반응 연구는?"

나는 참지 못하고 폭발한다.

"그 따위 실험은 안 중요해! 그깟 바보 같은 실험은 하나도 중요하지 않다고! 당신이나 다른 과학자 두어 명말고는 아무에게도 쓸모없는 난해한 횡설수설만 좇고 있잖아. 500만 명이 여기서 목숨을 잃었어. 당신의 저 밧줄과 온도계가 죽은 사람들을 위해 뭘 할 수 있는데?"

나는 브라이언이 화를 내리라고 어느 정도 각오한다. 하지만 브라이언은 그러지 않는다. 일어나더니 나를 당겨 무릎에 앉힌다. 그러고는 다정하게 말한다.

"그런데 스키피, 콩고가 참담한 위기를 겪고 있는 이유는 아무도 협력하지 않기 때문이야. 우리는 바로 그걸 연구하고 있는 거야. 어떤 이유로 협력이 잘 이루어지는지, 어떤 이유로 협력이 잘 이루어지지 않는지 밝혀낼 수 있다면 도움이 될 거라고 생각지 않아?"

브라이언이 종이 한 장에 기본 계획을 개략적으로 설명한다.

"자, 봐봐. 귀 온도로 우리는 침팬지가 낯선 침팬지 소리를 들으면 자신도 모르게 부정적으로 반응한다는 점을 알 수 있어. 그 감정이 너무 격해서 사실상 우뇌가 뜨거워지는 거지. 침팬지에게는 '우리 대 그들'이라는 개념이 매우 강해. 정말이지 너무 강해서 이따금 '같은 집단'에 속한 침팬지라도 죽이려고 들어.

여키스 연구소에서 한 침팬지 집단을 갈라놓은 경우 여섯 달이 지나면 다시 합칠 수가 없었어. 그랬다가는 전쟁이 일어나지. 스탠퍼드 감옥 실험Standford prison experiment, 기억하지?"

스탠퍼드 감옥 실험이 아부 그라이브Abu Ghraib 사건 때문에 최근 화제에 올랐다. 1971년, 해군이 필립 짐바르도Philip Zimbardo 스탠퍼드대학교 교수에게 한 가지 실험을 실시해달라고 요청했다. 해군 함정에서 감시병이 죄수를 학대하는 일이 일어나는 이유를 밝히는 실험이었다. 감시병은 가학적인 본성을 타고난 것일까? 아니면 직업 때문에 비열하게 변한 것일까? 필립은 중산층 출신의 백인 스탠퍼드 대학생 24명을 뽑았다. 절반은 죄수이고 나머지 절반은 간수라고 말했다. 그런 다음 스탠퍼드대학교 지하실에 설치한 모의 감옥에 집어넣고 무슨 일이 일어나는지 지켜보았다.

아무런 자극도 지시도 없었지만 간수는 점점 가학적으로 잔인하게 변했다. 죄수들에게 맨손으로 변기를 닦게 하고 감방 안 양동이에 대소변을 보게 했다. 독방에 가두고 소화기를 뿌렸다. 벌거벗긴 다음 동성 간 성행위를 흉내 내라고 시키면서 모욕을 주었다. 모두 자신의 역할에 어찌나 흠뻑 빠져들었는지 고작 6일 만에 실험을 중단해야 했다. 죄수 역할을 한 사람도, 간수 역할을 한 사람도 그 후 수개월 동안 정신적 외상에 시달렸다.

2004년, 이라크의 아부 그라이브 교도소에서 교도관이 학대 행위를 한다는 소문이 새어나오기 시작했다. 죄수에게 진압봉으로 항문 성교를 강요하고 몸에 오줌을 누고 성기를 잡아 바닥에 끌고 다니고 인산으로 살을 태웠다. 군은 일부 '미꾸라지'가 물을 흐린 것이라고 주장했다. 하지만 강도 높은 조사가 이루어지면서 고문을 묵인한 사실이 군 지휘 통제 계통의 사슬을 타고 위로 올라갔다.

브라이언이 말을 잇는다.

"'우리 대 그들'이라는 관점에서 보면 우리 행동은 침팬지와 무척 비슷해. 하지만 누가 '우리' 편인가 같은 개념은 보다 유동적이야. 후투족 대 투치족, 남부 대 북부, 노스캐롤라이나대학교 채플힐 농구팀 대 듀크대학교 농구팀이 그렇지. 사람은 '그들'이라고 여기는 이들에게 가혹한 짓도 서슴지 않아. 그런데 자신과 비슷한 사람과는 보다 쉽게 협력하지. 보노보는 반응이 달라. 진화를 해오던 어디쯤에서 매우 낯선 보노보도 '우리'라고 바라보는 능력을 얻었어."

내가 끼어들었다.

"하지만 우리는 그렇지 않잖아. 그 점이 중요해."

"아니, 우리도 그래. 마틴 루터 킹Martin Luther King, 간디Gandhi, 망할 U2도 말이야. 이들이 전하는 말은 수백만 사람들의 마음에 감동을 일으켜. 평화로운 삶을 영위하며 협력하려면 하나가 되어야 한다는 점을 깨닫고 있기 때문이야."

밖에서는 보노보가 밤을 나기 위해 잠자리를 꾸리고 있다.

그물침대에 오르거나 짚으로 잠자리를 만들면서 서로를 부르고 있다. 목소리가 음파탐지기 같다. 어둠에 감싸인 윤곽을 타고 기어오르며 숨겨진 해안을 찾고 있다. 마치 대답이라도 하듯 발전기가 윙 소리를 내며 다시 돌아간다. 목 빠지게 기다리던 황금빛이 우리에게 쏟아진다.

20

멋진 날이다. 햇살이 강물에 부서지며 반짝인다. 강 건너편
에서는 여인들이 노래를 부르며 곡식을 거두고 있다. 노랫소리
가 여기까지 들린다. 나는 클로딘의 딸 패니와 현관 앞 마당을
거닐며 그 록 스타 이야기를 나누고 있다.

패니가 말한다.

"그 사람 뮤직비디오를 볼 수 있다면 좋을 텐데. MTV에 나
와요. 틀면 거의 **항상**요."

패니가 내 마음에 들어온다. 패니의 사고는 채찍 같다. 평소
에는 생각을 돌돌 말아놓았다가 어느 순간 허공을 매섭게 후려
친다. 총명한 머리와 아름다운 외모로 어떤 미래를 그려 나가려
는지 알고 싶다. 파리의 한 아파트에 갇혀 담배를 뻑뻑 피우며
예술 활동을 하는 모습은 잘 상상이 가지 않는다. 킨샤사에 뿌
리를 내리고 정부 기관으로 들어가 정책을 입안하는 일에 대해

이야기한다. 그렇다면 파리에 있는 록 스타와는 어떻게 할 생각일까?

'차버려. 네가 아까워.'

나는 속으로 패니에게 애원하듯 말한다.

그때 파파 장이 우리를 지나쳐 달려간다. 나는 파파 장이 뛰는 모습을 한 번도 본 적이 없다. 르 그랑 쿠지녀le grand cuisinier(수석 요리사)이기 때문에 조수인 알란이 대신 사방팔방으로 뛰어다닌다.

패니가 링갈라어로 소리친다.

"파파 장, 무슨 일이에요?"

"미케노 때문이에요. 미케노가 쓰러졌어요."

여기저기서 사람들이 나온다.

"안 돼, 미케노. 안 돼, 미케노."

자크가 거듭 소리치며 쏜살같이 숲으로 뛰어간다.

수의사인 크리스핀과 마마들과 사육사들을 비롯해 모두가 우리를 지나쳐 달려간다. 새가 떼를 지어 날아가는 듯하다. 부름이라도 받은 듯 우리도 달리기 시작한다. 언덕을 내려가 강을 따라 질주한다. 사육사가 지내는 숙소를 지나 삼면이 뚫린 헛간을 지나 먹이를 보관하는 서늘한 저장고를 지난다.

울타리에 도착한다. 미케노가 땅바닥에 뻗어 있다. 얼굴을 아래로 향한 채 팔을 앞으로 엇갈린 채 그 위에 이마를 대고 있다. 미케노 주변에 모여든 보노보들이 몹시 괴로워한다. 한 번도 들어보지 못한 괴성을 낸다. 반은 고함이고 반은 비명이다. 그 울부짖음이 메아리치며 덤불 속을 채우다가 우리 머리 위로 떠올라 파문처럼 퍼진다. 보노보들이 미케노를 에워싼다. 눈꺼풀을 뒤집어도 보고 가만히 흔들어도 본다. 입에 손을 대어 보기도 한다. 웅성웅성 혼란스런 소리가 들린다.

자크가 몹시 속상해하며 말한다.

"미케노가 쓰러지는 모습을 봤습니다. 오늘 아침까지만 해도 멀쩡했어요. 그런데 쓰러졌어요. 바로 이 자리에서."

"미케노를 옮겨야 합니다."

"아직 숨을 쉬고 있어요. 데리고 나와야 해요."

클로딘과 브라이언이 우리 쪽으로 걸어온다. 브라이언에게서 당긴 활시위만큼 팽팽한 긴장감이 뿜어져 나온다. 마음으로야 분명 전력 질주하고 있겠지만 클로딘이 정원을 산책하는 걸음보다도 빠르지 않다. 클로딘이 울타리 안을 자세히 살핀 다음 침착하게 말한다.

"미케노는 죽었습니다."

그러고는 돌아서서 총총 걸음으로 멀어진다.

보노보들이 그 어느 때보다 사납다. 그런 모습은 처음이다. 악을 쓰고 이를 드러내며 울부짖는다. 아무도 울타리 안으로 들어갈 엄두조차 내지 못한다. 마마들조차 들어갈 수 없다. 사육사가 기다란 장대로 보노보를 밀어낸다. 그래야 시체를 수습할 수 있다.

보노보들이 소리를 질러대지만 주춤주춤 물러난다. 하지만 보노보 네 마리는 미케노 곁을 떠나려 하지 않는다. 어린 수컷 로마미가 손가락이 잘려나간 손으로 미케노의 발을 꼭 붙들고 있다. 이시로가 미케노의 가슴 털을 한 움큼 쥐고 있다. 미케노의 얼굴로 몸을 숙이고 그 입에 입김을 불고 있다.

모두가 할 말을 찾지 못한다.

사육사들이 링갈라어로 속삭인다. 패니가 내게 뜻을 옮겨준다.

"사육사들 말이 이시로가 미케노한테 숨을 불어넣어주려고 애쓰고 있대요."

이시로가 미케노 얼굴에서 떨어지지 않는다. 더 가까이 몸을 숙인다. 미케노가 들었으면 싶은 비밀 이야기라도 하는 듯.

사육사가 울타리 문을 연다. 보노보 네 마리가 다시 날카로운 소리를 지른다. 절대 안 된다는 울부짖음이다. 장대를 움켜잡고 사육사를 밀어낸다.

무엇 때문에 우리가 사람으로 자리매김하는가에 대해 사람들과 이야기를 나누면 몇몇 이들은 눈물이라고 말한다. 우리가 눈물을 흘리는 유일한 존재이고 우리만이 진정 슬픔을 느끼기 때문이라고.

그 말을 들을 때면 나는 이시로가 떠오른다. 비탄에 젖은 눈으로 미케노를 애타게 부르던 얼굴이. 이를 한껏 드러내며 사육사를 향해 고함 지르던 표정이, 장대를 밀어내고는 다시 죽은 미케노에게도 달려와 손가락으로 그 가슴을 후벼 파던 모습이. 미케노의 숨을 꽉 움켜잡으면 되살려놓을 수 있다는 듯.

눈물을 흘리지 않는 슬픔이 있다. 정말 그렇다.

사육사들이 고군분투 끝에 마침내 이시로와 나머지 보노보를 가까스로 떼어내어 덤불 속으로 돌려보낸다.

"지금입니다!"

자크가 다른 사육사와 함께 울타리 안으로 뛰어들어 간다. 미케노를 들어 올려 밖으로 들고 나온다. 이시로가 달려 나오다 담장에 몸을 쾅 부딪친다. 전기충격을 받았을 텐데도 아무런 기색을 보이지 않는다.

크리스핀이 미케노의 맥박을 확인한다. 그러고는 슬픈 표정으로 고개를 가로젓는다. 사육사들이 죽은 미케노를 들어 올려 어깨에 걸머진다. 장례 행렬을 짓듯 우리가 그 뒤를 따른다.

이시로가 담장 너머에 앉아 있다. 가장 사랑하는 존재를 데리고 멀어지는 사람들을 지켜본다. 온몸을 부들부들 떨면서.

우리는 죽은 미케노를 따라간다. 느릿느릿. 엄숙하게. 마마들이 참지 못하고 울음을 터뜨린다. 파파 장이 넋을 놓고 두 손을 비틀며 천천히 걸음을 뗀다. 자크는 분명 온몸을 무겁게 내리누르고 있을 죽음의 무게를 버틴다. 머지않아 대답이 없는 질문과 맞닥뜨려야 함을 알고 있다. 잠시 한눈을 판 수호천사처럼 자신이 책임지고 있는 동안 왜 그런 죽음이 일어났는지 설명해야만 한다.

나는 패니와 다시 걸어 돌아가며 클로딘을 찾는다.

패니가 되풀이 말한다.

"누구든 다른 보노보였다면, 미케노가 아닌 다른 보노보였다면."

"클로딘은 매우 차분해 보였어. 네 생각에는 엄마가 충격을 받았을 거 같아?"

패니가 고개를 젓는다.

"엄마는 위기가 닥쳐도 늘 침착해요. 위기가 심각할수록 더 침착해져요."

정말 무서우리만치 침착하다. 클로딘이 현관 계단에 서 있다. 자신이 품에 안았던 첫 보노보의 시체를 사람들이 옮기는 모습을 지켜보고 있다. 딸을 잃은 한 여인에게 위안을 안겨준 미케노. 주변에 사는 아이들과 농구를 하고 냉장고에서 탄산음료를 훔쳐 먹던 미케노. 주먹을 쥐어 턱밑에 괴고 앉아 친구가 절실하게 필요할 때마다 귀 기울여주던 미케노.

"클로딘. 마음이 너무 아파요."

내가 말하며 클로딘을 안는다.

클로딘은 미동도 없다. 두 눈이 바람만큼이나 메말라 있다.

무엇이 클로딘을 이토록 꼿꼿이 버티게 하는 걸까. 나는 알지 못한다. 분명 클로딘도 다른 사람들처럼 흐느끼고 있으리라. 나는 미케노를 안 지 1년밖에 되지 않는다. 그런데도 이대로 바닥에 주저앉고 싶다.

클로딘이 동물진료 구역으로 걸음을 옮긴다. 그곳에서 자신이 그토록 사랑하던 보노보의 시체를 크리스펀이 칼로 가르는 모습을 지켜볼 것이다. 그 눈을 감기고 피부를 들어 올리고 흉곽을 열고 심장을 꺼내는 과정을 지켜볼 것이다.

"나의 왕자님을 잃었습니다."

클로딘이 누구에게랄 것도 없이 나지막이 중얼거린다. 나는 울음을 터뜨린다. 곧게 편 어깨, 결코 절망을 드러내지 않는 표정, 머리카락을 어루만지는 햇살. 그 모습을 보면 누구든 마음이 찢어지지 않을 수 없기 때문이다.

21

이시로가 일주일째 아무것도 먹지 않는다. 나는 오후마다 울타리로 이시로를 찾아간다. 어떤 날은 모습을 드러내지 않는다. 어떤 날은 나를 한참 물끄러미 쳐다보고는 자리에서 일어나 걸어가버린다. 하지만 이따금 걸어나와 담장 옆에, 내 앞에 앉는다. 철망 사이로 손가락을 쏙 내밀어 내 손가락을 잡는다.

이시로가 파란 하늘을 올려다보며 눈을 깜빡인다.

내가 속삭인다.

"알아. 나도 미케노가 그리워."

클로딘은 미케노가 왜 죽었는지 그 원인을 찾는 일에 몰두하고 있다. 뇌와 간과 심장 조직을 프랑스 전문가에게 보낸다. 어떤 일이 있었는지 자크에게 되풀이해서 말하도록 시킨다. 자크는 미케노를 아침에 보았다. 그때까지만 해도 미케노는 괜찮았다. 오후 3시에 먹이를 찾으러 숲에서 나왔다. 두 다리로 서 있더니 그대로 쓰러졌다.

크리스핀이 부검하는 동안 미케노의 뇌에서 타박상을 발견한다. 뇌진탕으로 인한 상처일 가능성이 있다. 미케노가 나무에서 떨어져 머리를 땅에 부딪쳤다면 뇌가 머리뼈 안에서 팽창하고 손상하여 출혈을 일으켜 나중에 죽음으로 이어질 수도 있다. 현재로서는 이것이 가장 진실에 가까운 해답이다. 클로딘은 다시 일에 푹 파묻혀 지낸다.

브라이언과 나는 실험을 계속한다. 나는 이전보다 도움도 더 되고 어려움도 덜 겪는다. 실험 시간이 좀 길어질 경우에 짜증을 부리고 싶거나, 점심때가 다가와 배가 고플 경우에 실험을 방해하고 싶은 충동도 들지 않는다. 말없이 브라이언이 쓴 연구 논문을 읽는다. 리처드가 쓴 연구 논문도 읽고 브라이언의 컴퓨터에서 다른 논문들도 슬쩍 빼내어 읽는다. 공격과 협력 이면에 놓인 여러 이론을 이해하기 시작한다.

동시에 나는 콩고를 다룬 글도 읽는다. 지금까지 내가 읽은 책은 애덤 호크실드Adam Hochschild가 쓴 《레오폴드 왕의 유령King Leopold's Ghost》이 전부였다. 재기가 번득이는 글로 소설처럼 술술 읽힌다. 호크실드가 쓴 책말고는 읽는 데 애를 먹었다. 브라이언이 《콩고 내전에 얽힌 아프리카의 이해관계The African stakes of the Congo War》《콩고민주공화국: 전쟁과 평화의 경제적 차원The

Democratic Republic of Congo: Economic Dimensions of War and Peace》같은 제목의 책을 한 무더기 가져왔다. 하지만 나는 학술적인 글만 보면 잠이 쏟아졌고 어떤 반군 단체도 명확하게 정리해내기 힘들었다.

그런데 갑자기 내게 이 모든 책을 헤쳐나갈 흥미가 생겼다. 내가 등잔불에 의지해 책을 읽자 브라이언이 나를 놀리며 '어린 학자'라고 부른다. 이해하지 못하는 내용이 나오면 자크에게 묻는다. 자크는 콩고 지도를 그리고 나서 동부에 위치한 도시를 표시한다.

"여기가 고마예요. 대도시지요. 레바논인들로 넘쳐나지요. 몹시 더럽습니다."

여러 반군 단체도 이렇게 정리한다.

"단 한 가지만 알면 됩니다. 레바논인은 돼지 같은 놈들이다."

그 설명은 약간 편견에 물들어 있지만 나는 핵심을 알아듣는다.

한편, 브라이언이 보육장을 찾기 시작한다. 나는 하루도 거르지 않고 들른다. 마마들과 함께 앉아 새끼 보노보와 놀기를 좋아하기 때문이다. 하지만 브라이언은 나와 함께 찾지 않았다. 과학자로서 어린 보노보와 노는 일이 위신을 깎는 일이라고 여기기 때문이다. 게다가 새끼 보노보가 얼마나 귀여운지에는 관심이 없다. 얼마나 **똑똑한지**에만 관심이 있다.

어느 날 오후, 마마들과 나는 보노보 한 마리가 머리를 감싸 안아도 내버려둔 채 보육장 길을 따라 오르는 브라이언을 보고 깜짝 놀란다. 마마들이 일제히 소리친다.

"브라이언!"

브라이언이 그 보노보를 머리에서 떼어내 품에 안고 간지럼을 태우며 물었다.

"요 작은 도깨비가 누구예요?"

"말루예요."

2006년 10월, 파리의 샤를 드골 공항에서 일하는 한 직원이 엑스레이 기계에서 누군가의 휴대용 수하물 속에 처박혀 있는, 크기와 모습이 영락없이 어린아이 같은 무언가를 발견했다. 공항 직원이 수하물 주인을 붙들었다. 러시아행 비행기로 갈아타려던 그 주인이 가방을 열었다. 가방 안에 든 그 생명체는 탈수가 심해 축 늘어져 있었다. 공항 직원은 그 생명체가 죽었다고 여겼다. 더구나 사람처럼 보였다. 어린아이일 수도 있었다. 그러다 침팬지라고 결론을 내렸다.

마침내 보노보라는 사실이 밝혀지자 파리 동물원이 데려오고 싶어 했다. 유럽에서 보노보가 있는 동물원은 손에 꼽았다. 보노보는 귀한 전시물이었다. 클로딘이 그 소식을 듣자마자 프랑스 대사에게 전화를 걸었다. 프랑스 대사는 자크 시라크 프랑스 대통령에게 전화를 걸었다. 프랑스 대통령은 공항 공단에 전화를 걸어 말루를 콩고로, 말루가 왔던 곳으로 다시 보내라고 지시했다.

말루가 도착했을 때 숨이 간당간당했다. 그 여정 어디쯤에서 불길에 휩싸였는지 온몸에 덴 자국투성이였다. 탈수증세도 심각하여 거의 움직일 수도 없었으며 영양실조도 심해 털이 몽땅 빠지고 없었다.

마마 앙리에트가 말했다.

"우리는 말루가 곧 죽을 거라고 생각했어요. 하지만 이겨냈어요. 말루, 라 파리지엔느_la Parisienne_(파리의 여인)."

신호에 맞춰 마마들이 노래를 부른다.

오, 말루, 파리로 간 말루.
어떤 선물을 들고
우리에게 돌아왔을까?
동물원의 얼룩말?
후작의 보석?
오, 말루, 콩고로 온 우리의 말루.

말루는 마마들이 자신을 노래하는 줄 아는 듯 브라이언의 두 손을 잡고 달리더니 공중으로 붕 날아오른다.

브라이언이 말한다.

"헬리콥터 타볼까?"

브라이언이 말루의 두 손을 꼭 잡고 크게 원을 돌며 빙글빙글 돈다. 말루가 웃음을 터뜨린다. 저 깊은 뱃속에서 올라오는 거친 웃음소리다. 브라이언이 멈추자 비틀거리다 엉덩방아를 찧고는 하늘을 올려다본다. 어지러움이 가시자마자 곧장 브라이언한테 달려와 용을 쓰며 손을 타고 올라가더니 다리로 브라이언의 목을 두르고 손으로 그 이마를 감싸 안는다. 브라이언이 몸을 숙이자 말루가 앞으로 꼬꾸라지며 브라이언 품속으로 떨어진다. 브라이언이 말루를 간지럽힌다. 말루가 자지러질 듯 웃는다.

보노보한테는 흥미로운 점이 있다. 보노보가 당신을 선택한다는 것이다. 나는 어미 잃은 침팬지 수십 마리와 놀았다. 침팬지들은 간지럼 태우기를 즐기는 한, 한두 대 쳐도 개의치 않는 한, 다 똑같이 좋아하는 듯 보인다. 하지만 보노보는 매우 까다롭다. 좋거나 싫거나 둘 중에 하나다. 이도 저도 아닌 어중간한 태도는 취하지 않는다. 말루는 한눈에 브라이언을 선택한다. 목에 매달리고 품에 안겨 귀염을 부리며 키득거린다. 손가락으로 브라이언의 머리카락을 꼬며 온 얼굴에 입맞춤을 퍼붓는다.

약간 짜증이 난다.

더구나 말루는 내가 브라이언의 짝이라는 사실을 알아채자 지금까지 아무런 문제도 없던 나를 위험인물 명단에 올린다. 내가 브라이언에게서 스무 걸음도 채 떨어져 있지 않은 곳에 서 있으면 나무에서 펄쩍 뛰어내리며 머리를 발로 찬다. 나를 물고, 머리카락을 잡고서 어깨에서 번지점프를 한다. 위로는 (말루가 가장 높이 닿을 수 있는 부분인) 허리부터 아래로는 발목까지 멍

자국을 남긴다.

정말 화가 나는 점은, 말루가 세계적으로 유명할 뿐 아니라 모두에게서 사랑받기 때문이다. 말루는 아름답다. 한때는 대머리 외계인이었지만 지금은 풍성한 털이 온몸을 덮고 있고 아몬드 같은 이국적인 눈을 하고 있다. 그리고 관심받기를 참 좋아한다. 영화 촬영진이나 사진기자가 올 때마다 말루를 담느라 정신이 없다.

"여기 봐, 말루!"

"이쪽이야, 말루!"

작은 엉큼대왕 말루는 유난을 떨지 않는다. 눈을 살짝 내리 감고는 빙긋이 미소를 짓는다. 각양각색인 보노보 60마리 가운데 어떤 심사도 거치지 않고 항상 말루가 《내셔널지오그래픽》부터 클로딘의 새 책 홍보 사진에 이르기까지 모든 책의 표지를 장식한다.

마마들이 적어도 하루에 한 번은 말루의 노래를 부른다. 말루는 보육장에서 누구에게나 사랑받는 귀염둥이다. 이제 브라이언은 말루를 흉보는 말이라면 한마디도 들으려 하지 않을 것이다. 말루의 이름이 들릴 때마다 말랑말랑해진다.

"브라이언이 나보다 말루를 더 사랑해요."

내가 농담처럼 말하자 마마들이 한바탕 웃음을 터뜨린다.

"버네사가 질투하네! 브라이언이 말루랑 달아나면 독수공방 신세가 될 텐데, 어쩐다."

"아내가 있는 남자야, 말루, 아내가 있는 남자라고."

나는 속이 부글부글 끓어올라 씩씩거리며 불평을 내뱉는다. 결혼반지를 톡톡 두드리며. 대답이라도 하는 듯 말루가 내 정강이를 냅다 차고는 브라이언에게로 달려간다. 브라이언이 말루를 번쩍 들어 품에 안는다. 그러고는 사랑스럽게 이름을 나지막이 부른다. 말루가 곁눈질로 나를 흘끔 쳐다본다. 승리의 기쁨을 만끽하면서.

브라이언이, 가장 아끼는 침팬지를 곁에 두지 않는 브라이언이, 절대 정을 주지 않는다는 원칙을 과학자로서의 본분이라고 여기는 브라이언이, 모든 유인원을 그 **지성 때문에** 똑같이 좋아한다는 브라이언이 …… 사랑에 빠졌다. 하루가 멀다 하고 보육장을 찾는다. 브라이언이 들어서자마자 말루가 그 품에 뛰어든다. 그리고 자신의 남자와 떨어져 있어 얼마나 마음에 상처를 입었는지 여실히 보여준다.

우리는 마마들과 함께 보육장에 앉아 선거 이야기를 주고받는다. 마마들이 거듭해서 내게 묻는다.

"버네사, 누구를 찍어야 할까?"

"카빌라!"

"왜?"

"잘생겼으니까!"

그러면 마마들이 배꼽을 잡고 웃는다. 곧 브라이언을 버리고 콩고의 임시 대통령한테로 가서 캐러멜색 아기를 낳겠다며 꺅 소리를 지른다.

킨샤사에서 선거 소식은 일체 들리지 않는다. 세상이 잠시 소란을 멈춘 듯하다. 우리는 미케노의 죽음이 안긴 상처를 치유하며 다시 시작할 각오를 다진다.

22

내가 키크위트의 고환을 쿡 찌른다. 키크위트가 웃는다. 나는 더 힘줘 찌른다. 키크위트가 바닥에 주저앉으며 까르르 웃는다. 나는 등 위에서 브라이언이 안달하고 있음을 느낄 수 있다.

"꼭 그래야 해?"

"키크위트가 실험하고 싶어 하길 바라? 바라지 않아?"

"바라지. 하지만 성추행까지 할 필요는 없잖아?"

"나한테 그렇게 말하면 안 되지. 나는 오늘 아침 식탁에서 내내 말루를 견뎠다고."

말루가 아침마다 보육장에서 달려 내려와 브라이언을 찾기 시작했다. 브라이언을 보자마자 얼굴 가득 미소를 짓고 무릎으로 뛰어올라 티셔츠 속으로 숨는다. 그곳에 숨으면 마마가 말루를 찾으러 보육장에서 내려와야만 한다. 오늘 아침, 말루는 붙잡혀가면서 내 차를 발로 차서 엎지르고 내 빵을 훔쳐갔다.

"질투하는 거야?"

"난 멍투성이야. 말루가 당신한테 푹 빠진 뒤로 날 마구 때려. 내가 보육장에 들어갈 때마다 머리카락을 잡고 번지점프를 해댄다고. 곧 머리카락이 한 올도 안 남을 거야. 그렇게 되면 둘한테야 더할 나위 없이 좋겠지?"

그때 밖에서 와글와글 떠드는 소리가 크게 들린다. 뒤를 돌아보자 크리스핀이 이동장을 들고 동물진료실로 들어간다. 나는 쪼르르 쫓아가 무슨 일인가 알아본다.

브라이언이 부른다.

"여보, 어디가?"

"곧 돌아올게!"

이동장 속 동그란 두 눈이 잔뜩 겁에 질려 있다. 검은 머리털이 후광처럼 눈을 감싸고 있다.

내가 나지막이 속삭인다.

"오, 미뇽mignon (귀여워라)."

내 뒤에서 크리스핀과 마마들이 서로 열띤 의견을 주고받고 있다. 네 사람 모두 소리를 지르다시피 한다. 나는 그냥 그러려니 한다. 직원들은 늘 큰 소리로 말하니까. 처음에는 서로 곧 주먹을 휘두르며 치고받는 게 아닐까 생각했다. 하지만 곧 이 정도 소리가 정상임을 깨달았다. 손가락 하나를 이동장 안으로 살짝 넣어본다. 보노보가 앙상한 손을 내민다. 하지만 움찔하더니 도로 들인다. 내가 때리겠다고 겁박이라도 한 듯.

"누가 엄마가 될 거예요?"

내가 묻자 크리스핀이 머뭇머뭇 대답한다.

"사실 새로운 돌봄 방식을 시도해볼까 해요. 일단 격리시켜놓을 겁니다."

이런 경우는 정말 드물다. 새끼 보노보는 새로 도착하자마자 마마들 품에 찰싹 붙여놓는다. 필요하면 마마가 새끼 보노보와 함께 격리되며 새끼 보노보만 혼자 따로 격리시키지는 않는다.

"저 새끼 보노보가 건강한지 확인하고 싶어요. 여기서 며칠 지켜보면서 몇 가지 검사를 할 겁니다."

나는 크리스핀이 왜 걱정하는지 이해한다. 은감바 아일랜드에서는 침팬지가 새로 오면 한 달 동안 격리 기간을 갖는다. 침팬지와 사람과 보노보는 유전자 구조가 매우 비슷하다. 그래서 서로 온갖 질병을 주고받을 수 있다. 원숭이바이러스Monkey virus, 에볼라바이러스Ebola virus, 마버그바이러스Marburg virus 등이 그렇다.

하지만 발루쿠처럼 새로 온 침팬지는 늘 누군가에게, 나 같은 이에게 딱 붙여놓았다. 어미 잃은 침팬지는 정신적으로 몹시 충격을 받은 상태에서 오기 때문에 꼭 달라붙어 있을 따뜻한 몸이 필요하다. 누가 보아도 새끼 보노보는 지금 엄청 겁먹은 상태다. 이미 이동장에 똥오줌을 지려놓고 바들바들 떨고 있다.

밖에서 브라이언이 얼쩡거리며 내가 나오기를 기다리고 있다.

"브라이언."

내가 다정하게 부르자 브라이언이 바로 수상쩍다는 표정을 짓는다.

"저기 이동장 안에 새끼 보노보가 들어 있어. 그런데 아무도 돌봐줄 수가 없대."

"마마들이 왜 돌보지 않고?"

"마마들이 질병이 옮을까봐 무서워해. 격리시켜놓길 바라네."

"그거 괜찮은 생각이네. 새끼 보노보가 어떤 병에 걸려 있을지 모르잖아. 원숭이면역결핍바이러스SIV나 인체면역결핍바이러스HIV나 에볼라나 뭐 그런 바이러스에 감염되어 있을 수도 있고."

"하지만 겁에 질려 있고 외로워해. 내가 숙소에서 돌보면 안 될까? 발루쿠랑 그렇게 지낸 적이 있어. 어떻게 해야 할지 알아."

"실험은 어쩌고? 키크위트와 하는 실험도 다 못 끝냈어."

"브라이언, 우리는 한 새끼 보노보의 생명이 달린 문제를 이야기하고 있어. 이 일이 더 중요하다고 여기지 않는 거야?"

얼굴에 드러난 표정을 보니 분명 더 중요하게 여기지 않는다고 말하고 있다.

"잠은 어디서 잘 건데?"

"정말 쌀쌀맞고 인정머리 없이 구네. 내가 새끼 보노보랑 소파에서 잘게. 그러니 제발, 여보, 제에에발. 새끼 보노보는 이 세상에 혼자야. 엄마가 필요해. 그런데 엄마는 죽고 이 세상에 없어. 어쩌면 엄마 몸이 토막토막 잘리고 잡아먹히는 모습을 눈앞에서 지켜보았을지도 몰라."

브라이언이 한숨을 내쉰다.

"알았어. 알았다고. 크리스핀과 이야기해보자. 크리스핀이 결정할 일이야. 클로딘이 오늘 시내에 나가고 없으니 크리스핀이 책임자니까. 크리스핀한테 달렸어."

크리스핀이 새로 온 새끼 보노보에게 놓을 여러 주사를 준비하고 있다. 새끼 보노보에게 보롬베Bolombe라는 이름도 지어주었다.

"크리스핀, 우리가 보롬베 일로 물어보고 싶은 말이 있어요."

"우리는 아니지."

브라이언이 낮은 목소리로 중얼거린다.

"난 마마 없이 지내야 하는 보롬베가 걱정스러워요. 내가 보롬베를 돌봐도 될까요? 난 아무렴 괜찮아요."

크리스핀이 내 얼굴을 유심히 살핀다. 그러고는 브라이언을 바라본다. 크리스핀은 우리가 당장이라도 이혼 절차를 밟을 듯한 분위기를 감지하고는, 브라이언이 내가 질병을 옮길지도 모르는 보노보와 소파에서 지내기를 바라는 만큼만 관여하고 싶어 한다.

크리스핀이 천천히 입을 뗀다.

"내 생각에 보롬베는 여기서 조용히 쉬는 편이 가장 좋습니다. 그래야 내가 피와 혈청을 뽑아 몇 가지 검사도 할 수 있고요. 며칠 뒤 그 결과가 나오면 자유롭게 마마 곁에서 지내면 됩니다."

우리는 밖으로 걸어 나온다.

나는 볼통거린다.

"당신, 일부러 방해했어."

"안 그랬어. 당신이 지금 제정신이 아닌 거지. 얼굴이 문드러진 채로 킨샤사를 떠날 수도 있어."

"흥, 그러거나 말거나."

우리는 실제로 희귀 괴사성 질환에 걸려 남아프리카공화국에서 귀국한 사람을 알고 있었다. 그 사람은 몇 달 동안 병원에 입원해야 했으며 정말로 얼굴이 썩어들어가 곳곳이 움푹 파였다. 브라이언이 이 사례를 들어 자신의 주장에 유리한 고지를 선점하고 있다.

점심시간이 다가온다. 우리는 실험을 잠시 멈추고 언덕을 따라 오른다.

파파 장이 말한다.

"보롬베라니! 그곳은 제 고향이에요."

클로딘과 직원들은 롤라 야 보노보의 보노보들에게 콩고의 도시나 마을 이름을 따서 이름을 짓는다. 롤라 야 보노보를 방문하는 사람들 대다수가 보노보와 이름이 같은 마을과 연고가 있다. 키크위트, 타탕고, 이시로. 이는 보노보가 콩고의 심장부에 자리한 숲 곳곳에 흩어져 있는 국보라는 점을 사람들에게 일깨운다.

내가 안쓰러워하며 말한다.

"너무 작고 말랐어요. 몹쓸 밀렵꾼이 가족을 전부 죽였대요. 그 머리에 벼락이나 떨어져라."

파파 장이 조심스레 말한다.

"알다시피 한때는 내 방 창밖으로 늘 코끼리가 보였어요. 수백 마리가 어슬렁어슬렁 걸어 다녔죠. 하지만 우리는 가난했고 코끼리를 사냥할 총 한 자루 없었어요.

열아홉 살이던 해에 나는 마을 사람들과 함께 강둑에 서 있었어요. 밀렵꾼들이 강에서 멱을 감는 코끼리를 서른 마리나 죽이는 광경을 내내 지켜보았지요. 암컷이든 수컷이든 새끼든 닥치는 대로 죽였어요. 밀렵꾼들은 상아를 뽑고는 그 고기를 우리에게 남겨주었어요. 우리는 배가 터지도록 먹었어요. 정말 행복했지요. 오랫동안 고기는 구경도 못했거든요.

우리는 수년 동안 너무 많이 빼앗겼어요. 설탕 알갱이 한 알 못 먹었어요. 바지를 빨 비누조차 없었습니다."

그리고 이어진 파파 장의 말에는 뼈가 있다. 배고픔이 무언지 더러움이 안기는 모욕이 무엇인지 겪어본 적 없는 응석받이 백인 아이들이 귀담아 들을 만한.

"비누 한 개, 설탕 한 줌, 빵 한 조각을 얻을 수 있다면 누구나 보노보를 죽일 수 있어요."

나는 사육사들이 집으로 돌아간 뒤 보롬베를 찾는다. 보롬베는 혼자 우리 안에 있다. 옆에는 다른 새끼 보노보들이 야간 우리에 옹기종기 모여 있다. 보롬베는 먹이가 곁에 잔뜩 쌓여 있지만 손도 대지 않는다. 두 팔로 무릎을 감싸고 머리를 그 사이에 푹 파묻었다. 몸을 흔든다. 까닥까닥, 까닥까닥. 두 눈을 꼭 감고 있다. 자신이 잘못하지도 않은 일에 미안해하는 아이처럼 몸을 흔든다. 멈추면 가리가리 찢겨나갈 아이처럼 몸을 흔든다. 세상을 다 잃은 아이처럼 몸을 흔든다.

내가 다가가면서 부드럽게 부른다.

"아가."

보름베가 기운 하나 없이 고개를 들면서 가느다랗게 소리를 낸다. 당장 우리 문을 열고 품에 꼭 안고서 마구 뽀뽀를 퍼붓고 싶다. 하지만 그렇게 하면 다시 놓아줄 수 없으리라는 걸 잘 안다.

똥 묻은 몸을 한 보름베가 나한테 딱 붙은 채 숙소에 나타나면 어떻게 될까 차근차근 따져본다. 브라이언이 불같이 화내는 건 물론이고 크리스핀한테도 결례를 범하는 일이 될 것이다. 이따금 정신 나간 백인이 나타나 보호구역 주변을 설치고 다니면서 사육사한테 이래라저래라 참견한다. 자신들이 가장 잘 안다고 뻐기면서 규칙은 따르지 않고.

나는 손을 뻗어 야간 우리의 네모난 창으로 손을 뻗는다. 보름베가 흔들기를 멈춘다. 온몸이 딱딱하게 굳는다. 나는 부드럽게 등을 쓰다듬으며 어릴 적 엄마가 내게 불러주곤 하던 프랑스 자장가를 부른다. 보름베가 힘을 푼다. 털이 길고 보드랍다. 똥인지 엄마 피인지 작은 더께들이 말라붙은 채 뒤덮여 있다. 그 아래로 올록볼록 등뼈가 만져진다. 비쩍 말라 있다.

엄마가 죽고 아기가 홀로 남겨진다. 세상이 무너질 만한 비극은 아니다. 하지만 보롬베 옆 야간 우리에는 엄마가 죽고 홀로 남겨진 새끼 보노보가 여섯 마리가 더 있다. 이들말고도 엄마가 죽고 홀로 남겨진 보노보가 스무 마리가 더 있다. 그게 다가 아니다. 2번과 3번 구역에는 엄마가 죽고 홀로 남겨진 새끼 보노보가 서른 마리가 더 있다. 그리고 콩고 강가에는 끝내 살아남지 못한 보노보들, 배고픔과 목마름과 두려움에 떨며 죽어간 새끼 보노보들이 있다. 시장 가판대 옆에서 목이 줄에 묶인 채로 있다가 유럽이나 미국이나 중동으로 밀수되어 사람들 집에 흩어져 살고 있는 보노보들도 있다.

이렇게 겹겹이 쌓이는 비극은 국가 전체를 황폐하게 하는 비극과 맞먹는다. 죽은 시체가 산더미를 이루는데 어떻게 재건의 삽을 뜰 수 있을까? 희망을 품어도 좋을 만큼 어떻게 믿을 수 있을까? 더 이상 살 가치가 없다고 여길 때 어떻게 삶을 붙들 수 있을까?

나는 아무런 방충제도 뿌리지 않았다. 모기가 나를 산 채로 뜯고 있다. 해가 저물었다. 오래 서 있던 탓에 다리가 아파온다. 몇 시간 째 보롬베를 쓰다듬고 있다. 보롬베가 마침내 잠에 떨어진 듯싶다. 살짝 손을 빼보려고 하지만 손이 등에서 떨어지자마자 보롬베가 낑낑거린다.

보롬베는 집단에서 어린 왕자였으리라. 새끼 침팬지는 서열에서 맨 밑바닥에 놓여 다 자란 수컷 침팬지한테 자주 죽임을 당한다. 이와 달리 새끼 보노보는 상전 같은 대우를 받는다.

나는 이 사실을, 어느 날 아침 세멘드와와 새끼 엘리키아의 사진을 찍으려다가 알았다. 평소에는 세멘드와가 카메라를 무척 좋아한다. 그런데 기다란 렌즈가 새로 태어난 새끼에게 향하자 세멘드와가 안절부절못했다. 내게 쉴 새 없이 경고를 보냈다. 하지만 나는 들은 척도 하지 않았다.

셔터가 첫 찰칵 소리를 내자마자 내 귀에 비명 소리가 들리더니 눈앞에서 불이 번쩍 났다. 정신을 차려보니 내가 등을 땅바닥에 대고 대자로 뻗어 있었다. 세멘드와가 비명을 질러대고 이시로와 미미와 다른 암컷 보노보들이 이내 나타나 담장을 부술 듯이 거푸 후려쳤다. 전기철망 사이 빈 공간으로 나를 할퀴기라도 할 듯이 손을 내뻗었다. 이빨을 드러내고 입술을 말고 으르렁거렸다. 숲에서 야생 침팬지에 둘러싸인 이후로 이토록 무서웠던 적이 없었다. 철망이 거기 없었다면 나는 팔이나 다리 한쪽을 잃었을 것이다.

무릇 어미라면 어린 새끼를 보호한다. 하지만 가족도 아닌데 암컷 다섯 마리가 몰려들어 돕는 경우는 드물다. 단지 새끼가 위험에 빠졌을 때만이 아니다. 우리는 누가 서열이 위인지 알아내려고 할 때 두 개체 사이에 먹이를 놓고 누가 먹는지 살펴본다. 엘리키아에게서 6미터 정도 떨어진 곳에 포도가 놓여 있을 경우에도 엘리키아가 힐끗 쳐다만 보아도 타탄고조차 꽁무니를 뺀다. 하지만 새끼 보노보는 누군가의 입에서 바로 먹이를 빼내어 먹을 수 있다.

보름베는 가장 맛난 과일을, 가장 싱싱한 잎사귀를 먹었으리라. 잠든 수컷에게 기어올라 귀와 털을 잡아당겼으리라. 밤마다 엄마 품에 파고들며 사랑받는 존재라는 따뜻하고 흐뭇한 기분에 젖어 꿈나라로 들었으리라.

내가 자리를 뜨자 보름베가 찡얼거린다. 곧 구슬프게 울기 시작한다. 목소리가 떨린다. 높아졌다 낮아졌다 하는 울음소리에는 사무치는 그리움과 이 세상에 나 혼자뿐이라는 슬픔이 배어 있다.

나는 아침 6시에 눈을 뜨자마자 보름베에게 달려간다. 보름베에게 먹일 초록 사과를 얇게 저며 챙겨간다.

"아기 천사야, 잘 잤어?"

잠이 덜 깬 보름베가 눈을 깜박인다. 일어나 앉으며 눈을 비빈다. 나는 사과 몇 조각을 내민다. 보름베가 뼈만 남은 앙상한 손으로 사과를 집으며 꺅 소리를 낸다. 어금니로 아작아작 씹는다. 밀렵꾼이 무엇을 먹였는지 앞니가 거의 다 썩었기 때문이다. 보름베가 먹는 동안 내가 가만히 쓰다듬는다. 그때 브라이언이 숙소에서 큰 소리로 나를 부른다. 키크위트의 음경을 간질여야 할 시간이라고.

클로딘이 11시에 도착한다. 우리가 키크위트와 실험을 끝내고 나오는데 클로딘이 크리스핀의 머리를 쥐어뜯는 모습이 눈에 들어온다. 클로딘이 쏘아대는 프랑스어가 속사포처럼 빨라서 무슨 말을 하는지 단 한 마디도 알아들을 수가 없다. 클로딘이 그토록 화내는 모습을 처음 본다. 파란 두 눈이 날카롭게 빛난다. 미간을 잔뜩 찌푸린다. 머리카락에서는 불꽃이 타닥타닥 튀는 것 같다. 클로딘이 보롬베가 간밤에 지낸 야간 우리로 쏜살같이 뛰어간다. 보롬베를 꺼내 머리를 품에 부드럽게 안는다. 보롬베가 칭얼거리며 클로딘을 꼭 붙잡는다. 어찌나 세게 붙잡는지 손가락 마디가 하얗다.

클로딘이 특히 누구에게랄 것도 없이 화를 뿜는다.

"몬 듀(세상에 맙소사). 자기 생각만 하는 마마들 같으니라고. 보노보한테 병이 옮고 싶지 않으면 닭이나 보살펴야지!"

"죄송해요. 내가 보롬베를 데리고 있고 싶었는데 어떻게 해야 할지 몰랐어요."

나는 말하며 브라이언에게 '**내가 뭐랬어**' 표정을 날린다.

"보노보를 돌보아야 하는 사람은 마마들이에요. 바로 그 일을 하라고 여기 있는 거예요."

수의사 조수인 앤 마리Ann Marie가 클로딘한테서 보롬베를 살살 떼어낸다.

"보롬베를 데려가서 다른 새끼 보노보를 보여주세요. 희망이 있다고, 자신처럼 살아남은 새끼 보노보들이 있다고 알아야만 합니다."

점심시간에 보육장 울타리 밖에서 보롬베를 안고 있는 앤 마리가 보인다. 나머지 새끼 보노보들이 호기심에 가득 찬 눈으로 보롬베를 뚫어져라 바라본다. 말루가 고개를 곧추세운다. 저 작고 약한 형체를 알아보려는 듯.

"버네사, 잠시 보롬베 좀 안아줄래요? 먹일 약을 챙겨야 해서요."

내가 보롬베를 품에 안아 털을 쓰다듬는다. 낮에 보니 정말 얼마나 야위었는지 한눈에 들어온다. 살갗이 뼈에서 축 늘어져 있다. 손가락이 갈고리 같다. 몸도 잘 가누지 못한 채 내게 기대고 있다. 고개 들 기운조차 없는 듯 보인다. 하지만 눈 깊은 곳에 상냥함이 깃들어 있다. 이 새끼 보노보는 자라서 타탄고 같은 보노보는 되지 않을 것 같다. 오히려 키크위트랑 더 닮지 않을까.

보롬베가 물도 우유도 마시지 않는다. 하지만 내가 오렌지를 깎아주자 과즙이 흐르는 조각을 조금 베어 문다. 나는 숲에서 흰 딸기도 몇 알 따서 먹인다. 보롬베가 하나씩 집어먹으며 작은 소리로 낑낑거린다.

그러더니 내 품에 기대어 잠든다. 내 심장 소리를 들으며.

클로딘이 30분마다 보롬베를 확인한다. 보롬베는 깨어 있지만 눈을 뜨지 않는다.

"몬 쾨르mon Coeur (우리 강아지), 이 세상도, 우리가 네게 쏟는 온정도 더는 보고 싶지가 않구나."

나는 체온 연구를 끝내야 하기 때문에 어쩔 수 없이 보롬베를 앤 마리에게 넘긴다. 하루를 마무리할 무렵 보롬베가 다시 야간 우리로 들어간다. 부드러운 지푸라기로 잠자리를 꾸미고 대군도 먹일 만큼 먹이도 잔뜩 쌓아놓는다.

내가 클로딘에게 묻는다.

"이제 무엇을 할 수 있을까요? 보롬베에게 무엇이 필요하지요? 뭐든지 할게요."

"보롬베에게 뭔가 마실 거리 좀 갖다주고 먹는지 확인해야 합니다. 뭐든 상관없어요. 청량음료든 물이든 우유든. 붉은 알코올성 음료도 괜찮아요. 뭐라도 마시게 해야 합니다."

나는 아침과 밤에 부엌에서 찾을 수 있는 마실 거리를 컵에 담아 나른다. 체리소다나 오렌지주스, 복숭아주스나 설탕물을. 보롬베는 나와 내 손에 든 컵을 보고 즐거운 듯 꺅꺅거린다. 내가 은색 숟가락에 무엇을 담아 먹일지 궁금하다는 듯.

브라이언이 지아르디아giardia*에 감염되었다. 아니, 우리가 판단하기에 그렇다. 방귀에서 썩은 달걀 냄새가 나고 똥도 밝은

---

*   지아르디아는 편모가 있는 원생동물로 동물의 배설물에 오염된 물을 통해 사람에게 전염되어 지아르디아증giardiasis을 일으킨다. 야외에서 오염된 물을 섭취했을 때 주로 발생하며, 포낭형이 발아하여 작은창자의 벽에 붙어서 여러 가지 증상을 야기한다. 주된 증상으로는 냄새가 심하고 물이 많은 설사와 장내 통증, 헛배부름, 구토, 체중 감소, 불쾌감 등이 있다.

노란색이기 때문이다. 나는 기쁘다. 우리가 실험을 할 수 없다는 의미이고 내가 보롬베와 시간을 더 보낼 수 있다는 의미이기 때문이다. 브라이언이 소외감을 느끼며 보롬베가 이 질병을 옮긴 게 아닌지 의심하는 눈치다.

나는 점점 나아지고 있다고 생각한다. 브라이언이 아니라 보롬베가. 브라이언은 천생 남자인지라 몸속의 수분이 전부 변기로 빠져나가기 전에는 항생제를 먹지 않는다. 내가 보기에 보롬베는 건강을 찾아가고 있다. 여전히 털이 덮인 해골바가지 모습이지만 연구소에서 보내온 혈액검사 결과는 모두 정상이다. 기생충과 아메바와 박테리아에 감염되지 않도록 약을 먹였다.

크리스핀이 보롬베가 괜찮아질 거라고 말한다. 하지만 크리스핀은 항상 모든 게 괜찮아질 거라고 말한다. 클로딘은 아무 말도 하지 않는다. 그저 보롬베 곁에 앉아 잘 달래면서 마실 거리를 조금씩 입속으로 넣어주고 있다.

나는 접시에 먹이를 담아 온다. 얇게 썬 망고 조각, 껍질을 까서 한 쪽씩 갈라놓은 오렌지, 연두색 껍질이 한쪽에 붙은 사과 조각, 윤기 나는 흰 딸기, 대개는 우리 점심 식탁에 올리려고 따로 챙겨두는 달콤한 설탕 바나나, 주황 빛깔이 선명한 파파야, 사다리꼴로 썬 파인애플 조각들이다. 나는 정성을 들여 접시에 가지런히 늘어놓는다. 먹음직스럽게 보여야 보롬베가 조금이라도 더 먹을 것처럼. 숙소를 오르락내리락 뛰어다니며 여러 가지 마실 거리를 나른다. 몇 시간도 마다하지 않고 보롬베가 있는 우리 곁을 지키며 털을 쓰다듬는다. 자장가를 응얼거리면서.

보름베가 더욱 건강을 찾아가고 있다. 혼자서도 일어나 앉을 수 있다. 조금씩 주변을 기어 다니기도 한다. 오늘 보름베는 말루를 크게 외치며 불렀다. 그러자 말루가 대답하듯 꺅 소리를 내면서 꼬불꼬불한 분홍빛 음핵을 내밀었다. 보름베가 보육장으로 들어가면 둘은 친구가 되리라. 어쩌면 말루에게 영원한 단짝 친구가 생겨 브라이언을 거들떠보지도 않고 나도 그만 때릴지도 모른다.

나는 보름베를 재운다. 보름베가 두 눈을 스르르 감을 때 그 눈 속에서 무언가를 포착한다. 너무 빨리 지나간다. 밖에서 들어온 빛이 눈에 어린 상像일 수 있다. 보름베가 몸을 뒤척인다. 내게서 떨어진다. 나는 그 두 눈을 떠올리며 오래도록 생각에 잠긴다. 보일 듯 말 듯한 명멸 그리고 이어진 공허.

곧 보름베 가슴이 오르락내리락하며 빠르게 콩콩 뛴다. 신진대사가 매우 활발한 게 틀림없다. 오래달리기라도 한 듯 가쁘게 숨을 쉰다.

나는 생각한다. 내일은 레모네이드를 새로 만들어 갖다줘야지. 레몬을 꼭 짠 다음 따뜻한 물을 섞고 설탕도 한 술 녹일 거야. 찬물도 한 컵 가득 갖고 와야겠다. 보름베에게 떠먹여야지. 어린아이라면 누구나 레모네이드에는 사족을 못 쓰니까.

나는 아침 6시에 울타리를 향해 뛰다시피 내려간다. 레모네이드를 들고. 자크가 바닥을 쓸고 있다. 나를 보자 출입구에 서서 가로막는다.

"보롬베가 죽었어요."

순간 자크가 말한 프랑스어를 잘못 알아들었나 싶다. '르 베베 에스트 모어 *Le bébé est mort*'라는 말에 헷갈릴 여지는 거의 없다.

"뭐라고요? 아니에요. 그럴 리가 없어요. 멀쩡했다고요. 어젯밤만 해도……."

나는 자크를 밀어내고 보롬베가 있는 우리로 달려간다. 우리가 담요로 덮여 있다. 나는 속으로 되뇐다. 자크가 틀렸다고, 보롬베는 깊이 잠자고 있을 뿐이라고, 내가 부드럽게 쓰다듬으면 깨어날 거라고. 담요를 든다. 하지만 잠과 죽음을 혼동할 수는 없다.

죽음은 평화롭지 않다. 축복은 더더구나 아니다. 죽음이 닥치면 생명은 목구멍을 찢고 빠져나온다. 보롬베가 뒤틀려 끔찍한 모습으로 변해 있다. 등이 굽고 왼손이 지푸라기 속으로 툭 떨어져 있다. 심한 경련을 겪고 있는 듯하다. 극심한 고통을 견디다 못해 얼어붙은 듯 보인다. 고문을 받다 목숨을 잃은 것처럼. 입이 벌어져 있고 입술이 이미 메말라 있다. 두 눈을 활짝 뜨고 있다. 이제야, 지금에서야 나는, 지난밤 내가 그 두 눈 속에서 무엇을 보았는지 깨닫는다.

보롬베는 삶의 끈을 놓았다.

보롬베는 죽고 싶었던 것이다.

감히 보롬베를 만져볼 엄두가 나지 않는다.

나는 숙소로 뛰어간다. 브라이언이 기운 없이 서서 커피를 끓이고 있다.

"보롬베가 죽었어."

북받쳐 올라오는 울음을 주체할 수 없어 제대로 말을 잇지 못한다.

"보롬베가 죽었어. 내 탓이야. 아니 당신 탓이야. 내가 데려올 수 없다고 말했잖아. 데려왔다면 첫날밤을 그토록 무서움에 떨며 보내지 않았을 텐데. 보롬베에게는 꼭 안겨 있을 누군가가 절실했다고. 내가 필요했어. 난 옳은 일에 눈을 감아버렸던 거야. 지난밤에라도 내 품에서 재웠어야 했는데. 그러면 무언가 잘못 돌아가고 있다고 알아차렸을 텐데."

나는 두 주먹을 불끈 쥐고 브라이언 가슴팍을 때린다. 고래고래 악을 쓴다. 쏟아지는 눈물에 목이 컥컥 막힌다. 코에서 콧물이 줄줄 흘러 얼굴이 눈물 콧물 범벅이다. 나는 고통에 찬 흐느낌을 토해낸다. 브라이언이 내 주먹을 잡는다. 그러고는 꼭 안는다.

나는 맥이 다 풀린다. 브라이언에 안겨 있어서 그나마 간신히 서 있을 수 있다. 그마저도 없었다면 바닥에 무너져 온몸으로 울부짖었을 것이다. 브라이언이 말한다.

"나도 속상해. 스키피, 정말이야."

"다 내 탓이야."

"아니야. 넌 할 수 있는 일을 다 했어."

"아무것도 한 게 없어. 네 말을 무시했어야 했는데. 보롬베를 데리고 와서 밤낮으로 품고 다녔어야 했는데. 그렇게 돌볼 수 있었는데."

"넌 그랬을 테지. 알아. 보롬베가 마지막 숨을 내쉴 때까지 사랑했겠지. 하지만 아무도 네게 허락하지 않았을 거야. 나도 안타까워. 스키피, 보롬베가 죽다니 정말 마음 아파."

내가 고통이 휘몰아치는 공간을 이 세상에 이토록 여러 곳에 창조해놓은 신을 믿는지는 잘 모르겠다. 하지만 그래도 작은 목소리로 묻는다.

"이제 보롬베는 하늘나라에서 엄마랑 함께 있겠지?"

브라이언이 나를 꼭 안는다. 나는 눈물을 펑펑 쏟으며 심장 소리가 들리는 브라이언의 가슴으로 파고든다. 거의 숨을 쉴 수 없을 때까지.

23

클로딘이 보호구역을 함께 거닐자며 부른다. 클로딘은 새벽 4시에 일을 시작한다. 종종 한밤중까지 일을 끝내지 못하는 날도 있다. 하지만 롤라 야 보노보에 있을 때면 늘 보호구역을 다 둘러보며 한 사람 한 사람 찾아 인사를 건넨다.

요즈음 클로딘은 우리 숙소에 들러 함께 걷고 싶은지 물어보기 시작했다. 패니는 프랑스로 돌아갔다. 방문객도 없다. 그래서 우리는 걷는다. 클로딘과 나, 단 둘이서. 모부투의 숲을 빙 둘러보며.

클로딘의 목소리가 들리자 그들이 나무에서 모습을 드러낸다. 호수가로 모여들어 외친다. 새끼들을 데리고 와 클로딘에게 보여주며 담장 사이로 손을 내민다. 그러면 클로딘이 그 손가락들을 쓰다듬는다.

내가 보기에 클로딘에게는 이런 시간이 필요하다. 특히 지금. 죽지 않은 보노보들을 보는 시간이. 우리는 2집단에 자리 잡는다. 키콩고와 마니에마가 통나무 다리에서 몸을 날려 호수로 뛰어들고 있다. 통나무에서 슝 날아올라 대포알처럼 포물선을 그리며 물속으로 첨벙 떨어진다. 곧 수면으로 올라오며 후드득 떨어지는 물방울에 까르르 웃음을 터뜨린다. 모래톱에 올라 앞서거니 뒤서거니 서로를 쫓으며 달리고는 다시 대포알이 되어 호수로 몸을 날린다.

대개는 이시로가 통나무를 차지했다. 이시로는 발레리나처럼 통나무에서 뛰어내린다. 몸을 빙글빙글 돌리며 두 손을 가지런히 가슴 앞에 포개고 고개를 한껏 뒤로 젖힌다. 미케노가 이시로를 지켜보곤 했다. 우리 모두 그랬다. 나는 이제껏 그토록 우아한 모습을 본 적이 없다. 하지만 오늘 이시로는 발레리나가 아니다. 풀밭에 누워 두 팔로 얼굴을 감싸고 있다. 세멘드와가 부드럽게 이시로의 털을 쓰다듬는다.

클로딘이 보롬베 심장 주변에 물이 찼었다고 알려준다. 포획되었을 때 그 압박감이 너무나도 컸기 때문이라고 덧붙인다. 나는 늘 심장이 찢겨진다고 여겼다. 그런데 심장은 익사하는 모양이다.

울지 않으려고 애쓴다. 하지만 비탄에 젖어 부서질 대로 부서졌다. 보롬베가 죽었다니 아직도 실감나지 않는다. 보노보도 침팬지처럼 강인한 생존자라고 여겼다. 새끼 침팬지는 지옥 같은 삶도 헤쳐 나갈 수 있다. 보호구역으로 들어와서도 대개 싸우면서 살아간다. 보롬베는 안전했다. 먹이도 주었다. 사랑도 받았다. 하지만 그것만으로는 부족했다.

"당신이 어떻게 마음을 추스르는지 나로선 가늠이 안 돼요. 어떻게 죽는 모습을 지켜보고도 견디며 나아갈 수 있는지 도무지 알 길이 없어요."

클로딘이 나를 보고 애잔하게 웃는다. 천천히 말한다.

"당신은 알고 있습니다. 사람들이 내게 묻곤 하지요. 내가 돌본 보노보를 야생으로 돌려보낼 때 잃을 각오를 하는지 말이에요. 미케노를 잃고서 무척 힘들었어요. 하지만 다른 보노보들 경우에는 마음의 준비를 합니다. 단단히 각오를 하고 야생으로 돌려보내요."

클로딘에게는 더 우울한 소식이 있다. 남편인 빅토르가 암에 걸렸을지도 모른다는 것이다. 빅토르는 내일 벨기에로 날아가 정확한 진단을 받고 가능하면 화학치료도 겸할 예정이다. 빅토르가 클로딘에게 선거 전에 킨샤사를 떠나라고 명령도 하고 협박도 하고 애원도 했다. 하지만 클로딘은 요지부동이다.

"자식들이 내게 화를 내요. 이렇게 말하지요. '마망maman(엄마), 아빠가 아파요. 죽어가고 있을지도 몰라요. 그런데 어째서 이리로 와서 아빠 곁을 지키지 않아요?'"

내가 클로딘을 인간 이상의 존재로 여기고 있음을, 나는 깨닫는다. 마더 테레사Mother Teresa나 넬슨 만델라Nelson Mandela 같은 존재. 이런 사람들은 세상을 구한다. 우리는 그들이 그런 일을 하도록 이미 예정되어 있기 때문이라고 여긴다. 파바로티 Pavarotti는 노래를 부를 운명이고 랜스 암스트롱Lance Armstrong은 자전거를 탈 운명이듯이. 하지만 그렇게 간단하지 않다. 하루하루 선택의 연속이다. 그 선택은 점점 더 힘겨워진다. 클로딘에게는 자신을 필요로 하는 남편이 있다. 자신에게 화를 터뜨리는 자식들이 있다. 클로딘은 평범한 사람이다. 그저 비범한 일을 해내고 있을 뿐이다.

클로딘이 키콩고와 마니에마를 돌아본다. 둘 다 물에 흠씬 젖은 진흙 덩어리가 되어 풀밭에서 씨름하고 있다. 클로딘이 부드럽게 묻는다.

"하지만 내가 어떻게 갈 수 있어요? 이 도시가 군인이나 반군 손아귀에 떨어지면 어떻게 될까요? 여기로 쳐들어와서 보노보를 모두 총으로 쏴 죽이면 어떡해요?"

내가 고수하는 과학적 객관성이 모두 무너진다.

"돕겠어요. 무엇을 해야 하는지 말해주세요."

먹구름이 하루 종일 검게 피어올랐다. 해마다 10월 15일이면 우기가 시작한다. 브라이언이 현관에 나와 앉아 있다. 구름 사이로 주황색과 붉은색이 어우러진 빛기둥을 내리꽂으며 뉘엿뉘엿 지는 해를 바라보고 있다. 나는 브라이언 무릎에 머리를 배고 긴 의자에 누워 있다. 막 샤워를 마친 브라이언에게서 애플민트 샴푸 향이 난다. 내가 입을 연다.

"보노보를 돕고 싶어. 그런데 방법을 모르겠어."

우리는 떠날 준비를 하고 있다. 결선투표가 오늘 실시될 예정이었지만 10월 29일로 연기되었다. 킨샤사는 완전무장 상태다. 유엔 평화유지군 1만 7000명 외에도 유럽연합에서 군인 1000명이 더 날아왔다. 우리는 독일의 아파트에서 상황이 어떻게 전개될지 처음부터 끝까지 지켜볼 것이다. 브라이언이 말한다.

"이미 돕고 있잖아. 연구에 참여하면서."

내가 브라이언의 젖은 머리카락을 잡아당긴다.

"그 이상의 일을 하고 싶다고. 클로딘을 돕고 싶어. 내가 얼마나 쓸모가 있을지는 모르겠어. 나는 너무 나만 생각해. 클로딘만큼 용감하지도 않고 강인하지도 않아."

브라이언이 내 정수리에 입을 맞춘다.

"작은 일부터 시작해보면 어때? 그리고 어떤 변화가 생기는지 지켜보면 되잖아."

비가 쏟아지기 시작한다. 폭포수 아래에 있는 것 같다. 억수같은 빗물이 지붕을 타고 쏟아져 내린다. 그러고는 강으로 우당탕 흘러 내려간다. 강물이 부풀어 오르며 강둑으로 흘러넘친다. 우리는 말하고 싶어도 말할 수가 없다. 빗소리가 수천 개의 북을 일제히 두드리는 것 같다.

브라이언과 함께 그 광경을 바라본다. 단단히 홀린 듯이. 이 세상에 오직 우리 두 사람만 존재하는 것 같다.

24

우리가 콩고를 떠나고 2주 뒤인 2006년 10월 29일에 결선
투표가 치러진다. 지난 5년 동안 이 순간을 향해 전력투구해왔
다. 모두 대학살극이 벌어지리라 예상한다. 유엔 평화유지군이
언제든 방아쇠를 당길 태세를 갖추고 있다. 각 대통령 후보가
이끄는 군인들이 귀를 쫑긋 세우고 발포 명령을 기다리고 있다.
해외 특파원이 입을 녹음기에 댄 채로 첫 번째 유혈 사태를 기
다리고 있다.

그런데 아무 일도 일어나지 않는다. 대신 굵은 장대비만 쏟
아지고 있다. 새벽에는 하늘에 구멍이라도 난 듯 비가 드세게
내려 붉은 흙먼지가 진흙탕 강물로 바뀌더니 곳곳이 움푹 파
인 킨샤사의 거리로 흘러넘친다. 천둥이 총성처럼 머리 위에서
울린다. 번개가 미사일처럼 구름을 훤히 밝힌다. 아직까지 어떤
무기도 불을 뿜지 않는다.

콩고인들이 집에서 나와 물에 잠긴 기나긴 거리를 걸어 투표소로 향한다. 어떤 이들은 며칠째 걷고 있다. 투표를 하고 여전히 물이 뚝뚝 떨어지는 채로 나온다.

카빌라가 압도적인 표차로 승리를 거머쥐며 벰바를 굴복시킨다. 벰바가 예상대로 사기라고 부르짖는다. 그 주장을 굽히지 않고 대법원에 제소한다. 대법원에서는 선거 결과를 그대로 인정한다. 그러자 그 보복으로 벰바가 대법원에 불을 지른다. 이는 벰바의 마지막 발악이다. 카빌라가 40년 만에 민주적으로 선출된 최초의 콩고 대통령으로 취임 선서를 한다.

다 끝났다. 카빌라가 이겼다.

우리는 독일의 아파트에서 취임식을 지켜본다. 카빌라는 가는 세로줄 무늬가 박힌 짙은 감색 양복을 차려 입고 있다. 눈이 부시다. 미소를 짓자 여러 대통령과 왕과 여왕을 비롯한 내외 귀빈 수만 명이 경의를 표한다. 국가방위군National Guard이 트럼펫 소리에 맞춰 완벽한 대열을 이루며 행진한다. 예포가 울려 퍼진다. 카빌라는 더 이상 아버지 그늘에 묻혀 있지 않다. 이제 명실공히 최고 권력자다.

크리스마스를 앞둔 일요일이다. 나는 집을 청소한다. 롤라야 보노보를 후원하는 미국의 자선단체 '보노보의 친구Friends of Bonobos' 대표인 도미니크 모렐Dominique Morel과 막 대화를 나눈

뒤라 기분이 좋다.

도미니크는 낮에는 재난 구호 사업에 참여한다. 가톨릭 구제회Catholic Relief Services에서 일하는데 날벼락 같은 일이 터질 때마다 그곳으로 달려가 잔해를 치우고 있다. 콩고에서 전쟁이 한창이던 때에는 8년 동안 킨샤사에 살았고 그때 클로딘과도 절친한 친구 사이가 되었다. 인도네시아 수마트라섬에 쓰나미가 밀어닥쳤을 때에는 반다아체Banda Aceh에 있었다. 부토Bhutto 파키스탄 대통령이 피살되었을 때에는 파키스탄에 있었다. 우리가 처음 전화로 이야기를 나누었을 때에는 아프가니스탄에 있었는데 배경으로 총소리가 들렸다.

밤에는 보노보를 위해 일한다. 지원금을 신청하고 결연을 주선하고 기부자 보고서를 작성한다. 기부금으로 수만 달러가 들어오지만 미국에서 세금을 떼지 않는 기부금은 거의 없다. 2006년에는 미국인 가운데 8명만이 결연 프로그램을 통해 보노보를 후원했다.

내가 맨 처음 맡은 일은 사람들이 수표를 보내거나 은행 계좌로 송금하지 않고 온라인으로 기부금을 보낼 수 있도록 웹사이트를 정비하는 것이다. 도미니크는 내게 그레이트 프라이메이트 핸드셰이크Great Primate Handshake의 알래스데어 데이비스Alasdair Davies를 소개해주었다. 알래스데어 역시 영웅이다. 낮에는 런던 박물관에서 일하고 밤에는 영장류 단체가 웹사이트를 새롭게 단장하는 일을 돕는다.

지금 돌이켜보니 나는 클로딘이 1인 밴드라고 생각했다. 하지만 도미니크와 통화하고 나서 클로딘이 계정을 운영하고 방문객을 관리하고 기부금을 계속 마련하기 위해 얼마나 많은 자원활동가에게 의지하고 있는지 알게 되었다.

웹사이트를 정비할 생각에 골몰하면서 빗자루질을 하다가 물병이 잔뜩 들어 있는 낡은 배낭을 건드린다. 솔기도 해어지고 끈도 떨어져 나갔다. 브라이언이 내가 생일 선물로 바벨을 사주기 전까지 이 가방으로 역기 운동을 하곤 했다. 내가 거실로 들어가면서 말한다.

"브라이언, 이 가방 버리려고 하는데, 괜찮아?"

브라이언은 이메일이 일으키는 소용돌이에 휘말려 있다. 사실 받은편지함에 코를 박고 있는데 그러면 아무 소리도 들리지 않고 아무것도 보이지 않는다. 이메일말고는. 그래서 내가 가방을 부엌 쓰레기통에 막 넣으려고 들고 있을 때에서야 비로소 뒤를 돌아다보고 소리를 꽥 지른다. 나는 그 소리가 너무 커서 화들짝 놀란다.

"그 가방 건드리지 마!"

"왜? 난 그냥⋯⋯."

"그 망할 손, 가방에서 당장 떼라고. 그 가방은 할머니가 돌아가시기 전 내게 준 마지막 선물이야."

브라이언이 숨 돌릴 새도 없이 말하는 통에 그 말을 이해할 수가 없다. 하지만 그 **말투**만은 분명 알아들었다. 나는 그 **말투**가 정말 싫다. 보통 우리가 한창 격렬하게 싸울 때나 튀어나온다. 그 소리만 들어도 눈이 곤두선다. 느닷없이 아무런 경고도 없이 쏟아져 나왔다는 사실 때문에 분기가 치밀어 오른다. 쿵쾅쿵쾅 침실로 뛰어들어 가 침대에 걸터앉아 신랄한 말을 지어낸다.

'이런 똥멍청이'가 내가 끌어낼 수 있는 최대치다.

브라이언에게서는 아무런 대꾸가 없다. 속이 더 부글부글 끓어오른다. 브라이언이 와서 사과하기를 기다린다. 반응이 전혀 없다. 침대 가장자리에 앉아 있는 동안 화가 점점 머리꼭대기까지 치민다. 한 가지 생각이 번쩍 떠오른다. 나는 쿵쿵거리며 부엌으로 가서 망치와 못을 집어 들고 다시 침실로 돌아온다. 브라이언이 딱 때맞춰 나를 따라 들어와 내가 가방을 벽에 못 박는 모습을 본다.

"뭐 하는 거야?"

말투가 바뀌었다. 위험이 진득이 배어나는 낮은 소리다. 으르렁거리는 소리에 가깝다. 내가 선을 넘고 있음을, 핵폭탄 단추를 누르고 있음을 깨닫는다. 속으로 약간 겁이 난다. 하지만 멈추지 않는다.

"내가 뭐하는 거 같아 보여? 그 귀하디 귀한 가방을 망할 벽에 박고 있잖아. 하는 김에 네 할머니 할아버지 정원에서 소똥을 좀 얻어와서 거실 바닥에 뿌릴 수도 있어."

무거운 정적이 흐른다. 브라이언이 순식간에 다가와 마치 내가 깃털인 양 가뿐하게 들더니 침대로 내동댕이친다. 어깨를 옴짝달싹 못하게 꽉 누르고는 왁왁 고함을 지른다. 그 소리가 머리 가득 울린다.

"네가 뭔데 감히!"

브라이언은 이가 다 드러나 목구멍 너머 붉은 살까지 보인다. 머리카락이 곤두서 얼토당토않게 크게 다가온다. 지금 브라이언에게는 두드릴 나무 둥치만 있으면 된다. 그럼 영락없이 저 살인마 침팬지 심바다.

나는 처음으로 브라이언이 무서워졌다. 브라이언이 활동하던 리틀야구단은 주州 우승팀이었다. 브라이언은 공을 잘 치기로 유명했다. 나는 흘끗 곁눈질로 브라이언 팔을 본다. 야구방망이를 휘두르던 팔. 브라이언이 주먹을 말아 쥐며 들어 올린다. 순간 브라이언이 나를 두들겨 패버리고 싶어 한다고 깨닫는다.

브라이언이 다시 고함을 내지른다. 소름 끼치도록 무서운 소리다. 그러고는 내게서 홱 몸을 떼더니 부엌으로 가서 의자를 들어 집어 던진다. 의자는 붕 날아가 부엌 저 반대편에 떨어진다. 나는 안다. 브라이언이 의자를 나로 여기고 있음을. 더 나쁜 짓을 저지르지 않으려고 의자를 던졌음을.

나는 속으로 웅얼거린다.

'항복해. 납작하게 엎드려 항복해.'

나는 브라이언을 쫓아 거실로 나간다. 브라이언이 거칠게 숨을 몰아쉬며 의자를 노려보고 있다. 어찌나 세게 던졌던지

다리 두 개가 떨어져 나가고 마룻바닥이 움푹 패여 있다.

나는 비아냥거린다.

"아하, 이젠 물건을 집어 던질 차례야? 좋아."

나도 찬장으로 가서 눈에 띄는 가장 큰 단지를 꺼내 든다. 그리고 의자가 날아간 궤적 그대로 거실 저편으로 던진다. 단지는 박살이 나며 수백만 개 파편으로 흩어진다. 유리 조각이 티끌만 하다. 온 거실 바닥에서 튀어 올라 내 책상에도 소파에도 전화기가 놓인 작은 탁자에도 크리스마스트리에도 내려앉는다.

브라이언이 내게 눈길을 돌린다. 그 두 눈에는 슬픔이 없다. 분노조차 없다. 순수하고 차가운 증오만이 차 있다. 브라이언이 몸을 돌려 침실로 들어가더니 문을 잠근다.

나는 온몸을 바들바들 떤다. 아파트를 둘러본다. 부러진 의자, 마루에 움푹 파인 구멍, 사방에서 다이아몬드처럼 빛나는 유리 파편. 나는 지갑과 겉옷을 집어 들고 집을 나선다.

나는 역에 들어오는 첫 기차에 올라탄다. 드레스덴행 기차다. 두 시간 뒤 나는 호텔에 방을 잡고 나서 전차를 타고 엘베강가에 자리 잡은 구도심으로 향한다. 날이 어둡고 몹시 춥다. 츠빙거 박물관 옆에서 곡예사 몇 명이 고딕풍 의상을 차려입고 불덩이를 빙빙 돌리며 허공에 불티를 흩뿌리고 있다. 불꽃이 거대한 조각상에 주황빛 그림자를 던진다. 세상의 무게를 떠받치고 있는 아틀라스다.

폭력이 가정으로 발을 들이미는 일은 끔찍스런 경험이다. 아버지가 나를 때렸다. 한 번, 딱 한 번 그랬다. 나는 십 대였고 아버지는 나 때문에 어찌할 바를 몰랐다. 나를 침실 밖으로 끄집어내 부엌으로 질질 끌고 가서 때렸다. 결국 나는 까부라졌다. 그런데 이상하게도 전혀 아프지 않았다. 물건을 부수는 행포로도 이어지지 않았다.

가정폭력의 대부분은 어떤 해를 입히려는 것이 아니다. 통제권을 쥐려는 문제다. 아버지가 내뿜는 분노가 온 집 안을 가득 채웠다. 분노는 그 자체로 살아 움직이는 하나의 생명체였다. 일단 그런 일이 일어나면 안전하다고 느끼지 못한다. 나는 아버지를 사랑했다. 하지만 더 이상 믿지 않았다.

내가 브라이언을 알고 지낸 지 어언 3년이 흘렀다. 이제껏 브라이언이 내게 손찌검한 적은 한 번도 없었다. 누군가 물었다면 나는 브라이언이 그럴 위인이 못 된다고 말했으리라.

침팬지와 우리는 전쟁을 일으키거나 다른 수컷을 죽이는 일 말고도 여러 저속한 특성을 공유한다. 리처드 랭엄은 이를 '구타battering'라고 부른다. 수컷 침팬지는 함께 사는 암컷들에게 오랫동안 천천히 폭행을 가한다. 대수롭지 않은 가벼운 잘못만 저질러도 암컷을 때린다. 그 이면에 숨겨진 의미는 우위를 드러내어 통제력을 얻으려는 것이다. 사람 남성도 별 다를 바 없다. 모든 암컷 침팬지가 얻어맞는다. 수컷 침팬지는 청소년기에 접어

들 무렵부터 암컷들을 돌아가며 치고 차고 물고 때린다. 암컷이 수컷의 권위를 인정하고 굴복할 때까지. 수컷이 구타하면서 얻는 주요 편익은, 암컷이 그 개차반 수컷한테 얻어맞으면 다정다감한 마음이 들 리 만무하지만 여러 날 뒤에도, 여러 주 뒤에도, 심지어 여러 달 뒤에도 자신을 때린 그 수컷과 성교를 가질 가능성이 높다는 점이다.

불 곡예사들이 까만 밤을 배경으로 빨간 불길을 홰홰 휘두른다. 검은 망토를 두르고 긴 가죽 장화를 신었는데도 놀라우리만치 몸놀림이 날렵하다. 검은 테를 두른 눈과 파리한 살갗이 옛이야기에서 방금 튀어나온 인물 같다. 눈발이 날리기 시작한다. 머리가 아파온다. 손가락에 감각이 없다.

나는 미미 황후가 타탄고로부터 자신의 옆머리를 구타당했을 때 어떻게 행동했는지 떠오른다. 미미는 움츠리지도 자신을 보호하려고 팔을 들어 올리지도 않았다. 타탄고를 정면으로 바라보고 이를 드러내고는 귀신처럼 크게 소리를 질렀다. 곧 세멘드와와 이시로와 다른 암컷 보노보 세 마리가 미미 바로 옆에 서서 함께 타탄고를 야간 숙사 근처까지 쫓았다. 결집된 분노가 암컷 보노보 사이에서 끓어오르자 가여운 타탄고는 걸음아 날 살려라 하고 도망쳤다. 그때 나는 타탄고의 얼굴에 떠오른 참담한 표정을 보고 웃음을 터뜨렸다.

지금 나는 막막하다. 미미처럼 내 집에서 폭력을 용납하지 않을 작정이기 때문이다. 하지만 미미와 달리 내게는 나를 보호하려 달려올 사람이 없다.

자정이 넘어간다. 버스를 타고 호텔로 돌아온다. 이불 아래 동그랗게 몸을 말고 울다가 지쳐 잠에 든다.

25

.

나는 브라이언과 헤어지지 않는다. 하지만 용서하지도 않는다. 대신 온힘을 다해 내 편을 모은다. 런던에 있는 언니에게 언제라도 여행 가방을 들고 갈지 모른다고 연락해놓는다. 엄마에게도 집으로 돌아갈지 모른다고, 다 끝내버릴지도 모른다고 언질을 비친다. 친구들과도 이 상황을 놓고 폭넓게 의논한다. 그러고 나서 기다린다.

도저히 용서할 수 없는 사람과 사는 일은 고역이다. 꼭 충치 때문에 생긴 구멍 같다. 눈으로는 볼 수 없지만 혀로는 계속 눌러보는. 부서질까봐 무섭기는 하지만 그대로 내버려둘 수는 없다.

우리가 두어 달만이라도 따로 지내게 되자 나는 안도의 숨을 길게 내쉰다. 코스타리카에서 원숭이를 좇은 경험을 글로 옮겼다. 그 책이 곧 오스트레일리아에서 출간될 예정이다. 나는 책 홍보 활동 때문에 집으로 가고 브라이언은 롤라 야 보노보로 돌아간다.

브라이언이 롤라 야 보노보에서 실험을 이어간다. 브라이언이 그곳에 있는 사이 클로딘이 보노보의 첫 건강검진을 실시한다. 보노보들을 숲에 풀어놓을 때까지 아직 2년여의 시간이 남아 있다. 하지만 클로딘은 일말의 위험 요소도 용납하지 않으려 한다. 자신이 돌본 보노보가 야생 보노보에게 옮길 만한 어떤 질병도 안고 있지 않다는 것을 매우 꼼꼼하게 확인해두고 싶어한다. 기생충이나 결핵, 홍역이나 파상풍 등 질병이란 질병은 모두 검사하고 있다.

책 홍보 활동이 한창일 때 브라이언이 내게 전화한다. 통화 상태가 엉망이었지만 목소리가 사뭇 떨리고 있다는 건 들을 수 있다.

"리포포Lipopo가 죽었어."

리포포는 우리의 협력 실험에서 단연 주역이었다. 일곱 살된, 마음이 다정한 보노보로 손잡는 걸 좋아했다. 대개는 사과조차 마다하고 놀이를 즐겼다. 실험을 정확하게 수행할 때마다 사육사들이 환호를 보냈고 리포포는 손뼉을 치면서 승리를 만끽하듯 실험방을 한 바퀴 돌았다.

"도무지 믿기지가 않아. 네가 미미를 봤어야 했는데. 사람들이 시체를 가져가지 못하게 막았어."

"이시로처럼? 하지만 이시로는 미케노를 사랑했어. 미미는 리포포에게 관심조차 없었는데."

미미는 어린 보노보를 가까이하지 않았다. 어린 보노보들은 미미가 잠들 때까지 터널에서 숨죽이고 있어야 했다. 리포포는 미미 집단에 겨우 1년만 속해 있었을 뿐이다. 그 뒤로는 함께 지낸 시간이 거의 없었다.

"그보다 훨씬 심했어. 미미가 장대를 밀어냈어. 이시로가 그랬듯이. 시체 옆에서 한시도 떨어지지 않았어. 몇 시간이나 얼굴을 쓰다듬으며 날벌레들을 쫓아냈어. 리포포가 죽어 애통해하면서도 여전히 보호해야 한다고 여기는 것 같았어. 리포포는 이미 세상을 떠났는데 말이야. 미미가 그토록 마음 아파하는 모습을 보고 모두가 펑펑 울었어.

시체는 터널 부근 비좁은 공간에 있었어. 장대를 든 남자들 때문에 분명 무척 겁났을 텐데도 리포포를 놓아주려 하지 않았어. 급기야 크리스핀이 화살총을 들고 나타났지. 꼭 총처럼 생겼잖아? 이 보노보들이 엄마가 죽기 전에 마지막으로 마주한 사람이 총을 든 남자였어. 그래서 크리스핀이 미미가 시체 곁에서 떠나도록 할 셈으로 총을 들고 나타난 거야. 그런데도 미미는 꼼짝도 하지 않았어. 리포포를 내어줄 마음이 없었던 거야."

어떤 과학자에게 물어보든 대다수는 우리가 사람으로 자리매김하는 자질이 이타주의라는 데 동의한다. 자신을 희생하면서까지 혈연관계가 아닌 개인을 기꺼이 돕는 행동. 동물도 늘 서로를 돕는다. 하지만 번식의 성공에 도움이 될 때에만 그렇다. 코스타리카 북부에서는 밤마다 흡혈박쥐 수천 마리가 동굴 밖으로 날아가 먹이를 찾는다. 흡혈박쥐는 며칠에 한 번씩 피를 마셔야 한다. 그렇지 않으면 굶어 죽는다. 흡혈박쥐가 피를 마시고 돌아오면 굶은 박쥐에게 피를 게워준다. 서로 어떤 혈연관계도 아니지만 어느 날 밤 먹이를 조금 포기하면서 구해준 그 박쥐가 다음에 자신을 구해줄 수 있다. 마찬가지로, 동굴 속 배고픈 동료에게 피를 나눠주지 않으면 다음번엔 자신이 굶주림의 나락으로 곧장 떨어질 수 있다.

어떤 동물 이야기가, 이를테면 칠레에서 어떤 개가 다친 친구를 고속도로 밖으로 끌고 나간다거나 돌고래가 익사할 뻔한 십 대 소년을 구해주었다거나 하는 이야기가 언론을 타면, 과학자는 잘 속아 넘어가는 사람들을 보고 코웃음 치는 경향이 있다. 과학자는 그 개가 배고팠기 때문에, 그래서 도로에서 다친 개를 끌고 나가면 먹을 수 있기 때문에 그랬다고 말한다. 또한 돌고래는 그 소년을 장난감이라고 여겼기 때문에, 그래서 서로 주거니 받거니 놀다보니 어쩌다 소년을 바닷가에 이를 때까지 계속 떠 있게 했기 때문에 그랬다고 말한다.

이들 존경받는 과학자가 어떤 일이 일어났으리라고 마지못해 인정하더라도 그런 일은 매우 희박하게 일어날 뿐더러 아주 기이한 사건이다. 한 사람이 벼락에 두 번 맞는 경우처럼. 과학자들은 주장한다. 오직 사람만이 늘 이타적이라고. 사람만이 피를 나눈다고. 사람만이 자선단체에 기부한다고. 사람만이 늙고 약한 노인이 길을 건널 때 돕는다고. 우리에게 결코 보답하지 않을 타인을 향해 작지만 친절을 베푼다고. 너무 어려 말을 못 하는 아기들조차 칭찬이나 보상이 따르지 않더라도 낯선 이들을 돕는다고.

더욱이 정말 영웅적인 행동들이 있다. 한 남성은 3미터가 넘는 악어 위로 뛰어올라 그 눈을 후벼 파내어 열한 살 소녀를 구해냈다. 한 소방관은 스파이더맨으로 분장하여 여덟 살 소년이 건물에서 뛰어내리지 않도록 구슬렸다.

사람으로서 우리는 이타주의를 숭배한다. 간디, 넬슨 만델라, 원더우먼 등 남을 돕고 싶다는 이유 하나만으로 선을 베푼 사람들을 우상화한다.

지금 미미가 그 모든 것을 산산이 부숴버렸다. 자신과 아무런 상관도 없는 누군가를 위해 목숨을 바치는 일보다 더 숭고한 이타주의 행동이 어디 있을까? 얼마나 많은 사람이 총구를 겨누고 있는 데도 시체 옆에서 옴짝달싹하지 않을 수 있을까?

브라이언은 그 자료를 처리할 방법을 알지 못한다. 그 자료를 발표할 수 없다. 변수가 너무 많고 미지수가 너무 많다.

"하지만 내가 본 광경이 무슨 의미인지 알아. 미미는 리포포를 위해 죽을 각오까지 한 거야."

브라이언은 격앙된 기색이 역력하다. 한편으론 고무되면서도 한편으론 신랄하다.

"도대체 어떻게 사람들은 보노보가 중요하지 않다고 생각하는 거지?"

대답할 말이 없다. 나조차도 한때는 보노보가 그저 작고 우스운 침팬지라고 여겼으니까. 과학자들은 보노보를 무시한다. 언론들은 보노보가 따분하다고 본다. 나머지 세상은 보노보가 존재하는지조차 알지 못한다. 누군가 보노보가 중요하다고 깨달을 때쯤이면 이미 늦을지도 모른다.

두 달 뒤 우리는 라이프치히에서 다시 만나 의욕에 차서 일을 시작한다. 여러 나라를 돌아다닌다. 독일과 케냐, 잔지바르와 일본, 미국과 우간다. 상황이 꼬이기 시작한 때는 결혼식 때문에 오스트레일리아로 돌아온 직후였다.

브라이언이 비행기를 타고 오는 내내 머리가 아프다며 우는 소리를 했다. 나는 고도 때문이라고 생각했다. 브라이언이 속이 메슥거린다고 투덜거렸다. 나는 기내 음식 때문이라고 생각했다.

착륙하자마자 브라이언이 목이 따갑고 온몸이 쑤신다고 말한다. 엄마와 포옹을 나누며 안부 인사를 주고받을 새도 없이 집으로 향한다. 브라이언이 온몸을 떨기 시작한다. 몹시 떨어서 침실로 걸어갈 수도 없을 지경이다. 나는 브라이언을 유심히 살핀다. 끔찍한 생각이 내 머릿속에 자리 잡기 시작한다.

"좀 어때?"

"으슬으슬 추워."

말소리도 분명치 않다.

나는 우리 여행을 되짚어보고 잠복기를 계산한다.

"제길."

엄마와 나는 브라이언을 담요로 둘둘 감싼 다음, 차를 몰고 워든Woden 병원으로 향한다. 토요일 아침이다. 응급실이 꽉 차 있다. 간호원이 말한다.

"오래 기다리셔야 합니다."

나는 간호사 눈을 똑바로 바라보며 매우 차분하게 말한다.

"남편이 뇌성 말라리아에 걸린 것 같아요."

"말라리아요?"

"우린 2주 전에 우간다에 있었어요. 열대성 말라리아 발병률이 높은 곳입니다. 예방약을 먹는데 새로 나온 약이라 얼마나 효험이 있는지 아무도 알지 못해요."

나는 간호사가 잘 못 알아들었을까봐 이렇게 덧붙인다.

"그 말라리아에 걸리면 나흘 안에 죽을 수 있어요. 제 생각에 남편은 걸린 지 벌써 이틀이 지났어요."

시각효과라도 내는 듯 때맞춰 브라이언이 고열 단계로 접어든다. 브라이언이 티셔츠까지 벗고 땀을 흘리며 그 자리에 쓰러진다. 밖은 영하 1도다. 간호사가 걱정스런 표정을 짓는다.

20분도 채 지나지 않아 브라이언이 여섯 시간이나 기다려야 하는 대기 줄도, 피가 엉겨 붙은 빗장뼈도, 천식 발작을 일으켜 목숨이 경각에 달린 어린 소녀도, 다른 온갖 응급 상황도 다 건너뛴다. 분명 뇌를 파먹는 말라리아에는 상대가 되지 않으리라. 인턴이 놀라 입을 떡 벌린다.

"이 질병을 다뤄본 적이 없어요."

나는 어이없지만 인턴 어깨 너머로 TV 드라마 속 인물인 하우스 박사를 찾으려 흘끔거린다. 하우스 박사라면 절뚝거리며 걸어 들어와서 심술궂게 예후를 설명하며 브라이언의 목숨을 살릴 텐데. 하지만 인턴은 브라이언의 팔에 주사기를 푹 찌르고 피를 뽑아 병원의 특별 부서인 전염병과로 보낸다.

의료진이 브라이언을 침대에 묶은 다음, 링거액을 꽂고 심전도계에 연결한다. 그러고는 내게 파란 선과, 아직 브라이언이 살아 있음을 알려주는 깜빡이는 하트 모양을 잘 지켜보라고 말하고는 곧 자리를 뜬다. 브라이언은 얼굴에서 피가 모조리 빠져나간 듯하다. 입술이 하얗고 바짝 말라 있다. 물 밖으로 나온 인어 꼬리 같다.

나는 말라리아를 다룬 책을 처음부터 끝까지 샅샅이 읽고 또 읽는다. 증세로 보아 얼마나 진행되고 있는지 오스트레일리아에 치료할 의약품이 있는지 알아내려 애쓴다.

브라이언은 의식이 오락가락한다. 혼수상태일지도 모른다. 곧 죽음이 닥칠지도 모른다. 뇌성 말라리아는 걸리자마자 심각한 증상이 나타난다. 걸리고 나서 목숨을 잃기까지 평균 2.8일이 걸린다. 나는 손을 브라이언 이마에 올리고 속삭인다.

"여보, 제발, 정신을 놓지 마. 꼭 붙잡고 있다가 무슨 일을 겪었는지 내게 말해야 해."

두 시간이 흐른다. 다시 네 시간이 흐른다. 다시 여섯 시간이 흐른다. 나는 이틀 동안 눈을 전혀 붙이지 못한다. 병원 침상 옆 플라스틱 의자에 앉아 꾸벅꾸벅 존다. 간호사들과 의사들이 왔다 가며 피를 더 뽑고 소변 시료를 더 받아 가고 체온을 더 자주 잰다. 의료진이 지금껏 인류에게 알려진 온갖 검사를 하고 있다. 브라이언의 상태가 급격히 나빠지고 있어 두 번 다시 이 병을 정확하게 이해할 기회가 없을지도 모르기 때문이다. 척수막염, 간염, 황열, 뎅기열. 계기반에서 하트 모양이 켜졌다가 꺼지고 켜졌다가 꺼진다.

우리 삶에는 죽음이 동행하는 어떤 순간이 있다. 30년을 살아오면서 죽음은 내게 낯선 존재였다. 다른 이들에게나 닥치는 일이었다. 그런데 갑자기 한 달에 몇 번이나 죽음이 내 삶 속으로 두그르르 굴러들어 온다. 시드니에서 온 한 친구가 버스에 치였다. 어머니 친구 가운데 세 명이 암으로 세상을 떠났다. 자크의 계수가 말라리아로 목숨을 잃었다. 파파 장의 아내도, 미미의 새끼도, 미케노도, 보롬베도 이젠 이 세상에 없다.

병원 침대에 누운 채 땀을 흘리는 브라이언에게 몸을 숙일 때 당연히 다 괜찮아질 거라는 생각이 들지 않는다. 내 얼굴에 드러나는 불신은 병원의 다른 사람 얼굴에 나타나는 불신과 다르다.

나는 브라이언이 죽을 수 있다는 이 끔찍한 자각을 떨치지 못한다. 바로 여기서. 지금 당장. 돌이킬 수 없게.

브라이언의 손을 잡고 내 얼굴을 묻는다. 내가 가장 좋아하는 노래를 한 번도 들려준 적이 없다는 데 생각이 미친다. 마음이 메기 시작한다. 사랑에 빠지면 가장 먼저 하는 일이 아닌가. 가장 좋아하는 책과 영화를 이야기하고 가장 좋아하는 노래를 불러주는 일은. 브라이언이 이제 영영 들을 수 없다면 어떡하지? 너무 늦었다면?

상심에 빠져 눈물이 앞을 가린다. 더듬더듬 아이팟을 찾는다. 이어폰 한쪽을 브라이언 귀에 꽂고 나머지 한쪽을 내 귀에 꽂는다. 목록을 훑으며 듀란듀란Duran Duran의 〈컴 언돈Come Undone〉을 찾는다. "모든 것이 무너져내릴 때 사랑하는 이에게 기대"라는 대목에서 일렉트릭 신디사이저가 웅웅 울릴 때, 그만 참지 못하고 풀 먹인 병원 이불에 얼굴을 파묻고 흐느끼기 시작한다. 힘없는 손길이 내 이마를 만진다.

"미안해, 스키퍼, 미안해."

브라이언이 숨을 한껏 쉬지 못하는 듯 보인다. 숨 쉴 수 있는 횟수가 정해져 있는데 이제 그 수가 바닥이 난 듯 보인다. 병원은 백색소음으로 가득하다. 색깔을 볼 수 없다. 모든 게 회색이거나 파란색이고 브라이언의 얼굴처럼 기묘한 진주색이다.

이 순간 나는 눈앞에 누워 있는 이 남자가 내가 가장 사랑하는 사람이며 그가 세상을 떠난다면 온 세상이 무너진 것처럼 절망에 휩싸이리라는 점을 안다. 지난 몇 달간 시달린 허무, 깨어진 신뢰, 그 모든 것이 의미를 잃는다. 원망과 분노는 우리에게 시간이 차고 넘칠 때에나 붙잡고 있는 것이다.

여덟 시간 뒤 인턴이 브라이언 가슴에 기절한 듯 엎드려 있는 나를 발견한다. 인턴이 나더러 일어나보라고 손짓을 보낸다. 나는 일어선다. 어질어질하다. 인턴이 나를 의사에게 데리고 간다. 의사는 괴팍한 성미만 빼고는 하우스 박사와 닮은 구석이 하나도 없다.

"브라이언 씨는 뇌성 말라리아에 걸린 게 아닙니다."

"그럼 뭐죠?"

나는 소리칠 뻔했다.

의사는 당황한 기색이 역력하다. 인체면역결핍바이러스일까. 에볼라바이러스일까. 살을 파먹는 바이러스일까.

"독감입니다."

"네?"

"남편 분은 독감에 걸렸어요."

나는 입에서 아무 말이나 튀어나올까봐 막으려고 한 손으로 입을 가린다. 목이 메기 시작하면서 처음에는 호흡곤란을 겪나 싶었는데 웃음이 터져 나오고 만다.

"정말이에요? 브라이언이 예방약을 먹었기 때문에 열대성 말라리아가 혈액도말표본에서 나타나지 않을 수 있어요. 초기 단계라면 그 수치가 너무 낮을지도 모르기 때문에……."

의사는 화가 뻗칠 대로 뻗쳐 있다.

"우리는 혈액도말표본으로 검사하지 않았어요. 항체로 검사했습니다. 남편 분은 독감에 걸렸어요."

의사가 인턴을 돌아본다. 인턴도 표정이 그리 밝지 않다. 안심하는 기미조차 보이지 않는다. 가늘게 실눈을 뜨고 나를 바라본다. 내가 자신을 속여 일생일대의 경험을 빼앗았다는 듯이. 인턴에게 뇌성 말라리아를 치료할 기회가 오긴 할까? 아마도 결코 오지 않으리라.

"바로 퇴원하고 싶습니다."

한밤중 침대에서 나는 브라이언을 아주 세게 때린다. 손바닥이 따끔거릴 정도로.

"이 망할 멍청이. 내 이틀치 잠을 훔쳐갔어."

내가 씩씩거리자 브라이언이 투덜거린다.

"아, 아직 다 안 나았다고."

"여태 목숨이 붙어 있다니 운 좋은 줄 알아. 내가 당신을 직접 죽여버리고 싶은 기분이니까."

그리고 나는 행복하게 브라이언 팔 안에서 동그랗게 몸을 만다. 롤라 야 보노보에서 한번 보았던 그 모습이 기억난다.

반다카Bandaka는 잠시도 가만히 있지 못하는 여섯 살 난 보노보였다. 가장 좋아하는 놀이가 로자Lodja 겁주기였다. 반다카는 로자보다 몸집이 컸다. 로자는 이제 겨우 세 살이었기 때문이다. 그리고 반다카는 여섯 살배기 어린 보노보답게 로자의 머리카락을 잡아당기고 장난감을 빼앗고 보통 못돼먹은 말썽꾸러기처럼 행동했다. 마침내 반다카와 로자가 2집단으로 갈 만큼 자랐다. 2집단은 클로딘이 미케노에 이어 구조한 암컷인 마야가 우두머리였다. 멀리서 다툼을 지켜보기를 좋아하는 미미와 달리 마야는 거리낌 없이 집단 내 정쟁에 개입했다. 지체 없이 반다카에게 '쁘띠 보노보 가송Petit bonobo garcon(어린 수컷 보노보)'의 역할을 가르쳤다. 그 가르침 가운데 몇 가지는 꽤 혹독했다.

어느 날 마야가 유난히 엄한 '벌'을 내려 반다카는 덤불 속에서 혼자 옹그리고 앉아 울고 있었다. 반다카는 슬픔을 가눌 수가 없었다. 엎드려 손바닥으로 땅바닥을 탕탕 치며 울부짖었다. 마야와 부딪히고 싶지 않아서 아무도 반다카를 위로하러 가지 않았다. 그때 나는 보았다. 입술이 붉고 속눈썹이 긴 어린 로자가 살금살금 다가가 두 팔로 반다카를 안는 모습을. 로자는 반다카에게 입을 맞추고 쑥스럽게 머리를 토닥였다. 반다카는 로자 무릎으로 무너져내렸고 로자는 오후 내내 반다카에게 입을 맞추고 쓰다듬었다.

우리는 사랑하는 사람에게 서슴없이 상처를 입힌다. 속이고 거짓말하고 등을 돌린다. 은 30냥 때문에, 또는 내면의 이기심 때문에. 사랑이 오래 가는 단 한 가지 이유는 아주 소박한 선물 때문이다.

바로 용서다.

26

"버네사."

마마 이본이 망고나무 아래에서 큰 소리로 부른다.

"이리로 와요. 아침 내내 기다렸어요."

클로딘이 마마들에게 《마리 끌레르Marie Claire》 최신호를 파리에서 가져다주었다. 다이애나Diana 황태자비 사망 10주기를 맞아 아직도 진행 중인 심리審理를 다루고 있다.

"자동차 사고가 났을 때 황태자비와 함께 차에 타고 있던 남자가 누구예요?"

나는 다이애나 황태자비에 대해 잘 알고 있기 때문에 흔쾌히 말한다.

"아, 그는 도디 파예드Dodi Fayed라고 해요. 아버지가 런던에서 가장 큰 백화점인 해로즈Harrods를 소유하고 있지요."

"황태자가 아니고요?"

"네, 두 사람은 이혼했어요."

"왜요?"

"카밀라Camilla와 탐폰 이야기 못 들었어요?"

마마들은 내가 매력은 있지만 어리석다고 생각한다. 나는 아기를 갖는 일에도(개가 더 좋다), 요리하는 일에도(포장음식을 데워 먹는 게 낫다), 살림하는 일에도(다리미는 벌레 잡는 무기로나 사용한다) 정말 눈곱만큼도 관심이 없다. 마마들은 브라이언이 내 어떤 점에 끌렸는지 몹시 궁금해한다. 그리고 브라이언이 지참금을 많이 내지 않았기를 바란다. 나는 분명 손해가 막심한 거래이기 때문이다.

마마 이본은 누구보다 내가 아기를 낳아야 한다고 매우 강경하게 말한다. 음식에서 유리 조각이 나오기를 바라는 만큼밖에 아기를 원하지 않는다고 설명하지만 이본은 귓등으로도 듣지 않는다. 나를 볼 때마다 내게 겁을 잔뜩 주며 브라이언과 어서 사랑을 나누라고 몰아댄다. 심지어 오후 2시 30분 한창 실험하고 있는 도중에도 그런다.

하지만 지금 내게는 마마들이 깊은 관심을 보이는 무언가 있다. 바로 풍문이다. 나는 잡지를 화려하게 장식하는 모든 인기 스타에 어떤 추문이 따르고 있는지 알고 있다. 내가 잡지를 든다. 교황이 축복한 물건이라도 되는 양 집어 든다. 마마들이 그 속에 담긴 지혜를 얻으려고 몸을 앞으로 기울인다. 마마 에스페랑스가 일어서더니 등나무 의자를 내어준다. 이제껏 받아

보지 못한 영예다. 나는 다이애나 황태자비 동화가 그리는 비극, 안젤리나 졸리Angelina Jolie-브래드 피트-제니퍼 애니스톤 Jennifer Aniston을 둘러싼 파국, 거식증에 걸린 올슨Mary Kate Olson-Ashley Olson 쌍둥이 자매, 키스 어번Keith Urban이 알코올중독을 극복하도록 물심양면으로 도운 니콜 키드먼Nicole Kidman의 이야기를 들려준다.

이야기를 마칠 무렵 수의사 앤 마리와 사무직 여직원이 청중으로 합류한다. 나는 엄청 기분이 좋다. 마마 앙리에트가 새로 온 새끼 보노보 로멜라를 돌보고 있던 오두막에서 모습을 드러내기까지 했다.

로멜라는 내가 본 보노보 가운데 가장 못생겼다. 단백결핍성소아영양실조증kwashiorkor에 걸려 있다. 영양실조증 가운데 하나로 기아에 허덕이는 아이처럼 보인다. 배가 불룩하고 팔다리가 꼬챙이 같다. 머리가 몸에 비해 지나치게 크고 두 눈이 눈구멍에서 툭 불거져 나온다. 머리에만 털이 조금 남아 있을 뿐 온몸에 털이 한 올도 없다. 피에로가 로자에서 발견했다. 로자는 콩고 한가운데에 위치한 도시로 사실상 보노보 고기로 소시지를 만드는 하나의 거대한 공장이다. 그곳에 엄마 잃은 새끼 보노보가 세 마리 있었다. 결국 로멜라만 롤라 야 보노보에 들어왔다. 마마 앙리에트가 말한다.

"우리는 '먹기 대장 싸기 대장'이라고 불러요. 하는 일이 그것밖에 없기 때문이에요."

"이겨낼까요?"

가망이 거의 없어 보인다. 로멜라는 시체나 다름없다. 피부가 뼈에 들러붙다시피 해서 머리뼈를 얼기설기 가로지르는 핏줄이 보일 정도다. 어깨뼈가 천사의 날개처럼 툭 튀어나와 있다. 등뼈 마디가 맨 등가죽을 뚫고 나올 듯하다.

"이겨낼 것처럼 먹느냐고요? 물론이에요."

마마 앙리에트가 로멜라를 과일 더미 앞에 내려놓는다. 로멜라가 망고를 집어 들어 이빨로 껍질을 벗긴 다음 먹기 시작한다. 마마 앙리에트의 말이 맞을지도 모른다. 로멜라가 먹이를 씹는 힘에는 이겨내는 자만이 지니는 무언가가 있다. 싱싱한 오렌지 조각을 쭉 떼어내어 앙 베어 무는 모습에 육식동물 같은 분위기가 난다.

마마 앙리에트 옆에서 마마 이본이 므완다Mwanda라는 두 살 난 새끼 보노보를 업고 있다. 므완다가 내려가더니 로멜라 곁에 앉는다. 그러고는 로멜라 발을 살짝 들고는 입을 맞춘다. 로멜라가 므완다를 유심히 지켜본다. 로멜라가 무슨 생각을 하는지 읽기 어렵다. 그 두 눈이 이상하리만치 텅 비어 있다. 므완다가 로멜라에게 바짝 다가간다. 잠시 뒤 로멜라가 뼈만 앙상한 팔로 므완다의 어깨를 감싸 안는다. 그렇게 나란히 앉아서 남은 오후를 보낸다.

나는 가만히 그 자리를 빠져나온다. 숙소로 돌아와 차가운 콜라를 딴 다음 현관 앞에 앉는다. 손가락 아래로 차가운 물방울이 응결하여 구슬처럼 맺힌다.

이제는 롤라 야 보노보가 집처럼 느껴진다. 공식 주거지는 독일이지만 지난 2년 동안 독일에서 지낸 시간은 4개월 정도에 불과하다. 나머지 시간에는 미국이나 오스트레일리아에 머물거나 수십 차례 열린 학회를 돌아다녔다. 내가 어리둥절하며 학회장 뒤쪽에 앉아 있는 동안 뒤죽박죽 어지럽던 우리 실험이 짧고 뭉툭한 오차 막대와 의미심장한 결과를 지닌, 정연하게 정돈된 그래프로 그럭저럭 옮겨진다.

이들 학회에는 촉촉한 눈망울에 가슴골을 훤히 드러내는 여성이 한두 명쯤 꼭 맨 앞줄에 앉아 있다. 그 여자들이 브라이언을 굶주린 표정으로 눈여겨본다. 브라이언에게는 야심만만한 영장류 동물학자에나 어울릴 법한, 어떤 특정 분야에서 숭배 대상이 될 만한 면모가 있다. 듣자 하니 그가 예일대학교에 있을 때 학부생이 브라이언 사진으로 달력을 만들기도 했다고 한다. 나는 당혹스럽다. 브라이언을? 혹시 섹스 심벌? 어찌나 골똘히 이 문제를 파고들었는지 머리가 지끈거린다.

그 여자들은 내가 누군지 알고 나면 질투와 경멸이 뒤섞인 다양한 표정을 지어 보인다. 나는 깔깔 웃음을 터뜨리고 싶은 동시에 찰싹 따귀를 올려붙이고 싶다. 나는 브라이언을 사랑한다. 하지만 그의 손톱 물어뜯는 버릇이나 사소한 일에도 시시콜콜 따지는 모습이나 이보다 더 심할 수 없는 강박신경증에도 아주 익숙하다. 이렇게 말하고 싶다. "이 여자들아, 너희는 10분도 못 배길걸."

끊임없는 여행으로 우리는 자주 비행기를 타보는 호사스런 지위를 누리기도 하지만 불치의 시차증을 얻기도 했다. 롤라 야 보노보는 내가 잠시나마 정착한 듯한 기분을 느끼는 유일한 곳이다.

우리가 도착하자마자 나비 떼가 색종이 조각처럼 우리 앞에서 흩어진다. 산들바람에는 백합과 잘 익은 과일이 풍기는 달콤한 향내가 묻어 있다. 풍수를 곧이곧대로 따르는 엄마도 바람과 물이 조화를 이루는 롤라 야 보노보의 풍광에서 어떤 흠도 잡지 못하리라. 푸르게 우거진 숲은 굽이굽이 휘감아 도는 강줄기와 거울처럼 잔잔한 연못과 더할 나위 없이 어우러진다. 일출과 일몰에는 보노보들이 서로를 찾는 소리와 마마들이 부르는 노랫가락이 수놓는다.

올해 브라이언은 비장의 무기를 데려왔다. 토리 워버Tory Wobber다. 토리는 리처드 랭엄 교수가 가르치는 대학원생이다. 보노보와 침팬지의 호르몬 수치를 분석한다. 행동 자료에서는 보노보가 침팬지보다 성적性的이라고 드러나지만 어째서 그런 차이가 존재하는지 밝히는 데 도움이 될 만한 호르몬 자료가 없다. 보노보가 실험하는 동안 성교를 하여 긴장을 해소하고 그 결과로 협력을 더욱 잘 이룬다고 말할 수 있다. 하지만 사람들이 보노보가 침팬지보다 성적이라고 믿을 때까지 이는 논란의 여지가 있는 문제다.

토리는 인간과 동물에 관한 여러 연구를 통해 테스토스테론 수치가 성욕과 밀접한 관련이 있음을 알고 있다. 우리는 나이가 들어가면서 테스토스테론 수치가 낮아진다. 성욕도 줄어든다. 테스토스테론은 성욕을 일으키는 데 커다란 역할을 맡고 있다. 토리는 침팬지의 침에 있는 테스토스테론과 보노보의 침에 있는 테스토스테론을 서로 비교할 계획이다. 아무런 위해도 없는 절차다. 진한 스위트 타르트Sweet Tarts 가루를 묻힌 솜뭉치를 건넨 다음, 보노보가 침이 잔뜩 묻어 질척질척한 솜뭉치를 뱉어내면 그걸 모으기만 하면 된다. 토리는 그 침을 하버드대학교로 가져가 분석하고 각 개체의 호르몬 수치를 측정할 예정이다. 토리가 보호구역에 사는 보노보와 침팬지 사이에 호르몬의 차이가 있음을 밝혀내면, 우리가 그들 행동에서 관찰하는 차이가 생리적인 이유 때문에 생겨나고 있음을 이해하는 데 도움이 될 것이다. 더구나 동물원이나 보호구역에서 살고 있기 때문에 하룻밤 사이에 달라지지 않을 것이다. 호르몬에 차이가 있음을 밝혀내면 이들 차이가 야생 보노보에게도 똑같이 존재할 가능성이 크다.

올해 나에게도 역시 비장의 무기가 있다. 수지 퀘투엔다Suzy Kwetuenda다. 브라이언과 나는 롤라 야 보노보로 처음 여행을 왔을 때 수지를 만났다. 수지는 보노보와 어울려 다니며 유심히 지켜보고는 그 내용을 기록했다. 평범한 사람이라면 하지 않는 특이한 행동이었다. 더구나 젊은 콩고 여성이라면 더욱 그랬다.

클로딘은 지금껏 살면서 별다른 이유 없이 한 주도 거르지 않고 보노보를 보러 오는 사람을 이제껏 한 번도 본 적이 없었다.

수지의 아버지는 전쟁이 일어나기 전에 우비라에서 교수를 지냈다. 어류학자로 탕가니카 호수의 물고기를 연구했다. 수지네 가족은 유복한 중산층이었고 수지와 그 형제자매는 멋진 집에 살며 훌륭한 학교에 다녔다.

수지가 열일곱 살이 되던 해, 두 남동생과 함께 부룬디의 탕가니카 호수 인근 항구도시인 부줌부라Bujumbura에서 휴가를 보내고 있었다. 집으로 돌아가기로 한 날 콩고에서 전쟁이 터졌다. 반군이 우비라를 점령했고 집집마다 다니며 살인하고 강간하고 약탈했다.

수지와 남동생들은 석 달을 지내는 동안 부모님 소식을 전혀 듣지 못했다. 부모님이 틀림없이 돌아가셨다고 생각했다. 마침내 편지가 한 통 도착했다. 부모님은 안전하지만 모든 것을 빼앗겨버렸다. 집도, 재산도, 돈도 거의 잃었다. 수지와 남동생들이 킨샤사행 비행기 표를 살 정도밖에 현금이 남아 있지 않았다. 그때부터 수지네 가족은 계속 킨샤사에 살았다.

"아버지는 여전이 일을 찾지 못했어요. 존경받는 교수였지요. 주변에는 늘 친구와 동료가 넘쳤어요. 그런데 지금은 하루 종일 집에 박혀 허공만 바라보세요. 오랜 시간이 흐른 지금도."

수지가 가족의 생계를 책임지고 있다. 게다가 킨샤사대학교에서 생물학 석사 학위를 받을 수 있는 기말시험을 코앞에 두고 있다. 하지만 수요일이면 어김없이 롤라 야 보노보를 찾는다. 빨간 도자기 장미 옆에 앉아 보노보를 지켜본다. 현실에서 탈출하는 자가 보일 법한, 깊이 몰입하는 태도로.

수지에게는 두 가지 꿈이 있다. 야생으로 돌아간 보노보가 보고 싶고 대학 교수가 되고 싶다. 수지는 이렇게 말한다.

"아버지에게 다시 자긍심을 느낄 만한 무언가를 선사하고 싶어요."

우리는 그 자리에서 수지를 뽑았다. 그날부터 나는 실험 일자를 더 연장할 필요가 없었다. 수지는 한 시간이나 이어지는 브라이언의 독백에도 열심히 귀 기울인다. 말없이 골똘히 생각에 잠겨 있다가 날카로운 질문을 던진다. 보노보를 속속들이 알고 있어 실험 가능성을 두고 폭넓게 논의한다.

브라이언은 더 없이 행복하다. 당장 연구에 돌입하고 싶어 몸이 근질거린다. 몇몇 실험을 마무리하고 숙소로 돌아온 브라이언은 희색이 만면하다. 어느 날 오후, 실험 건물을 지나치던 나는 브라이언이 뭐라 외치는 소리를 듣는다. 내가 고개를 들이밀고 보니 수지와 브라이언이 봉에 매달려 바닥에서 1미터 높이 허공에 떠 있다.

"수지가 나무에 올라가본 적이 없대."

브라이언이 이 말로 모든 것이 다 설명된다는 듯 말한다.

"내가 수지한테 그럼 멧돼지를 숲에 풀어주고 나서 어떻게 피할 거냐고 물었어."

"어, 버네사, 난 멧돼지는 한 번도 생각해보지 않았어요."

"그래서 지금 훈련하고 있는 거야. 언제든 실험하다가 내가 '멧돼지다!'라고 소리치면 우리는 아무 데나 올라가 피해야 해."

세멘드와가 그물침대에 누워 손톱을 하나하나 세심하게 살펴보고 있다. 내게 던지는 표정이 이렇게 말하는 듯하다.

'실험 대상이 나인 줄 알았는데.'

"그러게."

나는 세멘드와에게 말하고서 브라이언과 수지에게는 세련되고 정교한 계획을 치하한다고 한마디 던지고 자리를 뜬다.

이제 브라이언도 나도 수지가 없는 생활은 상상할 수도 없다. 수지가 짓는 미소는 카메라 플래시보다 더 밝다. 실험할 때 브라이언이 내리는 선택에 대해서 우스갯소리도 톡톡 던진다.

"왜 실험에 키크위트를 선택해요? 키크위트는 조바(얼간이)예요."

"왜 모두 키크위트에게 그토록 못되게 굴지요? 키크위트가 얼마나 다정한데요. 저는 키크위트를 믿어요."

"키크위트 머리는 **텅 비어** 있어요. 당신이 쏟는 사랑으로도 구해내지 못해요."

실험 건물을 지날 때마다 웃음소리를 듣는다. 내가 수지를 정말 좋아하지 않았다면 아마 몹시 질투가 났을 것이다.

클로딘이 법석을 피우며 우리를 보고 끌끌 혀를 찬다. 우리가 돌보아야 할 또 다른 두 명의 고아라도 되는 듯. 우리는 롤라 야 보노보를 거쳐 구조된 야생동물들이 옹기종기 모여 사는 작은 동물원으로 들어간다. 그곳에는 개 세 마리, 고양이 아홉 마리, 아프리카 회색앵무 세 마리, 원숭이 두 마리, 갈라고 한 마리가 있다. 우리는 일요일 아침이면 마 캄파뉴에 있는 클로딘네에서 크레이프를 먹는다. 클로딘은 우리를 미술 전시회에 데리고 가서는 브라이언을 자신의 '쁘띠 보노보 가송(어린 수컷 보노보)'이라고 소개한다. 빅토르는 건강이 하루가 다르게 좋아지고 있다. 암이 알고 보니 자신의 머리만 한 위궤양이었다. 한 차례 항생제 치료를 받느라 맥을 추지 못했다. 그래도 우리를 킨샤사에서 가장 좋은 음식점으로 데려가 파리의 어느 요리사한테도 뒤지지 않는 맛있는 요리를 사준다. 우리는 다른 자녀들인 지젤Giselle, 토마Thomas, 필립Phillipe과도 인사를 나눈다. 패니는 니스에서 입맞춤을 보낸다(패니는 그 록 스타를 차버렸다. 모두들 얼마나 안도했는지. 하지만 아직 인생을 바칠 만한 소명은 찾지 못했다).

킨샤사가 온갖 화려한 겉모습을 과시해도 우리는 보호구역을 나서자마자 고통을 알아차린다. 전쟁이 아직 동부에서 맹위를 떨치고 있다. 새 대통령을 둘러싸고 우려스러운 소문도 떠돈다. 휴먼 라이트 워치Human Rights Watch(HRW)의 보고에 따르면, 카빌라가 정적에 가하는 고문과 살인을 교묘하게 부추기고 있었다. 3월에 뱀바를 지지하고 있던 200여 명이 살해당했다. 정부군이 500명에 이르는 사람들을 재판 없이 처형하고 1000여 명을 투옥했다. 킨샤사의 감옥이 다시 한번 콩나물시루처럼 꽉 들어찼다. 성기에 전기충격을 가하고 구타를 일삼고 모의 처형을 행한다는 말이 바깥세상으로 새어나오고 있다.

벰바는 여러 달 동안 위협을 풍기며 킨샤사를 여기저기 은밀하게 돌아다니고 500명에 이르는 정예부대의 무장해제를 거부하더니 4월에 폭동을 일으켰다. 카빌라가 반역죄로 기소하기 직전 달아났지만 자신의 과거가 내지른 비명 덕분에 벨기에에서 꼬리가 잡혔다. 국제형사재판소는 2002~2003년 중앙아프리카공화국에서 저지른 전쟁범죄 혐의로 체포 영장을 발부했다. 마구잡이로 뻗어나간 포르투갈의 대저택에서 벰바는 모든 혐의 내용을 부인하고 있다.

동부에서 새로운 적이 부상하고 있다. 로랑 은쿤다Laurent Nkunda다. 아버지 카밀라가 킨샤사로 행군해 들어올 때 그에 맞서 싸웠는데 이제는 그 아들을 상대로 전쟁을 치르고 있다. 은쿤다는 사마귀처럼 길쭉한 얼굴에 포식자 같은 인상을 풍긴다. 항상 그늘이 장벽처럼 드리워 있어 대중은 그 흉중에 어떤 생각을 품고 있는지 좀체 가늠할 수가 없다. 이따금 길고 하얀 관복을 입고 눈처럼 흰 양을 줄에 매어 애완동물 삼아 끌고 다닌다.

새 장군을 둘러싼 소문이 2004년 콩고 동부의 부카부에서 킨샤사로 새어나왔다. 광활한 그 도시에는 르완다 국경 부근에 키부 호수 안쪽으로 곶처럼 쑥 들어간 땅이 있다. 서쪽으로는 울창한 산이 솟아 있다. 다이앤 포시가 마운틴고릴라 연구를 시작한 곳이다.

전쟁이 끝나고 카빌라가 임시 대통령으로 취임한 2004년이었다. 5월 27일, 마베Mabe라는 장군 휘하의 정부군이 투치족 콩고 학생 여섯 명을 체포한 다음 시내 중심가 교차로로 끌고 갔다. 군인들은 강제로 학생들 옷을 벗기고 굴비 엮듯 엮었다. 그러고는 인근 유엔 평화유지군의 눈을 피하려고 학생들을 들판으로 끌고 가서 죽을 때까지 때렸다.

이를 신호로 부카부에 사는 투치족 콩고인을 향한 공격이 시작되었다. 군인이 십 대 두 명을 묶어놓고 총을 쏘았다. 소년들이 땅에 쓰러지자 군인들은 싱글벙글 웃으며 겁에 질린 구경꾼들에게 엄지를 척 들어 보였다.

군인들이 집집마다 돌아다니며 투치족 콩고인을 체포했다. 남자, 여자, 아이를 가리지 않았다. 어떤 이들은 그 자리에서 총에 맞았다. 어떤 이들은 도시 중앙에 놓인 화물 컨테이너로 끌려가 처형당했다. 어떤 이들은 몸값을 지불할 수 있어 국경을 넘어 르완다로 탈출했다. 투치족 콩고인 3000명 이상이 부카부를 떠났다. 이들 가운데에는 총이나 칼이나 마체테에 부상당한 사람도 꽤 있었다.

그 보복으로 투치족 콩고인인 은쿤다가 스스로 구세주라고 선언하며 4000명에 이르는 군인을 이끌고 부카부로 진군해 들어갔다. 은쿤다의 군대는 무시무시한 전투부대였다. 봉급도 못 받고 허기에 시달리는 정부군과 달리 은쿤다의 군인들은 마시시Masisi에 위치한 은쿤다의 농장에서 나오는 영양이 풍부한 치즈를 먹었다. 르완다가 훈련을 시켰고 르완다가 자금을 댔다. 은쿤다가 이끈 군대는 첫 공격을 감행한 지 일주일 만에 도시로 밀고 들어왔다.

6월 3일, 장 음부지Jean Mbuzi는 은쿤다의 군인들이 집으로 불쑥 쳐들어와 총구를 들이대며 500달러를 요구했을 때 수중에 75달러밖에 없었다. 군인들이 장과 나머지 남자 가족을 방에 가두고는 열일곱 살인 누이를 강간했다. 벽 너머로 누이가 내지르는 비명 소리가 장의 귀를 고통스럽게 파고들었다. 군인들이 문을 열었을 때 그중 한 명이 이렇게 말했다.

"투치족 콩고인을 진정 어엿한 콩고인으로 받아들일 때까지 앞으로 부카부에서는 어떤 평안도 없는 줄 알아."

다음 날 은쿤다의 군대는 남편과 아이들이 보는 앞에서 아내이자 엄마를 집단 강간했다. 그러고는 세 살 난 딸을 강간하고 집을 약탈하여 거의 모든 것을 빼앗아갔다. 그런 나날이 계속 이어졌다. 유엔군이 최선을 다해 사람들을 구했지만 은쿤다가 도시를 점령하고 키부 호수가 내려다보이는 주지사의 저택을 차지하는 일까지는 막지 못했다.

그로부터 2년이 흐른 지금, 은쿤다가 서서히 하지만 확실히 콩고 동부를 장악해 들어가고 있다. 은쿤다에 관한 소설 같은 일화가 킨샤사에까지 닿는다. 은쿤다가 반란을 일으켰다는 이유로 부하 150명의 목을 베고 그 시체를 콩고강에 던졌다는 말이 항간에 떠돈다. 또한 은쿤다의 군대에 징집당할 위험이 없는 어린아이는 없다는 말도 나돈다.

세련된 데다가 언론을 잘 이용하는 은쿤다는 앤더슨 쿠퍼 Anderson Cooper부터 벤 애플렉Ben Affleck에 이르는 모든 기자에게 자신은 투치족 콩고인이 대학살을 당하지 않도록 보호하고 있으며 오로지 콩고의 단합과 번영을 바란다고 맹세한다. 목소리가 매끄럽고 차분하다. 미치광이가 낼 법한 목소리가 아니다. 반인륜적 범죄를 저지르지 않았다고 부인하며 언젠가 나라를 경영하고 싶다는 속내를 넌지시 내비친다.

카빌라가 후투족 반군과 손을 잡고 은쿤타의 투치족과 싸우겠다고 위협을 가하고 있다. 이런 태도는 르완다의 반격을 불러올지 모른다. 유엔이 은쿤다와 대화하기를 거부하며 르완다 투치족 정부가 은쿤다에게 자금을 대고 있다고 비난한다. 앙골라가 동요한다. 늘 콩고를 예의 주시하는 우간다가 행동에 돌입할지 모른다. 은쿤다가 콩고에 세 번째 전쟁을 불러올 수도 있다.

나는 롤라 야 보노보를 에워싼 전기담장 바깥에서 무슨 일이 벌어지고 있는지 안다. 하루에 1000명이 넘는 사람들이 목숨을 잃고 아이들이 강제로 군인이 되어 다른 소년병을 모으고 있다는 점도 안다. 여전히 강간을 무기로 삼기 때문에 몸과 마음이 얼마나 망가지는지 아무도 알려고 들지 않는다는 점도 안다.

낙원이 있다면 이런 곳이다. 현실에서 도피할 수 있는 곳. 현관에 앉아 차가운 콜라를 홀짝홀짝 마시며 흘러가는 강물을 바라볼 수 있는 곳. 눈앞에 보이는 세상만이 존재하는 전부라고 짐짓 꾸며낼 수 있는 곳.

하지만 바깥세상이 자신의 잔해를, 파편 같은 그 잔해를 우리 문에 내던지기 전까지만 그렇다.

27

카타코콤베Katako-kombe가 나무상자에 실려 도착한다. 흔히 보는 나무상자다. 사과나 우유병이나 숨을 쉬어야 하는 무언가를 담을 때 쓰는 상자다.

커다란 두 눈이 소나무 판자 사이로 빤히 내다보고 있다. 그 두 눈을 성글게 내려온 검은 머리카락이 덮고 있다. 나는 손을 내민다. 카타코콤베가 팔을 뻗는다. 주먹을 꼭 쥔 채. 활짝 펼친 손은 우정을 가리키는 손짓이다. 꽉 말아 쥔 손은 인사를 건네긴 하지만 아직 신뢰하지 않는다는 의미다.

피에로가 가까이 서 있다. 무늬가 새겨진 셔츠를 입고 편안하고 활기차게 환경부 직원과 대화를 나누고 있다. 클로딘이 부시미트를 파는 킨샤사의 한 시장에서 보노보를 압수하는 활동을 막 펴 나가기 시작했을 때 한번은 동물 밀매업자가 클로딘의 자동차 타이어를 찢어놓았다. 그런 일을 겪고 나자 클로딘은 정부가 나서서 그 일을 처리하도록 해야겠다고 결심했다.

그때 이후로는 군 사령부에 쳐들어가 두말 않고 사령관에게 애완동물로 키우는 보노보를 넘기라고 요구할 수 있다. 시장 노점상을 불시에 급습하지도 않는다. 겁에 질린 보노보를 품에 안고 필사적으로 도망치지도 않는다. 노점상이 소리를 지르며 쫓아오지도 않는다. 환경부 직원이 압수 현장마다 동행한다. 환경부 직원이 판매자에게 법을 어겼으니 체포한다고 고지한다. 이런 절차가 의미하는 내용은 분명하다. 법을 위반하고 보노보를 밀거래하고 싶다면 상대해야 할 대상은 콩고 정부이지 클로딘 안드레가 아니라는 것.

"이름이 뭐예요?"

내가 피에로에게 묻는다.

"카타코콤베. 에콰테르주에 있는 마을 이름을 땄어요."

"카타코 뭐라고요? 이름을 제대로 기억하지 못을 거 같아요. 저는 줄여서 그냥 카타라고 부를래요."

피에로는 성품이 온화하여 별다른 말을 하지 않지만 마마 앙리에트가 지나가면서 코웃음을 친다.

"'카카caca처럼 들리는구먼. 왜 새끼 보노보한테 '똥'이라고 부르는 거람?"

브리이언이 실험 건물에서 나온다. 얼굴이 발갛다. 오전 내내 여자친구인 말루의 침을 모았다. 분명 말루는 브라이언이 아닌 어느 누구에게도 그 일을 허락하지 않았으리라. 브라이언은 여전히 말루의 애정을 한 몸에 받는 영광을 누리는 통에 정신이 어질어질하다. 말루의 침이 가득 든 시험관을 들고서 아주 의기양양하게 실험 건물을 나온다. 그러다 내가 카타 앞에서 다정하게 어르는 모습을 보고 걸음을 뚝 멈춘다.

"아, 이런, 또야?"

나는 천진스런 표정을 지으며 올려다본다. 브라이언이 내 팔을 잡고 상자에서 멀리 떨어뜨려놓는다.

"스키피, 지난번에 일어난 일을 잊은 거야?"

"그럴 리가. 당신이 그 조그만 보노보를 데리고 있지 못하게 해서 결국 죽었잖아."

브라이언이 입을 다물지 못하고 가만히 바라본다.

"사실 당신이 죽인 거나 다름없어. 피도 눈물도 없이 매몰차게 굴어서. 난 숙소에 데리고 오고 싶었지만 당신이 그러지 못하게 했잖아."

브라이언이 양손을 들며 웃는다.

"좋아, 좋아. 당신이 이겼어. 그렇게 원한다면 저 작은 새끼 보노보를 돌봐. 하지만 온갖 질병을 옮겨올 수도 있어. 내가 그런 병이 또 나야겠어? 완전히 소독하기 전에는 내 곁에 얼씬도 하지 마. 그래야 적어도 우리 가운데 한 사람은 당신 얼굴이 왜 썩어 문드러지고 있는지 의사에게 설명할 수 있는 입이라도 남아 있을 테니까."

카타에게는 내가 꼭 필요하지 않다. 보롬베가 죽고 난 이후, 아무도 격리 기간을 두고 더 이상 왈가왈부하지 않았다. 앤 마리가 상자에서 카타를 들어 올린 다음 개수대로 데려가 씻기면서 피부에 붙어 있는 기생충을 없앤다. 카타가 소리를 지르지만 힘이 없어 저항하지 못한다. 앤 마리가 다 씻기고 나서 수건으로 카타를 감싸고는 꼭 껴안는다. 카타가 앤 마리의 눈을 똑바로 들여다보더니 이번에는 성적인 의미를 담아 소리를 지른다. 자신의 음부를 문질러 더욱 기분 좋게 해주었으면 하는 마음이 배어 있다. 카타가 작은 엉덩이를 옴찔거린다. 겁에 질려 덜덜 떨면서도. 앤 마리가 다독인다.

"레스테 트랑퀼, 마 쁘띠reste tranquille, ma petit(요 녀석, 떨지 않아도 돼). 이제 넌 안전해."

동물진료실에서 수의사 크리스핀이 카타에게 주사를 놓고 피를 뽑아 킨샤사의 연구소로 보낸다. 다른 질병에 걸리지 않았는지 검사하기 위해서다. 카타가 두 손으로 얼굴을 가리고 훌쩍인다. 마마 앙리에트가 따뜻한 우유를 한 병 들고 온다. 카타는 마시려고 하지 않는다.

"엄마 젖이 맛이 어땠는지 벌써 잊었겠지. 엄마 젖을 못 먹고 그토록 오래 지냈으니."

앤 마리가 카타의 머리를 쓰다듬으며 말한다.

"오후에 다시 먹여봐요. 지금보다는 덜 무서워할지도 모르니까요."

클로딘이 보육장 앞에서 카타를 살포시 안는다. 그러자 카타가 기가 쑥 살아나는 것 같다. 카타는 보노보에 관심을 보이지 않는다. 대신 우리 모두가 그렇듯 클로딘의 붉은 머리카락에 온통 마음을 빼앗긴다. 카타가 머리카락을 살짝 들어 올린다. 손가락으로 빗질하듯 어루만지더니 입술에 댄다. 다시 한 움큼을 쥐고는 얼굴을 비빈다. 그러고는 이런 동작만으로도 기운이 다 빠졌다는 듯 클로딘의 품에서 동그랗게 몸을 말고 두 눈을 감고는 클로딘의 팔 안쪽에 턱을 괸다. 클로딘이 말한다.

"마음이 몹시 슬픈 보노보군요. 이미 너무 많은 고통을 보아왔어요."

"내가 무엇을 할 수 있을까요?"

내가 묻자 클로딘이 지난번과 똑같은 조언을 건넨다.

"뭐라도 마시게 해야죠."

나는 매일 아침 밥을 먹고 나면 강가에 늘어선 작은 오두막으로 내려간다. 끝에서 세 번째 문을 연다. 신나는 콩고 음악인 스쿠스*soukous*가 라디오에서 흘러나온다. 그 음조라면 나도 귀에 익다. 스태프 벤다 빌리리Staff Benda Bilili가 최근 음악계에 돌풍을 일으키고 있다. 이 밴드는 한때 킨샤사 동물원 밖에 살던 하반신 마비 음악가들로 이루어져 있다. 악기도 우유통, 생선 바구니, 철사가 고작이다. 가락이 유치한 듯하면서도 뇌리에서 계속 맴돈다.

안에서는 마마 앙리에트가 사탕수수에 우유를 살짝 적셔 카타에게 내밀며 빨아먹어보라고 살살 구슬리고 있다. 곁에는 로멜라가 쓰레기장을 방불케 할 만큼 망고 껍질과 바나나 껍질과 다 씹고 뱉은 사탕수수가 수북이 쌓인 한가운데에 앉아 있다.

"봉주르, 마마 앙리에트."

"봉주르, 버네사 바보테*babote*."

바보테는 링갈라어로 '아름답다'는 뜻이다. 칭찬인지는 잘 모르겠다. 마마 미슐랭도 바보테라고 불린다. 마마 미슐랭은 이가 세 개밖에 남아 있지 않고 곧 100세가 된다. 내 뭉친 머리카락과 땟국물이 흐르는 얼굴을 보면 놀리고 있다는 의심을 지울 수 없다.

"아무것도 안 마셨어요?"

"한 모금도 안 마셨어요."

내가 앉자 카타가 인사를 건네듯 울음소리를 낸다. 첫째 날에는 내게 가까이 다가오지 않는다. 둘째 날에는 꺅 소리를 지르며 자신의 음핵을 내어주지만 손은 멀찍이 떼어놓는다. 다섯째 날이 되어서야 내 무릎에 앉고 음핵을 내 배에 문지르며 꺅 소리를 낸다. 나는 마마 앙리에트가 하던 일을 건네받아 사탕수수를 우유에 적신다. 조금 씹어 설탕물이 배어나오는 사탕수수 조각을 집어 섬유질이 우유를 흠뻑 머금도록 한 다음, 우유가 뚝뚝 흐르는 사탕수수를 카타 입으로 가져간다. 카타가 아주 조금 우물거린다. 오늘 40그램 정도밖에 마시지 않았다. 작은 생수병으로 10분의 1도 채 마시지 않은 셈이다. 그나마도 다 줄줄 흘리며 털을 적신다. 로멜라는 이미 세 병이나 마셨는데.

마마 앙리에트가 노래한다.

"로, 멜, 라, 우리 먹기 대장 싸기 대장."

오전 10시다. 로멜라가 벌써 망고 여섯 개, 바나나 세 개, 사탕수수 두 조각, 파파야 반 개를 먹었다. 살이 오르고 있어 《반지의 제왕》에 나오는 골룸 같은 꼴은 점점 사라지고 살아 있는 생명체 같은 티가 나기 시작한다.

나는 자리를 잡고 카타를 무릎에 앉힌다. 마마 앙리에트가 내게 아침 수다를 떤다.

"어젯밤 마을에 불이 났대요."

"어디에요?"

마마 앙리에트가 입으로 가리킨다.

"저기. 어떤 남자에게 첫 번째 부인한테서 낳은 아들이 하나 있었대요. 그 아들이 어젯밤에 그 남자, 그러니까 아버지의 세 번째 아내와 두 아이들이 사는 집에 들렀대요. 다들 그 아들을 잘 알았답니다. 아이들이 큰형님이라고 부르고요. 그런데 그 아들이 아버지의 세 번째 아내와 두 아이들을 지하실로 데리고 가서는 목을 베었대요."

"거짓말!"

"진짜예요! 그러고는 집에 휘발유를 붓고는 불을 붙였대요. 옆집에 사는 이웃이 불길을 보고 문을 부수고 들어가 그 아들을 끌어냈다네요. 입과 코에서 피가 흐르고 얼굴이 완전히 타버렸대요."

"아이들은요?"

"죽었죠."

"왜 그런 짓을 했대요?"

"친엄마가 그 아들에게 말했답니다. 아내를 한 명 이상 두면 왜 나쁜지 말이죠. 분란만 일으킬 뿐이라고요."

"여자는 남편을 한 명 이상 둘 수 없어요?"

"한 명 이상이나? 뭣 때문에 남편을 한 명 이상 두어요? 한 명만으로도 이미 골치가 지끈거리는데?"

"골칫거리도 그만큼 늘겠네요."

나는 고개를 끄덕인다.

앤 마리가 들른다.

"카타는 좀 마셨어요?"

마마 앙리에트가 아직 꽉 찬 병을 보여주며 앤 마리를 부른다.

"잠깐만요. 나는 부엌에 갔다 와야 해요. 우리 먹기 대장 싸기 대장 먹일 망고를 더 가지러요."

카타가 일어나 마마 앙리에트 뒤를 따라가려고 한다. 내가 카타의 배를 쓰다듬고 그 얼굴에 내 얼굴을 비빈다. 카타가 따라가지 않겠다고 마음을 돌린다.

내가 앤 마리에게 묻는다.

"어젯밤 마을에서 불났다는 이야기 들었어요?"

"얘기해주세요."

나는 앤 마리에게 그 이야기를 전한다. 앤 마리도 당연히 격분을 참지 못했다.

"당신 남편도 아내가 한 명 이상이에요?"

앤 마리는 표정이 어두워진다.

"저는 남편이 없어요."

"아, 미안해요."

나는 당황하며 말했다. 내가 알기로 앤 마리에게는 아이가 둘 있다. 당연히 결혼했으리라고 짐작했다. 내가 사과하자 앤 마리가 손사래를 친다.

"괜찮아요. 우리는 전쟁이 일어났을 때 떨어져 있었어요. 남편은 당시 고마에 있었지요. 동부에서도 끝에 있는 도시에요. 저는 킨샤사에 있었고요. 비행기는 발이 묶였고 길은 막혔어요. 내가 남편에게로 가거나 남편이 내게로 올 방법이 전혀 없었어요. 전화도 없었고 이메일도 없었고 남편을 찾는 데 이용할 만한 수단이 없었어요. 아이 둘은 제가 데리고 있었습니다. 우리는 기다렸어요. 소식이 곧 오리라고 희망하면서요. 고마에 전갈을 띄우고 친구나 친척을 수소문했어요. 남편이 죽지 않았다면 집으로 돌아올 거라고 생각했어요. 2년이 지나서 남편이 제게 전화를 했어요. 결혼해서 새 가정을 꾸렸다고요."

"아니, 뭐 그 따위 인간이 다 있어요?"

내가 한숨을 내쉰다. 앤 마리가 어깨를 으쓱한다.

"이젠 상관없어요. 내게는 아이들이 있잖아요."

마마 앙리에트가 돌아온다. 손에는 과일이 가득 든 바구니가 들려 있다. 로멜라가 꺅꺅 기뻐하며 일곱 개째 망고를 깨문다. 한 손으로 망고를 들고 이빨로 껍질을 벗긴다. 다른 손에는 바나나를 들고 있다. 왼발과 오른발로도 각각 망고를 하나씩 쥐고 있다. 혹시 마마 앙리에트가 마음을 바꿔 바구니를 멀찍이 치워놓을까봐. 카타가 트림을 하면서 인사를 건네지만 내 무릎을 떠나지는 않는다.

잠들기 전에 카타가 음핵을 내 배에 대고 문지르던 일을 떠올린다. 성적인 행동이 아니었다. 그보다는 다른 흥미로운 점이 있었다. 자신을 달래려는 것 같았다. 기분을 북돋는 듯했달까.

내 곁에서 브라이언이 신문을 읽고 있다. 내가 쿡쿡 찌른다.

"여보?"

"응?"

"토리가 연구할 때 테스토스테론 수치를 어떻게 살피는지 알지? 우리가 침팬지보다 보노보의 성적 욕구가 더 높은지 알아보는 데에도 도움이 되지 않을까? 카타가 오늘 음핵을 내게 문질렀어. 카타는 아직 어리잖아. 고작 세 살밖에 안 됐어. 그런데도 성적 행동을 일종의 악수handshake처럼 사용하고 있어. 우리가 그 부분을 연구할 수 있는지 궁금해. 보육장에서 말이야."

브라이언이 신문을 코 아래로 내린다. 놀란 표정으로 나를 바라본다.

"연구를 제안하는 거야?"

"글쎄, 롤라 야 보노보의 보육장과 오레티의 침팬지 보육장을 비교할 수 있어. 보육장에서 보살피는 유인원들은 다 자란 유인원들과 떨어져 지내잖아. 그러니 다 자란 유인원한테서 성적 행동을 배울 수 없을 테고."

브라이언이 천천히 내 말을 이어나간다.

"게다가 모두 야생에서 태어났지. 우리는 유인원들이 함께 먹이를 먹을 때 성적 행동이 가장 두드러지게 나타나는 지점이 어디인지 그 맥락에서 관찰할 수 있어. 스키피, 정말 훌륭한 발상이야."

브라이언과 함께 세부사항을 세워나간다. 나는 아침마다 보육장으로 갈 계획이다. 먹이를 먹기 전 30분, 먹이를 먹는 동안 30분, 먹이를 먹은 후 30분을 관찰할 예정이다.

나는 카타가 우유 한 병을 한 방울도 남기지 않고 다 마시는 꿈을 꾼다.

28

"와우."

브라이언이 감탄한 표정을 짓는다.

나는 새끼 보노보가 성교를 맺을 때 보이는 여러 모습을 매우 과학적인 도해로 그려놓았다. 파워포인트를 이용해 막대 그림을 그린 다음, 웃는 얼굴을 붙였다. 성적 행동에 대한 판단을, 즉 성교가 합의에 의해 이루어졌다는 상황을 명확하게 보여주기 위해서다.

"두 개체가 있다는 정도만 알 수 있도록 그린 거야. 굳이 세세할 필요는 없잖아?"

브라이언이 내 이마에 입을 맞춘다.

"정말 멋진 도해야. 그리고 스키피, 명실공히 네 첫 연구야."

아침마다 나는 일찍 밥을 챙겨 먹고 새끼 보노보들이 푸짐

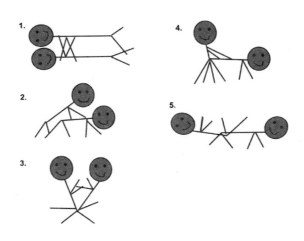

한 과일 샐러드를 먹기 30분 전에 보육장으로 들어간다. 항아리만 한 작은 흙더미에 앉아 새끼 보노보들을 지켜보면서 그 내용을 적는다. 첫 30분 동안에는 별일이 없다. 다만 므완다가 나를 보자마자 내 머리를 감싸 안고 음핵을 내 입에 대려는 정도? 므완다가 왜 그러는지 나로서는 알 길이 없다. 나는 여전히 보노보의 음핵에 깜짝 놀란다. 므완다처럼 세 살배기도 음핵이 동그랗게 말려 있고 분홍색을 띠며 단단하다. 마마 이본이 하하 웃으면서 므완다를 내 머리에서 떼어내려 애쓰는 동안에도 내 입술에 닿은 그 음핵이 옴질거리고 있음을 느낄 수 있다. 물론 나는 웃을 수가 없다. 비명조차 지를 수 없다. 그저 잠자코 앉아 끈질기게 입속으로 들어오려는 저 작은 막대 단추에 저항하는 수밖에 없다.

새끼 보노보들이 씨름하듯 엎치락뒤치락하거나 잡으려 뒤쫓거나 서로 간지럼을 태운다. 그때 마마 이본이 신호를 보내고 마마 에스페랑스가 먹이가 가득 든 커다란 바구니를 머리에 이고 언덕 위로 모습을 드러낸다. 생김새가 꼬마 마귀 고블린 같은 세 살배기 수컷 보노보 보요마Boyoma는 먹이라면 사족을 못 쓴다. 먹이를 보자마자 무슨 수를 쓰더라도 음경을 문질러야 한다. 문지를 수만 있으면 어디에라도 상관없다. 루오지Luozi의 가슴이든 므완다의 팔이든. 아무도 만져주지 않으면 몸을 잔뜩 뒤로 젖히고 음경을 한껏 위로 찌른다. 무언가를 꿰뚫으려는 듯. 이어 귀청을 찢을 것 같은 고음으로 소리를 지른다. 누군가 더 이상 참지 못하고 음경을 쓰다듬어줄 때까지.

다섯 살 난 암컷 칠렌게Tchilenge가 므완다를 가슴에 꼭 껴안는다. 이 성교는 무척 인상에 박힌다. 관절을 거의 자유자재로 움직인다. 사타구니가 자신만의 고유한 생명력을 따로 지닌 듯하다. 음핵이 서로를 움켜쥔다. 작은 분홍빛 벌레 두 마리가 서로 머리를 들이받고 감았다 풀었다 한 다음 떨어진다. 그래야 다시 머리를 들이받을 수 있으니까.

이상한 점은, 이런 성교가 전혀 자극적이지 않다는 것이다. 어린 수컷은 삽입을 하지 않고 어린 암컷은 (내가 보기에) 절정을 느끼지 않는다. 보육장에서 이루어지는 성적 행동은 성과 먹이를 교환하는 계산된 협상 전술이 아니다. 먹이를 보지 않으면 흥분하지 않는다. 먹이를 보면 먹고 싶은 마음이 몹시 간절해서 음부를 무언가에 문질러 기분을 더욱 북돋는 것 같다.

모두가 먹고 난 다음에는 다시 놀이를 시작한다. 루오지는 하루도 거르지 않고 내 연필을 훔친다. 매일매일 연필을 훔쳐가는 통에 나는 골머리를 앓는다. 루오지가 덤불 속에 숨어 있다. 친구들과 노는 척한다. 내가 온 집중을 다해 종이 위에서 움직이는, 그 반들거리는 노란 도구에 요만큼도 관심이 없는 척한다. 변화구처럼 빙 에둘러 살금살금 움직인다. 자신이 접근해도 내가 볼 수 없다는 점을 알고서. 내가 다른 보노보가 노는 활동에 정신이 팔릴 때까지 기다린다. 순간 전광석화처럼 나를 휙 지나치며 연필을 낚아채고는 줄행랑을 쳐 자신의 전리품을 숨겨놓는다. 마마 이본이 화를 내며 "루오지!"라고 부르면 찾아올 수 없는 어떤 곳에, 주로 커다란 똥 무더기에 그 약탈품을 떨어뜨린다. 그러고는 킬킬거리며 멀리 도망친다.

욜로Yolo는 나를 좋아하지 않는다. 보노보들이 사람을 보자마자 내리는 매우 기이한 결정 때문이다. 내 어떤 점을 욜로가 싫어하는 걸까? 내 생김새가 마음에 들지 않는 걸까? 마마 이본 옆에 너무 붙어 앉아 있기 때문일까? 무엇이 되었든 욜로가 가장 즐기는 활동은 두 손을 짚고 서서 발로 내 머리를 차는 것이다.

그러던 어느 날 연필 도둑 루오지가 욜로의 발을 세게 물어 피까지 난다. 욜로가 비명을 지르며 발을 움켜쥔다. 도움을 바랄 만한 대상 가운데 내가 가장 가까이 있다. 욜로가 한 발로 깡충깡충 뛰며 내게로 온다. 애처롭게 눈물을 흘리면서.

"욜로, 우리 가여운 아가, 이리 온."

말이 떨어지기가 무섭게 욜로가 내 품에 와락 안긴다. 놀이터에서 얻은 상처 때문에 숨을 거칠게 몰아쉰다. 욜로는 내게 손길 한 번 준 적이 없다. 이번이 처음이다. 이 백기 투항으로 욜로는 완전히 전의를 상실한다. 그간의 악감정이 내 무릎 속으로 싹 녹아 사라지는 게 눈에 보일 정도다. 욜로가 몇 시간이나 무릎에 누워 있다. 움직이려 하지 않는다. 평소에는 한시도 가만히 있지 못하는 녀석이라 낯설다. 아랫입술을 뿌루퉁 내미는데 어찌나 쑥 내미는지 그런 모습도 처음 본다. 연구도 끝나고 자리에서 일어나 떠나려니 욜로가 낑낑거리며 더 달라붙는다. 나는 도로 앉아 욜로를 쓰다듬으며 한 시간을 더 보낸다. 그때부터 욜로는 나를 가장 잘 따르는 추종자가 된다. 내가 보육장에 들어서면 달려 나와 온몸으로 무릎을 감싸고는 재빨리 몸을 타고 올라와 두 다리로는 내 허리를, 두 팔로는 내 목을 휘감는다.

내가 숙소로 돌아가면 브라이언이 이렇게 묻는다.

"우리 햇병아리 연구자, 오늘 연구는 어땠어?"

나는 보육장에서 입었던, 똥과 끈적끈적한 망고 과즙과 갈색 바나나 얼룩이 덕지덕지 묻은 옷을 벗으며 그날 있었던 별난 행동들을 이야기해준다. 재빨리 욕실로 들어가 비누로 온몸을 깨끗하게 씻고 손과 팔을 항균소독제로 닦는다. 깨끗한 옷으로 갈아입은 다음, 작은 오두막이 강을 따라 늘어선 곳으로 내려간다.

29

여러 날 동안 카타에게 무언가 마시게 하려고 온갖 방법을 찾는다. 우리는 카타를 로멜라 앞에 앉힌다. 로멜라가 우유 세 병을 꿀꺽꿀꺽 들이켜는 모습을 볼 수 있도록. 나는 손가락에 따뜻한 우유를 찍어 카타의 입으로 가져간다. 카타는 입술을 앙다물고 눈을 질끈 감는다. 카타가 왜 그토록 거부하는지 궁금하다.

"카타는 자신이 살고 싶은지 어떤지 모릅니다."

클로딘이 말하는 사이 카타가 클로딘의 머리카락에 자신을 파묻는다.

나는 카타가 살고 싶어지려면 도대체 무엇이 필요한 걸까 알고 싶다. 카타는 따뜻하고 안전한 곳에 있다. 밤이면 이제 솜털이 제법 보송보송하게 난 로멜라의 따스한 몸 옆에 웅크린다. 하루 종일 마마 앙리에트와 작은 오두막에서 지낸다. 앤 마리와 나도 늘 들러 들여다본다. 카타는 사랑받고 있다.

나는 언제나 슬픔이 휘두르는 힘에 깜짝깜짝 놀란다. 아버지는 조울증을 앓았다. 아버지가 얇은 망사처럼 두르고 있는 고통이 내 눈에 보이는 듯했다. 아무도 그 기제를 알지 못한다. 하지만 오랜 슬픔은 누구든 망가뜨린다. 몸에 근원이 없는 고통을 일으킨다. 심장을 공격한다. 암을 불러온다. 때때로 사람들은 슬픔을 이기지 못하고 죽음에 이르기도 한다.

누군가 카타를 웃게 해야 한다. 나는 간지럼을 잘 태운다. 쇄골과 목 사이 공간에 살팍진 근육이 있다. 넓적다리와 사타구니가 만나는 곳에도 있다. 나는 사람이든 침팬지든 보노보든 몇 초 안에 깔깔거리며 웃게 할 수 있다. 너무 웃어 숨이 넘어가게 할 수 있다.

그런데 카타는 웃지 않는다. 싱긋 미소조차 짓지 않는다. 나는 온갖 방법을 다 쓴다. 간지럼을 살살 태워도 보고 박박 태워도 본다. 카타는 찡그리기만 할 뿐이다. 배에 입을 대고 푸푸 불어도 본다. 머리카락을 늘어뜨려 카타한테 엉클어놓기도 한다. 카타가 아주 살짝이라도 미소를 띠게 하는 일이 내 임무가 된다. 하지만 불가능한 임무다.

카타는 빵을 좋아한다. 열심히 먹는 건 빵밖에 없다. 마마 앙리에트가 말한다.

"흠, 카타야, 누가 숲에서 아침마다 너한테 빵을 구워줬어?"

카타는 겉껍질도 벗기고 투명한 속껍질도 벗기고 씨도 빼낸

다음 조각조각 떼어놓은 감귤과 오렌지를 더 좋아한다. 어릴 적 내가 그랬듯이. 클로딘이 카타에게는 꼭 가장 부드러운 망고, 가장 달콤한 설탕 바나나, 가장 즙이 많은 사탕수수를 준다. 나는 남아프리카공화국에서 사들인 초록 사과도 몰래 놓는다. 하지만 따뜻하건 차갑건 소젖이든 분유든 우유는 전혀 마시지 않는다.

손에 우유를 너무 오래 적신 탓에 손가락이 말랑말랑해지면서 쪼글쪼글해진다. 나는 카타가 내 무릎에서 꾸벅꾸벅 졸 때까지 기다린다. 그런 다음 우유병을 입술로 가져간다. 카타 얼굴에 후 숨을 분다. 카타가 내 숨을 잡으려고 입을 벌린다. 그때를 놓칠세라 입속으로 우유를 흘려 넣는다. 하지만 우유는 턱을 타고 줄줄 흘러나오며 털을 적신다. 나는 속수무책이다. 카타에게는 엄마가 필요하다.

아침 일찍 일어나 야간 우리로 살금살금 다가간다. 카타가 두 팔로 뜨거운 물병을 안고 있다. 물병을 밑에 깔고 팔다리를 쭉 뻗은 채 엎드려 자고 있다. 엄마에 안겨 자던 모습이다. 두 눈을 꼭 감고 있다. 잠에서 깨고 싶지 않은 것이다. 자신이 여기 있다는 현실을 인정하고 싶지 않은 것이다.

숨이 턱 막힐 만큼 무더운 한낮이다. 옷이 척척 들러붙는다. 카타가 매달린 채 다리에서 큰대자로 널브러져 있다. 더위를 식히려고 표면적을 최대한 늘리고 있다. 마마 앙리에트가 말한다.

"여자가 남자 성기를 떼 갔어요."

킨샤사에서는 음경을 떼어 가는 사고가 종종 일어난다. 아프리카 서부와 중부에서는 음경 절도가 꽤 빈번하다. 여성 주술사가 남자와 부딪히거나 마술을 건 물건으로 남자를 만져 주문을 건다. 마마 이본이 잘 아는 듯 말을 잇는다.

"저 나이지리아인들은,"

내가 마마 이본의 말을 중간에 자른다.

"잠깐만, 정말로 그럴 수 있다고 믿는 거예요?"

마마 앙리에트가 풍만한 가슴을 더욱 내밀며 말한다.

"안 믿을 건 또 뭐예요? 에콰테르에 사는 내 셋째 조카가 직접 겪었어요. 내 여동생이 두 눈으로 직접 봤대요."

"말도 안 돼. 그럼 어떻게 돼요?"

"아무것도 남지 않아요. 타박상으로 생기는 혹 정도만 남아요."

"켄 인형처럼요?"

마마 앙리에트가 어리둥절한 표정을 짓는다. 나는 바비와 켄의 음부에 대해 설명한다.

"**딱** 그런 모습이에요"

마마 이본이 호주머니에 한쪽 손을 넣고 사타구니를 감싼다.

"킨샤사에 사는 남자들은 죄다 이러고 걸어요. 브라이언에게도 시내에 가지 말라고 단단히 일러두어요."

"아, 걱정 마세요. 그런 일이 진짠지 가짠지 신경도 안 쓸걸요. 그리고 그건 만지려 들지도 않아요."

"허! 보아하니 써먹지를 못하는구먼."

마마 이본이 말하자 내가 꽥 소리를 지른다.

"그만!"

마마 이본이 눈을 가느다랗게 뜬다.

"지난밤에 아기 만들었어요?"

"마마 이본이 상관할 일이 아니잖아요."

"나이도 이제 들 만큼 들었어요."

"마마 이본, 나 이제 겨우 서른이에요."

"내 말이 맞네. 들 만큼 들었네."

"피임약을 먹고 있어요."

"피임약은 암을 일으켜요."

"안 그래요."

이 대목에서 마마들이 진지하게 고개를 끄덕이더니 한목소리로 외친다.

"흠, 아니에요. 암을 일으켜요."

나는 카타 배에 얼굴을 파묻는다.

"당장 그 잔소리 좀 거둬줄래요? 내게는 이미 아기가 있다고요. 요기 바로 눈앞에."

카타 뱃속에 아메바가 들어 있다. 탁하고 노란 점액 같은 똥이 엉덩이 밖으로 줄줄 흐른다. 카타가 경련을 일으킨다. 고 작은 얼굴이 고통으로 잔뜩 일그러진다. 앤 마리가 카타에게 약을 먹인다. 약효는 강하고 빠르다. 곧 편안해진다. 설사, 다시 말해 탈수라는 주요 부작용만 빼면.

게다가 카타가 여전히 우유를 한 모금도 마시지 않는다.

나는 오두막에 깔아놓은 요에 앉아 있다. 자크가 지나가다 잠시 들른다.

"별일 없죠?"

"너무 더워서 손가락 하나 까닥하지 못하겠어요."

자크가 내 긴 생머리와 축 늘어진 어깨에 눈길을 준다. 카타가 태아처럼 몸을 돌돌 만 채 내 품에 안겨 있다. 두 눈이 아픔으로 꼭 감겨 있다. 경련이 지독했음에 틀림없다.

"얘기 좀 해봐요."

자크가 앉는다.

"내가 어머니 이야기를 들려준 적 있어요? 어머니는 우리 마을에서 열리는 결혼식에 가려던 참이었어요. 신부를 잘 알았거든요. 염소를 선물로 준비했지요. 결혼식이 열리는 곳까지는 한참 걸어가야 했습니다. 커다란 숲도 지나야 했어요. 숲 깊숙한 곳에 이르렀어요. 사람 그림자 하나 보이지 않았지요. 그때 표범 한 마리가 나무를 타고 내려와 염소를 훔쳐갔어요.

어머니는 정말 속이 상했어요. 가난했고 염소를 또 살 돈이 없었거든요. 도와달라고 있는 힘껏 소리를 지르며 울부짖었어요. 보노보 몇 마리가 큰 무리를 지어 다가왔어요. 그러고는 표범을 뒤따랐어요. 보노보들이 표범을 뒤쫓으며 빽빽 고함을 질러대니 표범이 그만 겁에 질렸어요. 염소를 그대로 놓아두고 도망쳤지요."

나는 카타의 턱밑을 다정하게 어루만진다.

"이게 말이 돼? 너도 들었지? 숲에 갈 때는 너를 데리고 가야겠구나. 표범한테서 지켜줄 테니까 말이야."

"에콰테르에서 사냥꾼들이 말하기를 보노보에게 총을 겨누면 손뼉을 친다고 해요. 팔을 앞으로 나란히 내밀고 손뼉을 두 번 친대요. 그런 동작을 취하며 사냥꾼한테 살려달라고 빈답니다."

카타가 잠이 든다. 몸에서 힘이 스르르 빠진다.

"그럼, 사냥꾼이 살려줘요?"

자크가 고개를 가로저으며 카타를 바라본다.

"아니요."

어둡고 무덥고 끈적끈적한 날이다. 나는 벽에 머리를 기대고 있다. 카타가 내 품에 얼굴을 파묻고 누워 있다. 카타의 심장 고동과 내 심장 고동이 서로 맞닿는다. 내 심장 고동은 세다. 카타를 밀어붙인다. 그 바람에 카타가 가늘게 흔들린다. 카타의 심장 고동에 맞출 수가 없다. 이따금 짧게 톡톡 치는 느낌만 받는다. 나비의 날갯짓 같은.

카타의 손을 들어 살살 쓰다듬는다. 손가락으로 빗질하듯 털을 살살 쓸어 넘긴다. 털이 별로 없다. 살갗이 푸석푸석하고 딱딱하다. 뼈는 손에 잡힐 듯 그대로 드러나 있다. 근육이 몇 가닥 실처럼 엮여 팔다리를 이루고 있다. 팔이 성냥개비 같다. 내 집게손가락과 엄지손가락으로 잡아 힘을 주기만 해도 툭 부러뜨릴 수도 있을 성싶다.

내가 안아 들 때면 손안에서 무게를 느꼈다. 어떤 형체가 있다는. 어떤 존재가 있다는. 그런데 지금은 아무런 무게감이 없다. 거의 아무런 존재감이 없다. 머리 정수리부터 시작해 조그만 발끝에 이르기까지 샅샅이 살핀다. 얼굴 윤곽을 따라 나 있는 검은 털을 손가락으로 가닥가닥 빗질하듯 쓰다듬는다. 털이 어깨까지 닿는다.

로멜라에게도 아메바가 있다. 하지만 하루에 우유를 세 병이나 마시기 때문에 물똥을 잠시 싸도 큰 탈이 나지 않는다. 로멜라의 보드라운 가슴이 볼록하게 나오며 배까지 이어진다. 살갗에는 윤기가 흐르고 두 눈에도 생기가 감돈다.

카타는 가슴 아래로 갈비뼈가 앙상하다. 내가 카타를 뒤집자 밝은 빛에 흉곽이, 등뼈 마디가 또렷이 드러난다. 볼이 움푹 패여 있다. 입술을 젖히고 깍 소리를 지르면 해골처럼 보인다.

죽음이 그 마수를 카타에게 점점 뻗치고 있다.

"카타가 이겨내지 못할 것 같아요. 무리예요. 슬픔이 너무 깊어요."

클로딘이 말한다.

나는 클로딘이 단단히 마음의 준비를 하라는 말을 넌지시 비치고 있음을 안다. 이제껏 클로딘이 겪은 상실감만으로도 아득하기 그지없지만, 내가 심한 충격을 받지 않도록 배려하고 있다.

이시로가 통나무에서 뛰어올라 물속으로 첨벙 뛰어든다. 다시 춤을 추고 있다. 하늘로 쑥 솟구쳐 두 팔을 가슴 앞에 가지런히 모으고 빙그르르 돌고 있다. 머리는 한껏 뒤로 젖히고 두 눈을 꼭 감는다. 다른 세상에 있는 듯하다.

"어떻게 이겨내는지 나로선 알 길이 없어요."

나는 백 번째로 말한다.

피지Fizzi가 템보Tembo를 쫓아 통나무를 가로지른다. 엎치락뒤치락 씨름하더니 물속으로 텀벙 떨어진다. 깔깔 웃음보를 터뜨리며.

클로딘이 천천히 말한다.

"무척 행복해 보이지요. 안 그런가요?"

이것이 클로딘이 내놓는 대답이다.

카타의 살갗이 뼈에서 축 늘어져 있다. 남은 시간이 얼마 없다. 아메바는 그나마 간당간당하던 영양분마저 앗아갔다. 카타에게서는 더 이상 과일 샐러드와 코코넛 향기가 나지 않는다. 썩은 우유와 똥 냄새만 난다. 속이 비어 있다. 텅.

눈에 죽음이 깃든다. 보롬베가 삶의 끝을 놓아버린 전날 밤과 똑같다. 그 표정은 한번 보면 절대 잊히지 않는다. 가족이 난도질당하는 모습을 지켜본 르완다 난민의 눈이다. 거리에 널브러진 엄마의 시체로 두 팔을 내뻗던, 동부에서 온 어린아이의 눈이다. 카타는 삶을 놓았다.

내가 카타의 손을 잡는다. 이제는 나를 향해 늘 활짝 펴는 손. 카타가 나를 믿는다. 그 믿음이 슬픔을 이겨낼 만큼 강하지는 않더라도. 그 믿음이야말로 카타가 세상을 떠난 뒤에라도 내가 꼭 붙들어야 할 마음이다.

30

아침에 나는 성 연구를 하려고 보육장으로 가지 않는다. 새끼 보노보들이 자는 숙사로 향한다. 모두 다 썻고 이미 놀이터에 나와 있다. 마마 앙리에트도 카타도 보이지 않는다. 불길한 예감이 든다. 자크를 지나친다. 자크가 아무 말도 하지 않는다. 내게 눈길도 주지 않는다. 나는 카타가 자는 야간 우리로 간다. 비어 있다. 사람들이 이미 카타의 시체를 치웠음에 틀림없다.

동물진료실 안에서 웃음소리가 들린다. 콩고인이 어떻게 죽음을 앞에 두고 웃을 수 있을까 깜짝 놀란다. 이미 너무도 많은 죽음을 보아온 까닭에 그런가 보다 짐작한다. 기분이 좋지 않다. 속이 울렁거린다. 경련이 인다. 거의 눈을 붙이지 못했다. 침대로 돌아가서 눕고 싶은 마음이 굴뚝같다.

그래도 마음을 이기지 못하고 진료실 문을 연다.

내 눈에 처음 들어온 건 카타다. 카타가 우유병을 얼굴로 기울이고 있다. 우유가 턱을 타고 흘러내린다. 카타 주위로 우유가 고여 웅덩이를 이룬다. 털 사이로도 우유 방울이 뚝뚝 떨어지고 두 손도 우유로 흠뻑 젖어 있다. 카타가 우유를 마신다. 사막을 헤쳐 나와 마침내 강가에 다다른 이처럼. 두 손으로 우유병을 잡고 꿀꺽꿀꺽 마시고 있다.

카타가 우유병이 비자 마마 앙리에트에게 건네고는 손등으로 입을 훔친다. 만족스럽다는 듯 한숨을 폭 내쉰다. 뜨거운 포장도로를 한참 달린 후 차가운 음료를 마셨을 때 드는 그런 만족감이다.

앤 마리가 외친다.

"어서 와, 버네사. 네 쁘띠뜨*petite*(아가) 좀 봐. 기적이 일어났어."

나는 할 말을 찾지 못한다. 그저 눈물만 쏟을 뿐이다.

이제 나는 안다. 죽고 싶다는 마음을 이기는, 보다 사람다운 특별한 힘이 있음을.

다름 아닌, 살아내려는 의지다.

31

오두막에 우리 여섯이 모여 있다. 마마 앙리에트, 마마 이본, 마마 에스페랑스, 로멜라, 카타, 그리고 나. 마마 에스페랑스가 말한다. 노래를 부르는 듯한 그 목소리는 부드럽지만 꾸짖는 기색이 역력하다.

"하지만 버네사, 브라이언은 좋은 남자예요."

"개떡 같아요. 솔직히 돈 많고 잘생긴 콩고 남자가 지금 여기로 걸어 들어온다면 당장 그 손을 잡고 도망칠 거예요."

마마 앙리에트와 마마 이본이 배꼽을 잡고 웃는다. 마마 에스페랑스가 화를 낸다.

"그런 말 하면 안 돼요."

"돼요. 진심이에요. 브라이언 때문에 나는 미국에서 살게 될 거예요. 가족과 백만 마일 떨어져서, 친구 하나 없이 말이죠."

브라이언이 노스캐롤라이나의 듀크대학교에서 제안한 자리

를 받아들였다. 나는 덜컥 겁이 난다. 독일은 낯선 곳이었지만 한시적이었다. 미국이 내 집이 될 참이다.

"하지만 미국은 좋은 곳이잖아요. 우리 모두 미국에서 살기를 얼마나 바라는데요."

"흠, 나는 오스트레일리아에서 엄마랑 여동생이랑 남동생이랑 친구들이랑 살고 싶어요."

"하지만 여자가 가야 하잖아요. 브라이언을 따라가야 해요." 마마 이본이 맞장구친다.

"브라이언에게 아기도 안겨주고."

"치! 부유한 콩고 남자가 한 사람도 나를 구하러 오지 않으리라는 확신이 설 때까지 브라이언한테는 아무것도 안 줄 거예요. 그래야 내가 여기 머물 수 있고 우리 아기들이랑 함께 놀 수 있잖아요."

마마 앙리에트가 환호성을 친다.

"좋아, 그럼 우리와 함께 여기 머무를 수 있네."

"카타 엄마도 될 수 있고요."

내가 카타의 목에 얼굴을 비빈다. 카타가 두 팔로 나를 꼭 안으며 음핵을 옴질거린다.

"내 아기는 인물이 훤할 거예요. 브라이언의 아기와는 다르게 말이죠. 브라이언이 아기였을 때 얼마나 못생겼었는지 모르죠? 눈을 툭 튀어나온 데다 엄청 뚱뚱했어요."

마마 에스페랑스가 정색하며 말한다.

"브라이언이 못생긴 건 아니지!"

"에? 내가 브라이언의 아이를 낳으면 예쁠 거라고 생각해요? 넓디넓은 이마하며, 거대한 코하며. 바라건대 딸이 아니었으면 해요. 게다가 말루를 보는 표정이라니."

"말루?"

"네, 말루! 마마 에스페랑스한테 말루 이야기 좀 해봐요."

마마 앙리에트가 킥킥거린다.

"흠, 우선 브라이언은 나보다도 말루에 더 관심을 기울여요. 말루를 영원히 붙잡아 둘 수만 있다면 1초도 망설이지 않고 나를 차버릴걸요. 상상을 좀 해보세요! 남편을 두고 보노보와 경쟁하는 신세라니."

브라이언의 머리가 출입문에 나타난다.

"우 에스트 버네사Où est Vaneh(마누라를 찾고 있나)?"

여자들이 박장대소를 터뜨린다. 덩달아 카타도 꺅 소리를 지른다.

"제 셰어슈 버네사Je cherche Vaneh(마누라를 찾고 있네)."

"마누라 여기 있어요! 여기 있다고요!"

내가 쏘아붙인다.

"여기 없어. 이 바람둥이야. 나는 콩고 남자를 찾아 곧 떠날 거야."

마마들이 왁자그르르 웃는다. 브라이언은 내 프랑스 말을 이해하지 못한다.

"난 미국에 가서 네 뚱뚱하고 못생긴 아기를 낳지 않을 거야. 말괄량이 말루한테만 온 신경이 가 있으면서. 난 부자 콩고 남자를 만나 여기 내 친구들이랑 있을 거야."

브라이언이 눈살을 찌푸리며 짐짓 화난 척한다. 삿대질까지 하며 나를 야단치는 시늉을 한다.

"버네사, 도네 므와 앙 베베donne moi un Bébé(아기를 낳아)! 도네 므와 앙 베베(아기를 낳으라고)!"

느닷없이 카타가 펄쩍 뛰어오르더니 분노로 똘똘 뭉쳐 브라이언을 향해 곧바로 달려간다. 몸을 부풀리며 브라이언을 보고 날카롭게 소리를 지른다. 경고 소리를 내고 아르렁 짖고는 다시 내게로 달려와 품으로 쏙 뛰어든다. 그러고 나서 다시 브라이언에게 달려가 고함을 지르고 쏜살같이 도로 내게 달려와 무릎에 앉는다.

이제 나조차도 웃음을 터뜨린다.

마마 앙리에트가 허리가 끊어질 듯 웃으며 말한다.

"카타가 브라이언에게 화를 내네! 브라이언한테서 버네사를 지켜주고 있어."

마마들이 배꼽이 빠져라 웃으며 서로를 찰싹찰싹 치기까지 한다. 나는 카타의 목과 쇄골 사이를 간지럽힌다. 정말 놀랍게도 카타가 빙긋이 미소 짓는다.

나는 일요일까지 여섯 가지 방법을 동원해서 클로딘을 떠보고 있다. 하지만 클로딘은 내가 듣고 싶어 하는 말을 아직 해주지 않는다. 카타가 이제 괜찮아지리라는 말.

클로딘이 고개를 가로젓는다.

"모릅니다. 아직 몰라요."

마마들은 희망을 본다. 마마 앙리에트가 경쾌하게 읊조린다.

"카타 바 무리어 세 스와*Kataco va mourir ce soir.*"

카타가 오늘밤을 넘기지 못하리. 그 구절을 들을 때마다 내 중국식 미신이 고개를 쳐들며 심장이 덜컥 내려앉는다.

"마마 앙리에트, 그 노래 그만해요! 재수가 옴 붙을 것 같아요!"

"안 그래요. 카타가 이제 안전하니까 그런 노래를 부르는 거예요."

내게는 확신이 없다. 파리한 저승사자 같은 모습이 사라지고 카타는 보다 활기차게 움직인다. 하지만 털을 헤치면 여전히 헤로인 시크*heroin chic** 를 연상케 한다. 배가 볼록하지만 이 지방은 곧 팔과 다리로 녹아들며 손가락뼈를 채우리라는 점을 안다.

더구나 카타가 웃지 않는다. 이곳에 있는 보노보들은, 몸집이 가장 조그만 보노보부터 가장 커다란 보노보까지 기쁨을 만끽하는 듯 보인다. 통나무에서 뛰어오를 때의 이시로. 담장에

---

*   헤로인 시크는 1990년대 초에 유행하던 스타일로 창백한 피부, 눈 아래 짙은 다크서클, 수척한 얼굴 등 헤로인이나 다른 약물을 남용할 때 나타나는 모습이 그 특징이다.

서 이리저리 쫓길 때의 키크위트. 브라이언이 손을 뻗어 간지럼을 피울 때의 말루. 이따금 능글맞은 웃음을 거두는 타탄고조차도.

카타가 웃음이 넘쳐흐를 만큼 기쁘지 않는 한 나는 안심할 수 없다. 카타가 이 지상에 머무를지를 확신할 수 없다.

우리는 사흘 뒤면 떠난다. 토리는 보노보의 침을 수영장을 채울 만큼 얻었다. 돌아가자마자 호르몬 내용물을 분석하고 침팬지와 비교할 것이다.

나는 보노보의 성 연구를 갈무리했다. 내년 여름 침팬지의 성 연구로 전체 연구를 마무리 지을 계획이다. 하지만 나는 올레티에서는 성교를 맺는 순간을 단 한 번도 보지 못하리라는 점을 이미 알고 있다. 분명 롤라 야 보노보의 보육 팀 내에서도 창의력을 발휘할 수 있는 자리에 있지 못할 것이다.

오늘은 10월 15일이다. 우기가 시작하는 날. 일주일 내내 후텁지근하게 무더웠다. 낮게 걸린 구름 때문에 뜨끈뜨끈한 안개가 생겨난다. 얼마나 무겁게 짓누르는지 숨도 쉬지 못할 정도다.

"오늘은 비가 안 오려나봐요."

내가 마마 앙리에트에게 투덜거린다.

"올 거예요."

"일주일 내내 이랬어요."

"올 거예요."

나는 우유가 가득 든 병을 카타의 바싹 마른 목구멍으로 기울인다. 로멜라는 벌써 두 병을 마셨다. 코 아래에 그리는 우유 콧수염보다 턱 위에 그리는 우유 수염이 더 크다. 밖에서 들어오는 희미한 빛 속에서도 로멜라의 온몸에 윤기가 흐르는 솜털이 나 있는 모습을 눈으로 볼 수 있다. 갓 태어난 새끼에게서나 볼 수 있는 솜털이다. 보드랍고 고르고 숱이 짙다. 빛나는 코코넛색 살갗도 왕방울 같은 눈도 보인다. 아름다운 보노보로 자랄 것이다. 말루만큼이나 아름답게.

카타가 우유를 배불리 마신 뒤 내 무릎 안쪽으로 기어들어온다. 천둥이 우르릉 쾅쾅 울리자 오두막이 흔들린다. 나는 화들짝 놀라지만 카타는 눈을 들어 바깥을 바라본다. 하늘이 차츰 어두워진다. 처음 몇 방울이 태엽 장치처럼 탁탁 지붕을 때리더니 곧 장대비로 변하며 좍좍 내리쏟는다.

비가 퍼붓는다. 감자튀김 냄새를 풍기며 오두막을 식힌다. 신선한 바람이 채찍처럼 휙 구석을 찾아든다. 나는 그 흉포함에 불안하다. 하지만 카타는 밝아 보인다. 이 소리를 전에도 들은 적이 있다.

카타가 앉더니 내 손을 든다. 내가 손가락으로 카타의 털을 빗긴다. 카타가 다시 내 손을 들더니 조심조심 손가락을 입안에 넣는다. 커다란 초콜릿색 눈을 말똥말똥 뜨고 나를 바라보면서, 카타가 손가락을 부드럽게 깨문다.

나는 익살스런 표정을 짓는다. 목과 쇄골 사이에서 손가락을 꼼지락거린다. 카타가 미소를 짓고는 어색해한다. 다시 내 손가락을 깨문다. 나는 카타를 들어 올려 배에 푸푸 바람을 불어 넣는다. 배가 출렁인다. 뱃속에 무언가가 든 것처럼.

나는 넓적다리와 사타구니 사이의 근육을 간지럽힌다. 콕콕 찌른다. 카타가 입을 꾹 닫고 있다. 숨이 가빠진다. 무언가 비어져 나올지도 모른다는 듯 입술을 앙다문다. 나는 손가락들을 다시 목으로 미끄러뜨린다. 마침내 카타에게서 터져나온다. 요란하게 그리고 자유롭게. 카타가 깔깔거린다. 하지만 이내 어색해한다. 나는 멈추지 않고 카타를 간지럽힌다. 카타가 웃음을 터뜨린다. 다시 무척 당혹스러워하더니 곧 내 무릎으로 뛰어들어 온다. 자신을 활짝 열어둔 채. 간지럼 괴물한테는 당해낼 재간이 없다는 듯이.

나는 온갖 기술을 총동원하여 간지럼 잘 타는 신경을 찾아나선다. 손가락을 꼼지락거리며 온몸을 탐험한다. 깊숙한 곳을 파고든다. 카타가 꼼짝 못 하도록 무릎에 붙박아 앉힌다. 카타가 몸을 비틀려고 하지만 나도 굽히지 않는다.

카타가 터뜨리는 웃음소리가 빗소리보다 크다. 강물 소리보다 크다. 마마 앙리에타가 승리의 기쁨에 넘쳐 부르는 노래 소리보다 크다.

"카타 바 무리어 세 스와."

32

나는 노스캐롤라이나 채플힐에 자리한 한 카페에 앉아 이메일을 확인하고 있다. 나른한 봄날이다. 산딸나무가 분홍색이 감도는 흰 꽃을 일제히 피워 올리고 있다. 산들바람에서 인동꽃 향기가 난다.

브라이언은 지금 듀크대학교 진화인류학과 조교수다. 우리는 영원히 정착할 작정을 하고 미국으로 옮겨왔다. 비가 자주 내리던 추운 독일에서 몇 년을 지내고 난 뒤라 노스캐롤라이나를 한껏 즐기고 있다. 사람들도 날씨만큼이나 따뜻하다. 브라이언의 동료 교수들도 편안하다. 예쁜 집에서 귀여운 아이들을 키운다.

인류학과에서는 내게 학부 안에 연구원 자리를 마련해주었다. 그 직함이 어색하다. 물론 기쁘기도 하지만 누군가 몇 년 전 내가 실시한 유일한 실험에서 그 시료가 내 머리카락이라는 점을 들춰낼까봐 불안하기도 하다.

받은편지함에서 새로운 메일 하나가 뜬다. 아버지가 내년 가을에 이곳을 찾을 계획이다. 우리는 매달 전화 통화를 하고 일주일에 두어 번 이메일을 보낸다.

두 가지 일이 일어났다. 그 일들을 겪으며 이제는 손을 내밀 때라는 마음이 굳어졌다. 하나는 롤라 야 보노보의 관리자 자크가 해고되었다. 술집을 소유하고 있던 친구와 함께 살고 있었는데 매달 봉급을 술값으로 다 날렸다. 처음에는 쉬는 날에만 마셨다. 그러더니 퇴근 후에도 마시고 급기야 밤샘 근무를 할 때에도 몰래 빠져나가 흠씬 취하지 않고서는 일을 해내지 못하는 지경에까지 이르렀다.

우리가 롤라 야 보노보에 있을 때에도 자크는 아주 가끔 한밤중에 사라져 아침이 되어서야 비틀거리며 돌아오기도 했다. 브라이언이 몹시 화를 냈다. 자크가 자리를 비운 사이 무슨 일이라도 일어나면 어떡해? 우리가 도움이 필요하면 어떡해? 하지만 나는 브라이언이 클로딘에게 이르지 않았으리라고 믿는다. 자크와 이야기를 나눠보려고 했을 때 자크는 그저 긴장을 풀려고 술을 마실 뿐이라고 말했다. 자크가 내게 내 일이나 신경 쓰라는 투로 말했던 적은 그때가 처음이자 마지막이었다.

그러던 어느 날 밤, 클로딘이 롤라 야 보노보에 있을 때 전기가 나갔다. 칠흑 같은 어둠 속에서 30분을 기다렸다. 마침내 엉금엉금 기다시피 하여 겨우 손전등을 찾아내어 자크가 왜 발전기를 켜지 않는지 알아보러 나갔다. 야간 경비원들이 이런저런 핑계를 대며 자크를 감쌌다. 하지만 클로딘은 사냥개처럼 거짓 말 냄새를 맡을 수 있다. 자크가 새벽 4시에 느적거리며 돌아왔다. 6시에도 술이 깨지 않아 보노보들을 야간 숙사에서 풀어줄 수 없었다. 클로딘에게는 선택의 여지가 없었다. 자크를 해고하는 수밖에.

모두가 충격을 금치 못했다. 콩고에서는 취업한다고 해서 대개 고용 안정과 복지가 따라오지 않는다. 더구나 급료도 높았다. 근무 시간도 괜찮았다. 게다가 자크는 보노보를 사랑했다. 아무도 자크가 그 모든 것을 어떻게 내던져버릴 수 있는지 이해할 수 없었다.

하지만 나는 이해할 수 있다. 아버지가 알코올중독자였다. 내가 알코올중독자에 대해 알고 있는 한 가지가 있다면 가장 아끼는 것부터 시작해서 마음 쓰는 모든 것을 부셔버린다는 점이다.

자크를 찾고 싶다. 돈과 살 곳을 마련해주고 이야기를 나눌 누군가를 찾아주고 싶다. 하지만 아무도 자크를 어디서 찾을 수 있는지 알지 못한다. 내가 그렇게 한다고 해서 도움이 되지는 않을 것이다. 회복으로 나아가는 길은 더디고 자크는 아직도 바닥 모를 수렁에서 허우적거리고 있다.

나는 아버지가 어디 있는지 안다. 짤막하게 보내는 이메일과 이따금 선물로 보내는 라오스 은제품으로 아버지가 손을 내밀고 있음을, 속죄하려고 노력하고 있음을 안다.

또 다른 하나는 우리가 미국으로 옮겨온 뒤 누군가 우리 자동차에 침입한 사건이 발단이었다. 나는 채플힐과 이웃한 마을인 더럼의 한 유리 수리점으로 자동차를 고치러 갔다. 이제껏 내가 본 이웃 마을 가운데 가장 으스스한 곳이었다. 가게마다 유리창에 철조망을 둘렀다. 떠돌이 개 한 마리가 쓰고 버린 주사기를 질겅질겅 씹고 있었다.

가게 주인은 오토바이족이었다. 알약을 몇 알 손바닥에 탁탁 털어놓더니 고개를 뒤로 젖힌 다음 물도 마시지 않고 홀껵 삼켰다. 그러고는 고개를 가로저었다.

"망할 베트남 같으니. 그 대가가 고작 하루에 알약 다섯 알이냐."

가게 주인은 나를 보고 말하지 않았다. 벽을 보고 말했다. 나는 남부 사람 특유의 심하게 느린 말투를 거의 알아들을 수 없었다. 하지만 뉴욕 디자이너가 지은 바지와 파리에서 날아온 빨간 신발과 티파니 목걸이를 걸고 앉아 있던 나는, 그에게 총을 쏘고 싶은 마음이 들게 할 만한 밝은 깃털이 달린 새와 비슷하게 보이느니, 차라리 그와 더 비슷하게 보일 수 있는 말을 해야겠다고 느꼈다.

"우리 아버지도 베트남에 계셨어요."

"당신 아버지도?"

"네, 하사셨어요."

내가 비밀번호라도 누른 듯싶었다. 그가 의자에서 몸을 뒤로 젖히더니 내 눈을 똑바로 쳐다보며 말하기 시작했다.

"베트남에서 가장 골칫덩이는 아이들이었어. 아직도 기억이 나는군. 꼬맹이 두 녀석이 얼쩡거리고 있었지. 그런데 그중 한 놈이 내 카메라가 든 배급 통조림통을 집는 거야."

나는 이를 대화라고 착각하고 이렇게 덧붙였다.

"맞아요. 아버지도 전쟁 중에 베트남 아이들이 항상 주머니를 스리슬쩍 털곤 한다고 말씀하셨어요."

"흠, 난 얘들에게 경고했지. '손대지 마.' 그런데 계속 건드리며 만지작거렸어. 그러다 한 녀석이 그 통을 잡아채더니 냅다 뛰기 시작하는 거야."

나는 웃을 준비를 했다. 반전이 펼쳐지리라고 기대했다. 아버지와 한 동료가 메콩강을 따라 떠내려가다가 마을 아이들이 자신들을 악어 떼한테서 구해주었다는, 아버지가 항상 늘어놓던 이야기처럼.

"그래서 두 놈을 쏘아버렸지."

내 미소가 얼굴에서 그대로 얼어붙었다. 가게 주인이 나를 조심스럽게 살폈다. 아버지는 자신이 죽인 사람들을 절대 입에 올리지 않았다. 하지만 언젠가 차고에 처박혀 있던 시를 한 편 보았다. 밀림에서 한 손에 수류탄을 들고 서 있는 여덟 살 소년을 쏜 이야기였다. 아버지가 소년의 사타구니를 총으로 쏘고 가만히 서서 그 작은 몸에서 피가 빠져나가며 흙바닥을 적시는 광경을 지켜보는 내용이었다.

나는 속으로 울음을 삼켰다. 그가 그만 말했으면 싶었기 때문이다. 내 얼굴은 제발 그 입 좀 다물어달라고 애원하는 표정을 지었다. 하지만 그는 그럴 수 없었다. 두 눈이 텅 빈 채 계속 말을 이어나갔다.

"정부는 이따금 우리를 마을로 보냈어. 적을 방조하고 있다고들 말하는 마을로 말이지. 그러면 우리는 죽여야 했어. 모조리. 여자고 아이고 할 것 없이 한 사람도 빠짐없이. 서 있다가, 달리다가, 비명을 지르다가 우리가 쏜 총에 맞았지. 우린 전부 죽였어. 명령받은 대로."

나는 궁금하다. 에메랄드빛 들판과, 안개가 휘도는 봉긋봉긋한 산들로 둘러싸인 작은 마을에, 밥 짓는 불이 타오르고 여자들이 아기를 등에 업은 채 분주한 그 작은 마을에 도착하여 일말의 망설임도 없이 다가가 모든 생명을 남김없이 죽여야 하는 일이 당신에게 어떤 영향을 미칠지. 그 순간 그 임무를 끝까지 마치려면 당신이 어떤 사람이 되어야 하는지. 그 기억을 견뎌내기 위해 나중에 어떤 대가를 치러야 하는지.

가게 주인은 말을 멈출 기미가 없다. 고향으로 돌아온 뒤 반전 집회에 참가했다, 두 젊은이가 그가 얼마나 강한 사람인지 알아보려고 덤벼들었다, 아무 생각 없이 한 젊은이를 땅바닥에 내리꽂은 다음 발로 머리를 짓뭉갰다, 너무 세게 짓뭉갠 탓에 눈알이 튀어나왔다는 이야기를 내게 들려주었다. 열 살 먹은 아들이, 운전을 하면서 몸을 굽혀 라디오 주파수를 맞추려던 여자한테 목숨을 잃었다는 이야기를, 그 이듬해에는 손자가 백혈병으로 죽었다는 이야기를 내게 해주었다.

나는 자이나보 기사를 읽은 이후 마음을 꽤 추슬렀다. 눈앞에서 군인들이 자신의 두 딸을 잡아먹는 모습을 지켜보아야 했던 그 콩고 여인. 나는 더 이상 자이나보를 그런 아비규환 같은 일이 벌어지는, 지구의 이상한 곳에 사는 외계인으로 여기지 않는다. 더 이상 공포와 유혈이 낭자한 기사를 읽으며 그런 일이 내게는, 내가 사랑하는 사람에게는 결코 일어나지 않으리라고 생각하지 않는다.

우리가 미국에 도착하고 나서 두 사람이 거리에서 총에 맞아 죽었다. 더럼에서 네 명이 총으로 위협을 당하고 누군가는 칼에 찔리고 여자아이들 몇이 강간을 당했다. 브라이언 사무실에서 얼마 떨어지지 않은 곳에서 한 남학생이 총에 맞아 죽었다. 어떤 남자가 한 대학원 여학생 집에 몰래 침입하여 목을 그었다. 피범벅인 채 울부짖는 여학생을 그대로 내버려두었다.

우리는 모두 자신만이 겪은 폭력 이야기를 마음에 품고 있다. 저 머나먼 곳에서 벌어지는 전쟁이라고 해서 우리가 지금 여기서 치르는 전쟁과 크게 다르지 않다. 마마들이나 수지처럼 몇몇 사람은 그 전쟁을 겪고서도 온 삶이 축복인 듯 여전히 웃을 만한 기쁨을 찾는다. 어떻게 그럴 수 있는지 나는 아직도 그 이유를 모른다. 반면, 아빠나 저 가게 주인이나 자크처럼, 몇몇 사람은 여전히 고통 속을 헤매고 있다. 그 이유 역시 모른다.

내가 묻자 아버지가 대답한다.

"폭력을 겪기 전에 어떤 됨됨이를 지닌 사람이었는지와 관련이 있는 것 같구나."

아버지가 베트남에서 전화를 걸고 있다. 다음 날 자신의 과거 가운데 가장 짙게 피로 물든 곳, 사이공 바로 외곽을 방문할 예정이다.

"자신이 누구인지, 무엇이 중요한지에 대해 흔들림 없는 의식을 지니고 있다면 이겨나갈 수 있어. 나 같은 사람은 스스로가 어떤 사람인지 몰랐어. 그래서 전쟁에 안성맞춤인 존재가 되어버린 거야. 나 자체가 전쟁이었기 때문에 결코 놓아줄 수가 없는 거지."

현재의 우리를 있게 하는 건 우리다. 하지만 환경이 우리를 빚기도 한다. 선천적이냐 후천적이냐는 문제가 아니다. 항상 선천적인 **동시에** 후천적이다. 아버지가 지금의 아버지가 된 이유는 자신에게 저지른 일 때문이다. 선택권이 있었다면 분명 내가 바라는 그런 아버지가 되었으리라. 선택할 수 있었다면 틀림없이 더 나은 사람이 되었으리라. 그런 믿음이 든다.

이제 아버지를 용서할 때다. 앞으로 나아가야 할 때다.

받은편지함에 메일이 하나 더 있다. 오레티의 마리아한테서 온 이메일이다. 브라이언이 마리아가 여섯 달도 버티지 못할 것이라고 말했지만 그건 마리아를 한참 과소평가한 말이었다. 마리아는 어쩌면 오레티에서 늙어 죽을지도 모른다. 스페인보다 콩고 숙소에 머무는 날이 더 많다. 쇼팽의 선율보다 침팬지가 건물을 후려치는 소리에 더 귀를 기울인다. 초콜릿보다 카사바를 더 좋아한다.

마리아는 데비의 도움에 힘입어 오레티를 내가 정말 가고 싶은 곳으로 탈바꿈시켜 놓았다. 맨 처음 한 일은 우물을 파서 물을 길어 올린 것이었다. 알고 보니 보호구역 아래에 천연 샘이 있었다. 채플힐의 우리 집에서 나오는 물보다 더 깨끗한 물이 솟는다. 태양전지판을 달아 따뜻한 물로 씻을 수 있고 24시간 내내 전기를 공급한다. 무선 인터넷도 된다. 태양광 냉장고도 있다. 새로 지어 올린 건물에서는 보호구역을 굽어볼 수 있다. 한 바퀴 빙 둘러 발코니를 설치해놓아 오후에는 산들바람이 노닌다.

살인마 원숭이 바부는 보호림에 풀어놓았다. 인정하지 않을 수가 없다. 내가 아침을 먹는 동안 나를 뚫어지게 노려보면서 철조망 담장을 손톱으로 부드득 긁어대던 그 모습이 그립다고.

보호구역들이 거의 단장을 마쳤다. 세 군데가 있는데 가장 규모가 큰 곳은 면적이 30만 평(1제곱킬로미터)이 넘는다. 우간다에 위치한 은감바 아일랜드보다 두 배나 크다. 보호구역을 뒤덮는 밀림은 선사 시대를 방불케 한다. 익룡 프테로닥틸루스가 잎사귀를 헤치고 불쑥 나타날 성싶다. 그런 나무들 사이를 침팬지가 어슬렁거리는 상상을 한다. 아주 오래전 그 아래 깃들어 잠을 청하던 그런 나무 같다. 앞으로는 농부와 그 농작물을, 사냥꾼과 그 사냥개를, 시장으로 향하는 마을 여인을 걱정할 필요가 없다. 이런 숲에서라면 마침내 진정한 침팬지가 될 수 있다.

브라이언은 여키스 국립영장류 연구소에 있을 때 만났던 FS3 침팬지를 잊지 않았다. 휴메인 소사이어티 인터내셔널 Humane Society International(HIS)과 함께 침팬지를 미국에서 멸종위기동물종으로 분류하려고 애쓰고 있다. 침팬지가 아프리카에 있으면 몇몇 허점을 타고 멸종위기동물종이 된다. 하지만 미국에서 태어나거나 미국으로 밀반입되자마자 그 지위를 잃는다. 미국이란 토양에서는 침팬지를 멸종위기동물종으로 분류하더라도 침팬지에게 실시하는 의학 실험이 어려워질 뿐이지 전혀 불가능하지는 않다. 침팬지가 걸리지도 않는 질병을 치료하겠다는 명목 아래 광란으로 치닫게 하는 사육 방식이 발을 붙여서는 안 된다. 수백 마리 침팬지를 60년 동안 금속 우리에서 썩어가도록 가만 내버려두어서는 안 된다.

브라이언이 생체의학 연구소가 폐쇄되기를 바라는 건 아니다. 침팬지를 대상으로 하는 의학 실험이 수백만 명에 이르는 사람의 생명을 구하는 돌파구로 이어질 수 있다. 생체의학계가 사람과 유전적으로 가장 가까운 동물에게 책임감을 갖고 행동하기를 바랄 뿐이다.

　연구가 반드시 필요하다면 침팬지가 실험을 마쳤을 때, 우리가 사람의 생명을 구하도록 도운 사람에게 존경을 보내듯이 침팬지에게도 똑같은 존경을 보내야 한다. 침팬지가 숲이 우거진 곳에, 하늘을 볼 수 있는 곳에, 마침내 선택할 수 있는 곳에 살수 있어야 한다.

　브라이언이 자신의 실험으로 증명해냈다. 보호구역이 비침습적으로 유인원 심리를 연구할 수 있는 공간임을. 브라이언이 꾸준히 발표한 논문이 주류 언론의 관심을 끌었고, 이들은 드디어 미국 동부 시간대로 들어온 브라이언을 열렬히 환영한다. 이제 독일에 있는 브라이언에게 전화를 걸려고 자정까지 기다릴 필요가 없다. 《스미스소니언Smithsonian》이 브라이언을 '36세 이하 가장 중요한 과학자 37인' 가운데 한 명으로 선정한다. 내셔널지오그래픽에서는 브라이언의 협력 실험을 다큐멘터리로 제작한다. 《타임》은 브라이언 특집 기사를 내보낸다.

　나는 브라이언 사무실을 찾은 기자에게 이렇게 말하고 싶다.

　"실례지만 그 실험을 전부 실제로 한 사람이 누구라고 생각하세요? 보노보는 남자를 믿지 않아요. 게다가 브라이언은 프랑스어를 할 줄도 모른다고요."

　하지만 결국 흥 콧방귀만 끼고 말았다. 어쩌면 내 자아가 브라이언의 꿈보다 덜 중요한지 모른다. 어쩌면 나도 조금쯤 자랑스러운지 모른다.

지난 달 '보노보의 친구' 대표인 도미니크가 내게 이사회에 들어와달라고 부탁했다. 나는 웹사이트와 블로그와 결연 프로그램을 관리한다. 결연 프로그램이 꾸준한 성장세를 보이고 있다. 나는 도미니크처럼 기부금 신청서 작성에 도가 튼 대가가 아니다. 클로딘처럼 주머니를 더듬거려 남은 잔돈도 몽땅 털어내도록 사람들을 사로잡을 만큼 카리스마가 넘치는 사람도 아니다. 하지만 촌음을 아껴 열심히 일한다. 일요일에 일이 하기 싫을 때나 잇달아 기부금 양식을 채우는 일이 지겨울 때면, 아무것도 아닌 일에도 경고를 외치는 키크위트나 어린 수컷 보노보를 '혼쭐내는' 이시로를 떠올린다. 그러면 어김없이 미소가 감돌며 일을 계속 해나갈 수 있는 힘을 얻는다. 저 시간을 다 겪어낸 지금에서야 발루쿠와 함께 은감바 아일랜드에 남겨두고온 무언가를 되찾은 기분이 든다. 내가 중요한 사람이라는 느낌이 든다. 내가 어떤 변화를 일궈내고 있다는 기분이 돈다.

브라이언과 내 이야기를 하자면, 우리 두 사람은 영화나 연애소설이 어떤 수를 써서라도 피하는 중간지대no man's land로 들어섰다. 바로 부부의 세계. 우리가 가장 열정을 불태우는 순간은 누가 버터를 치우는 걸 깜빡했는지, 누가 홀푸드Whole Foods로 가는 지름길을 까먹었는지 말다툼을 벌일 때다. 브라이언은 이제 후식을 먹을 때 마지막 한 입을 내게 남겨주지 않는다. 사실 평소에는 내 후식을 절반이나 뺏어 먹는다. 나도 지난 몇 년 동안 브라이언에게 달콤한 말을 건넨 적이 없다.

앞으로 브라이언을 마주보고 이런 말을 입 밖에 꺼낼 일이 없을 테니까 여기서 딱 한 번 수많은 낯선 이들 앞에서 말하려고 한다.

우리는 완벽하지 않을지 모르다. 하지만 서로에게는 완벽하다. 중국인이 하는 말에 따르면 사랑은 조화다. 내가 불이라면 브라이언은 물이다. 침팬지와 보노보가 서로 그런 것처럼. 무엇보다 내가 볼품없는 삶에서 허우적거릴 때, 머리 안팎을 푹푹 썩히고 있는 일에 헤어나오지 못할 때 브라이언은 내게 꼭 필요한, '무소의 뿔' 같은 존재다. 행복한 결말을 맺을 수 있다고 무턱대고 따르는 믿음 자체다.

카페에 앉아 있는데 전화기가 울린다. 음악 소리에 파묻혀 잘 들리지 않는다. 브라이언이다.

"스키피?"

목소리가 이상하다.

"잠깐만, 여보, 밖에 나가서 받을게."

밖으로 나간다. 따뜻한 바람에 4월 아침의 쌀쌀함이 묻어 있다. 길 건너 활짝 핀 꽃을 인 산딸나무 가지가 그 무게를 이기지 못하고 아래로 축 늘어져 있다.

"말루가 말이야."

"당신 여자친구? 지금은 뭐하고 있으려나?"

"스키피."

목소리에서 무언가 잘못되었음을 직감한다. 브라이언이 흑 흑 울고 있다.

"말루가 죽었어. 원인을 모른대. 너무 갑작스런 일이라. 바이러스 때문일지도 모르고."

나는 입을 연다.

"그럴 리가 없어. 지난주에 수지가 내게 사진을 보냈어. 블로그에 말루 사진도 올렸는데……."

"말루가 죽었어. 스키피, 말루가 죽었다고."

더 이상 말을 이을 수가 없다. 전화기 너머에서 브라이언이 흐느끼고 있다.

나는 침팬지를 사랑한다. 그 고집과 힘을 사랑한다. 손가락을 삶 속에 단단히 박고 그 삶이 손아귀를 빠져나가도록 절대 허용하지 않는 그 모습을 사랑한다. 난폭한 기질 아래로 흐르는 다정함을 사랑한다. 자기 본연의 모습을 두고 결코 사과하려 들지 않기 때문에 사랑한다.

보노보에게서는 다른 느낌을 받는다. 보노보와는 사랑에 **빠진** 기분이 든다. 이유를 딱 부러지게 밝힐 수 없다. 다양한 실험과 논문과 학회 발표를 이어왔음에도 그렇다. 하지만 나는 설명하려고 할 때마다 언제나 말루를 떠올린다.

브라이언이 말루를 있는 힘껏 하늘로 높이 던져 올리는 놀이를 하곤 했다. 브라이언이 온힘을 다해 하늘로 내던지면 말루는 오줌이라도 지리는 게 아닐까 싶은 생각이 들 정도로 깔깔대며 웃었다.

나는 발루쿠와도 똑같은 놀이를 하곤 했다. 하지만 차이점이 있다면 발루쿠는 내가 던져 올렸을 때 즐기지 못했다. 고양이처럼 몸을 뒤틀었다. 내가 떨어뜨릴 경우를 대비해 네 발로 땅에 닿기 위해서. 땅에 내려오고 나서도 발루쿠는 **나**를 붙잡았다.

브라이언이 말루를 던졌을 때 말루는 온몸에서 힘을 다 뺐다. 브라이언이 말루를 놓치면 머리가 박살날 수도 있었다. 하지만 말루는 브라이언이 절대, 결코 자신을 놓치지 않으리라고 알았다. 반드시 자신이 떨어질 때 브라이언이 잡으리라고 의심치 않았다.

여름학교에서 우리는 둥그렇게 원을 그리고 서서 서로에게 뒤로 넘어지는 놀이를 하곤 했다. 이 놀이를 제대로 하려면 뒤로 똑바로 넘어져야 한다. 손을 사용해서도, 뒤로 넘어지지 않으려고 엉덩이를 쑥 빼서도 안 된다. 신뢰란 내려놓는 문제다.

누구나 어느 정도는 믿는다. 그런데 보노보는 수긍할 만한 수준을 넘어 지나치게 믿는다. 보노보가 부끄러움을 잘 타고 위험을 매우 무서워한다는 점을 감안하면, 이는 참 이상하게 다가온다. 하지만 보노보는 일단 믿으면 온 존재를 바쳐, 온 목숨을 바쳐 믿는다.

보노보가 죽으면 마음이 한없이 무겁다. 말루 같은 보노보가 죽으면 마음이 갈가리 찢어진다. 나는 안다. 이제 브라이언이 말루를 사랑하듯 그렇게 다시 다른 보노보를 사랑하지 못하리라는 점을. 이제는 말루가 브라이언의 머리를 감싸 안은 동안 그 털을 쓰다듬을 수 없다고 생각하니 마음이 슬프다. 말루는 그런 내 손을 때리고 나를 깨물려고 했지만. 내가 말루를 헐뜯은 말이 결코 진심이 아니었으며 실은 내가 보기에도 말루가 정말 아름답다는 말을 영영 전할 길이 없다고 생각하니 눈물이 핑 돈다.

롤라 야 보노보의 보노보들이 야생으로 돌아가는 모습을 떠올릴 때마다 보노보가 웃음소리로 텅 빈 숲을 가득 채우길 희망한다. 별이 총총히 빛나는 하늘을 이고 부드러운 가지에 폭 안겨 편안하게 꿈나라로 들기를 희망한다. 언젠가 말루 같은 어린 보노보가 또 태어나기를 희망한다. 사람이 낸 불에 화상을 입어 흉터 자국으로 일그러진 살갗도 없고 엄마 품에 포근히 안겨 장난꾸러기 같은 미소를 짓는 그런 어린 보노보가.

33

2009년 3월 8일, 아프리카 네이션 챔피언십African Nations Championship에서 콩고가 가나와 붙는다. 콩고에서 축구는 스포츠 경기 이상이다. 온 나라가 신들린 듯 열광한다. 어느 도시든 어느 마을이든 차를 몰고 지나가면 공을 따라 우르르 몰려다니는 아이들 무리를 볼 수 있다. 공은 대개 그 자리에서 종이나 비닐봉지를 단단하게 뭉쳐 끈으로 둘둘 말아 만든 것이다. 발로 찰 수만 있으면 꼭 굴러가지 않아도 된다. 국가대표팀인 레오파드Leopards가 경기를 하면 온 나라가 숨을 멈춘다. 수천 명이 라디오 한 대 주위에 모여 앉는다. 공이 어디로 어떻게 움직이는지 목소리가 흘러나올 때마다 군중 사이로 환호와 탄식이 잔물결처럼 퍼져 나간다.

아프리카 축구팀 사이에 불꽃 튀는 경쟁의식은 강하고도 깊다. 선수들이 주술사를 고용하여 상대방 탈의실을 돼지 피로 더럽히는 일도, 골대 앞에 소를 묻는 일도 마다하지 않는다.

콩고의 국가대표팀 레오파드는 한때 전설적이었다. 파란 하늘에 빛나는 태양을 상징하는 색깔의 선수복을 입고 1974년에는 아프리카 네이션 우승컵을 거머쥐었다. 월드컵에 진출한 첫 흑인 아프리카 축구팀이었다. 과거 골키퍼였던 모부투는 선수마다 자동차를 한 대씩 뽑아주며 이기고 돌아오면 현금 한 자루씩 안겨주겠노라고 약속까지 했다.

하지만 1974년을 마지막으로 황금기가 끝났다. 그 이후 소리 없이 순위에서 계속 밀려나고 있다. 그러자 축구계는 보다 유망한 팀으로 눈을 돌렸다. 가나 축구팀 같은.

사신死神 블랙스타Black Stars로 알려진 가나 축구팀은 다섯 번 연속으로 올림픽에 출전하는 자격을 얻었다. 아프리카 네이션 컵도 네 번이나 손에 쥐면서 명실상부 아프리카 역사상 두 번째로 성공한 축구팀이 되었다.

콩고가 결승전에 오르다니 기적이나 다름없다. 사람들은 이런 개가를 올린 공을 레오파드의 코치인 산토스Santos에게 돌린다. 산토스는 별명이 오바마다. 우승은 하늘의 별따기가 아니냐는 질문에 "우리는 할 수 있습니다"라고 대답했기 때문이다. 하지만 산토스조차 여드레 전, 콩고를 3 대 0으로 누른 가나말고 다른 팀과 경기하기를 바랐을 것이다.

3만 5000명의 관중이 운집한 가운데 레오파드가 블랙스타와 마주 서 있다. 잔디는 매끄럽고 촉촉하다. 코트디부아르의 경기장은 온통 흥분의 도가니다. 전반전 1분부터 콩고가 공을 내주지 않는다. 모두의 예상을 깨고 가나가 제 리듬을 찾지 못하는 듯 보인다. 전반전 종료를 앞두고 가나가 몇 차례 콩고의 수비벽을 뚫는다. 그때마다 콩고가 재빨리 반격에 나선다. 후반전을 시작하고 1분이 지나자마자 콩고가 가나의 골문을 연다. 경기 종료를 15분도 채 남겨놓지 않고 다시 가나의 골망을 흔든다.

경기가 끝나자 가장 충격에 휩싸인 이들은 콩고 국민이다. 반 박자 동안 정적이 감돌더니 곧이어 와아 하는 함성이 우레처럼 온 나라를 뒤덮는다.

브라이언과 나는 킨샤사 공항에서 내리면서 한창 반란 중인 가운데 착륙한 건 아닐까 잠시 착각한다. 무장한 사람들이 큰 소리를 외치며 총을 흔들고 있다. 공항 직원들이 서로 주먹으로 툭툭 치며 고릴라처럼 제자리서 뛰어올라 가슴을 탕탕 부딪친다. 수천 명이 공격할 때나 내지르는 함성 소리가 멀리서 들린다. 눈길을 돌리는 곳마다 활짝 드러난 이만 보일 뿐이다.

나는 승리의 환호성임을 깨닫는다. 입국심사대 직원이 이토록 행복한 표정을 짓는 모습을 이제껏 본 적이 없다. 내내 손을 흔들고 단돈 1달러도 요구하지 않는다. 심지어 어떤 직원은 나를 **안기**까지 한다.

거리는 떼를 지어 몰려다니는 인파로 넘쳐 난다. 킨샤사에 사는 800만 시민이 모두 밖으로 나와 축하하는 듯싶다. 밤 9시,

수백 명이 웃통을 활활 벗어 제친 채 무리를 지어 거리를 뛰어다닌다. 그렇게 뛰어다니는 까닭은 기쁨에 겨워 할 수 있는 마땅한 일이 달리 없기 때문이다. 속에서 기쁨이 용솟음친다. 하늘을 붕 나는 듯이 보인다. 차를 탁탁 두드리고 승리의 'V' 자를 손으로 그려 올린다. 하지만 '2'를 의미하기도 한다. 가나를 2 대 0으로 이겼기 때문이다. 운전기사가 말한다.

"아시겠지만, 부인. 우리가 언론에 오르내리는 이유는 늘 전쟁 때문이지요. 서양 사람들이 우리가 짐승이나 다름없다고, 늘 서로 싸우고 죽이기만 한다고 여깁니다. 하지만 지금, 보세요, 우리는 승자예요. 우리가 더없이 자랑스럽습니다."

처음 눈에 띈 보노보는 이시로다. 낮잠을 자고 있다. 나는 시계를 본다. 아직 오전 10시밖에 안 되었다. 이시로는 오전에 낮잠을 자지 않는다. 이 시간이면 순찰을 돌 시간이다. 교통경찰처럼 어린 수컷 보노보를 지켜본다. 위반 행위를 들추어내며 아침을 활기차게 보낸다. 그런데 지금 이시로가 누워 있다. 팔 하나를 얼굴 위에 턱 걸치고서. 앳된 모습에 살이 붙어 시샘을 부를 만한 곡선미를 그리고 있다. 가슴이 제법 봉긋하고 음부는 세멘드와와 곧 호각을 다툴 듯하다. 이시로가 뒹굴며 귀여움을 한껏 내뿜고 있다. 숨결에 코고는 소리가 묻어난다.

이시로와 세멘드와와 세멘드와의 아기 엘리키아가 맥스 집단으로 옮겼다. 두어 달 안에 야생으로 돌아갈 예정이기 때문이다. 손가락이 잘린 채 도착한 보노보 로마미가 수줍은 표정으로 이시로에게 다가간다. 로마미가 이시로의 머리카락을 귀 뒤로 넘기며 부드럽게 쓰다듬는다. 때때로 이시로 머리에 입을 맞춘다. 2005년 겁에 질려 움츠러들기만 하던 모습은 어디로 간 걸까? 손가락만 탁 튕겨도 움찔하던 로마미는 어디로 사라진 걸까? 몸은 아직 십 대의 앳된 티를 벗어나지 못했지만 새로운 자신감이 흐른다. 성한 왼쪽 손가락만큼이나 능숙하게 몽당한 오른쪽 손가락을 움직인다.

세멘드와가 루카야의 머리를 무릎에 붙박듯 올려놓는다. 루카야는 십 대 암컷 보노보로 올해의 헤어스타일로 단장하고 있다. 해마다 세멘드와가 변신을 꾀할 때라고 결정을 내릴 뿐 아니라 나아가 집단 전체에 그 변신을 밀어붙인다. 세멘드와가 어디서 영감을 받는지는 오로지 신만이 안다. 어쩌면 마마 한 명이 이따금 담장 너머로 《보그》를 던져 넣는지도 모른다. 하지만 우리가 갈 때마다 모든 보노보의 헤어스타일이 새롭게 바뀌어 있다. 지난해에는 모호크^{Mohawk}식* 이었다. 재작년에는 제비꼬리를 단 대머리였고 재재작년에는 일명 '시동侍童 겸 수도승'이란 작품이라고 볼 수 있는데, 정수리 부분은 동그랗게 털을 뽑아 대머리로 만든 다음, 그 주위는 단발머리를 치렁치렁하게 늘

---

*   양옆은 깨끗이 밀고 앞에서 뒤까지 가운데만 남기는 헤어스타일이다. 가운데 부분은 닭벼슬처럼 똑바로 세운다.

어뜨렸다.

올해 세멘드와가 야심을 불태우고 있다. 메르세데스벤츠 패션 위크에서 영감을 얻은 듯 보인다. 정수리에서부터 오른쪽 어깨로 떨어지는, 입이 딱 벌어질 만한 물미끄럼틀 같은 헤어스타일로 1980년대를 소환하고 있다.

세멘드와가 마지못해 머리를 맡기는 루카야에게 몸을 한껏 기울이고 온 신경을 곤두세우며 집중하고 있다. 루카야의 머리를 대가다운 솜씨로 변신시키겠노라고 투지를 불사르고 있다.

때때로 세멘드와가 자신의 작품에서 눈을 들어 맥스를 노려본다. 맥스는 해마다 그렇듯이 아무도 자신의 머리 근처로 손도 못 오게 한다. 맥스 옆에는 낯선 보노보가 한 마리 있다. 조금 시간이 지나서야 로멜라임을 알아본다. 지난해만 해도 털 한 올 없이 뼈만 앙상한 작은 보노보에 지나지 않았지만 지금은 몰라보게 변해 있다. 몸집이 거대하다. 지방으로 거대한 게 아니다. **골격**이 거대하다. 로멜라가 롤라 야 보노보에 들어왔을 때 우리는 세 살쯤이라고 추정했다. 하지만 여섯 살 이상이었음에 틀림없다. 1년이 지난 지금 다리 사이에서 사춘기 직전에 나타나는 음부의 특성이 보이기 때문이다. 고기보관실에서 티라노사우루스처럼 먹을 수밖에 없었던 것도 당연하다. 3년이란 성장 기간을 따라잡아야 했으니까.

나는 언덕을 따라 걸어 올라가며 몹시도 그리워하던 누군가를 찾는다.

마마들이 부른다.

"버네사 바보테!"

마마 미슐랭이 링갈라어로 무어라 말한다. 마마들이 나를 뚫어져라 바라본다.

마마 앙리에트가 딱 부러지게 말한다.

"살이 붙었네."

"네? 아니에요!"

마마들이 고개를 크게 끄덕인다. 지혜로운 마마 미슐랭이 다시 무어라 말한다. 마마 앙리에트가 말을 옮겨준다.

"엉덩이가 확실히 커졌다고. 젖가슴도 커지고."

"우리한테 하고 싶은 말 없어요?"

마마 이본이 능청스럽게 묻자 비로소 나는 알아챈다.

"임신 아니에요!"

마마들이 금세 풀이 죽는다.

마마 이본이 경고를 날린다.

"바쁘게 사는 게 나아. 이번 여행에서는 꼭."

그러더니 고개를 젓는다.

"이렇게 살이 쪘는데 어떻게 임신이 아닐 수 있지?"

나는 그 주제에서 벗어나려고 안간힘을 쓰며 이렇게 묻는다.

"울 애기는 어디 있어요?"

내가 눈이 빠지도록 찾던 그 보노보가 보육장 바로 뒤에 웅크리고 있다. 두 눈동자가 덤불 뒤에서 빼꼼히 내다보고 있다.

나는 몸을 숙여 손을 내민다. 두 눈이 불안에 떨며 이쪽을 보다 저쪽을 보다 한다. 그러다 내 두 눈과 딱 마주친다. 천천히 그 보노보가 걸어 나온다. 작은 얼굴에 주름이 잔뜩 잡혀 있다. 눈을 가늘게 뜨고 보는 듯한 표정이다. 손을 잡고는 무릎으로 올라온다. 목을 두 팔로 감싸며 나를 안는다. 온몸으로 내게 꼭 안겨온다. 태양이 뜨겁다. 털 아래 살갗이 축축하다. 묵직하다. 꽤 듬직하다. 내가 품에 안고 있는 이 존재가 사라지지 않으리라는 점을 이제는 안다. 카타가 머리를 내 입에 들이민다. 나는 입을 맞추고 이름을 속삭인다.

마마 이본이 의기양양하게 노래한다.

"마마 앙리에트의 아기는 **정말** 못생겼다네! 카타만큼 못생긴 보노보를 본 적이 없다네."

마마 앙리에트에게는 카타가 덤불에서 나왔다는 사실이 남다르게 다가온다.

"그렇게 행동하는 모습을 한 번도 못 봤어요. 대개는 부끄럼을 타거든요."

"카타는 부끄럼을 타지 않아. 못생겨서 난처한 거지."

"적어도 당신 아기인 키크위트만큼 어리석진 않아."

마마 이본과 마마 앙리에트가 티격태격 입씨름을 벌이는 모습에 마마 미슐랭과 마마 에스페랑스가 배꼽을 잡고 웃는다. 카타가 꺅 소리를 지르며 내게 음핵을 문지른다. 자신만의 특별한 보노보 악수handshake를 청한다.

점심때쯤 클로딘이 남편인 빅토르에게서 전화를 한 통 받는다. 한 남자가 빅토르의 트럭 야적장에 나타나 어미 잃은 보노보를 넘겨주고 싶다고 말한다는 내용이다. 몇 년 사이에 이런 일이 점점 늘어나고 있다. 생각이 짧고 순진한 시골 촌부는 킨샤사에서 보노보를 팔아 한몫 단단히 챙길 수 있다고 여긴다. 하지만 킨샤사에 도착하면 보노보를 매매하는 시장이 지하로 숨어들어버린 현실과 맞닥뜨린다. 롤라 야 보노보의 교육 프로그램 덕분에 킨샤사에서는 어느 누구도 보노보를 보려고도 하지 않는다. 음식점에서 몰래 보노보 고기를 주문할지는 몰라도. 보노보를 뒷마당에 묶어놓을 만큼 어리석은 사람은 한 명도 없다. 사람들은 그런 일이 불법이라는 점을, 킨샤사는 하나의 거대한 마을이기 때문에 누군가가 경찰을 부를 수 있다는 점을 안다.

그래서 루크웨Lukwe나 마수무나Masumuna나 어디가 되었든 시골에서 올라온 촌부는 야생동물 밀매꾼을 찾으려 애쓴다. 그러는 사이에 새끼 보노보가 넉넉하지 못한 촌부의 호주머니를 계속 축낸다. 어쩌면 쇠사슬에 묶인 채 병에 걸려 죽어갈 수도 있다. 그러면 킨샤사의 누군가가, 종종 롤라 야 보노보를 방문한 적이 있는 어린이가 그런 촌부를 가엾게 여겨 클로딘에게 연락해보라고 알려준다. 클로딘이 수송비로 25달러를 줄 것이라고, 그러면 적어도 빈손을 면할 수 있을 것이라고 덧붙이며.

나는 웹사이트에 올릴 동영상을 모으고 있다. 어미 잃은 보노보를 구출하는 광경을 촬영하러 가도 되는지 허락을 구하고 나서 클레멘스Clemence와 차에 오른다. 클레멘스는 지난해에 롤라 야 보노보에 새로 온 수의 간호사다. 상냥한 여성으로 달덩이처럼 둥근 얼굴에 늘 수줍은 미소가 떠나지 않는다. 보육장의 새끼 보노보들은 클레멘스를 추앙한다. 아주 고집불통인 보노보도 클레멘스가 어르면 순순히 약을 먹는다.

나는 클레멘스와 이야기를 나눌 기회가 많이 없었다. 클레멘스에게 고향이 어딘지 묻는다.

"동부의 고마예요. 우리 가족은 두 번째 내전이 끝나고 킨샤사로 옮겨왔어요."

2002년, 클레멘스는 반군이 공격할 때 집에서 지켜보았다.

"어느 반군이었어요?"

내가 묻자 클레멘스가 어깨를 으쓱한다.

"모르겠어요. 다들 똑같아 보였으니까요."

공격 방식은 자크가 대략 설명한 내용과 같다. 집 안에 머무른 사람은 화를 면할 수 있지만 위험을 무릅쓰고 밖으로 나간 사람은 모두 총에 맞았다. 클레멘스는 가족들과 함께 집에 웅크리고 앉아 폭탄과 로켓 공격으로 길 건너 집들이 무너져내리는 광경을 지켜보았다.

"사람들이 비명을 질러댔어요. 울음소리가 끊이지 않았지요. 우리는 무서워 벌벌 떨었어요. 갈 곳이 없었어요."

한 이웃이 집 밖으로 질질 끌려나왔다. 반군이 그 목을 베고 음경을 잘라 입속에 쑤셔 넣었다.

"그 일을 겪고 나서 우리는 이곳으로 왔어요. 가진 게 아무것도 없었지요. 이 일자리를 구했어요. 롤라 야 보노보가 우리 목숨을 구한 셈이에요."

우리는 차를 몰고 킨샤사 중심가를 지난다. 킨샤사는 먼지를 뒤집어쓴 거대한 심장처럼 고동친다. 남자아이들이 가까운 라디오에서 흘러나오는 스쿠스 음악에 맞춰 몸을 흔들고 비튼다. 여자아이들이 늘씬한 자태를 뽐내며 걷는다. 엉덩이와 가슴이 캉가^{kanga}*에 꼭 싸여 있다. 노인들이 플라스틱 탁자에 앉아 기억을 풀어내며 지나가는 사람들을 바라본다.

우리는 빅토르의 트럭 야적장에 차를 세운다. 사람들이 무쇠로 된 야수 사이를 누비고 전동기와 발전기와 전기톱 소음이 공기를 울린다. 우리가 차에서 내리자 한 남자가 나타난다. 바다거북이 그려진 하얀 티셔츠를 입고 있다. 곁에는 보노보 한 마리가 두 발로 걷고 있다. 아이처럼 남자의 손을 잡고 있다. 보노보는 세 살 또는 네 살 된 수컷이다. 내 창자가 오그라든다. 그 모습이 카타가 롤라 야 보노보에 처음 도착했을 때와 똑 닮아 있기 때문이다. 길고 검은 머리 다발이 얼굴 가장자리에 들러붙고 그 아래는 여위어도 너무 여위어 꼬챙이 같다.

---

* 　아프리카 대호수 지역에서 여성이나 남성이 몸에 두르는, 가로 1.5미터 세로 1미터 정도 되는 천이다.

클레멘스가 바닥에 쪼그리고 앉아 두 팔을 내민다. 보노보가 남자에게서 손을 비틀어 빼더니 클레멘스에게로 달려와 힘껏 안긴다. 소리조차 내지 않는다. 보노보가 바다거북 셔츠를 입고 있는 남자를 돌아본다. 하지만 클레멘스가 보노보에게 입을 맞추며 머리를 살살 쓰다듬자 그 품에 자신을 파묻는다.

남자가 빤히 바라보면서 뭔가를 기다린다. 나는 차로 돌아가 이대로 곧 출발할 거라고 생각한다. 하지만 남자가 우리 운전기사한테 뭐라고 말한다. 운전기사가 말을 옮긴다. 남자가 150달러를 원한다는 내용이다.

이는 계획에 없던 일이다. 남자는 보노보를 넘겨주어야 한다. 클로딘이 남자가 보노보를 **팔기를** 원한다는 사실을 알았더라면 클레멘스와 내가 여기에 오지 않았을 것이다. 관계 부처 공무원과 경찰이 가득 탄 자동차가 도착하여 남자를 체포하고 어미 잃은 그 보노보를 압수했을 것이다.

남자가 며칠 동안 꼬박 걸어왔다고 말한다. 퉁퉁 부어오른 발을 보여준다. 자전거와 신발도 팔았다고 말한다. 한 달 동안 보노보를 먹여 살렸다고 덧붙인다.

무언가가 옳지 않다. 남자의 사팔눈에 잔뜩 핏발이 서 있다. 미소를 지으며 운전기사와 농담을 주고받고 있다. 이 일이 상거래라도 되는 양.

빅토르가 클로딘에게 전화를 건다. 클로딘은 단호하다.

"안 돼. 우린 보노보를 사지 않아. 우리가 남자한테 줄 수 있는 돈은 이동 경비인 25달러가 전부야."

남자가 이맛살을 잔뜩 찌푸린다. 시장에서 보노보를 600달러에 팔 수 있었다며 씩씩거린다. 빅토르가 말한다.

"그럼, 그렇게 해보시게. 보노보를 사려는 사람이 아무도 없을 걸세."

클레멘스가 말한다.

"우리와 함께 롤라 야 보노보로 가세요. 클로딘 대표와 이야기를 나눌 수 있어요. 직접 눈으로 확인할 수 있어요."

남자가 고개를 가로젓는다.

지금 이 순간이 내가 끼어들 때다. 보노보는 생김새가 카타와 매우 닮았다. 내 주머니에는 120달러가 있다. 내가 남자에게 그 돈을 주면 보노보를 풀어주리라는 점을 안다. 아니면 보노보를 와락 잡아채어 도망칠 수도 있다. 이 트럭 야적장에는 20명 정도 되는 사람이 있고 모두 빅토르 아래에서 일한다. 내가 싸움을 걸면 모두 내 편이 되어줄 것이다.

다이앤 포시는 유명한 연구자로 《정글 속의 고릴라Gorillas in the Mist》를 썼다. 정말 놀라운 여성이다. 180센티미터가 넘는 키에 타는 듯한 눈빛과 헝클어진 검은 곱슬머리를 지녔다. 배포는 텍사스만 했다. 18년 동안 고릴라를 연구했으며 마운틴고릴라 공동체가 받아들인 유일무이한 사람이었다.

안타깝게도 다이앤은 지역 주민들 사이에서 명망이 그리 높지 않았다. 종종 다이앤이나 그 제자들이 가깝게 지내던 고릴라의 시체에 발이 걸려 넘어지고는 했다. 사냥꾼이 고릴라의 머리와 손을 자르고 가슴에다 총알을 여러 발 박았다. 당연히 다이앤이 분노로 이성을 잃었다. 밀렵꾼의 야영지를 급습했다. 할로윈 가면을 쓰고 폭죽을 터뜨려 밀렵꾼이 자신을 마녀라고 여기도록 했다. 밀렵꾼을 꽁꽁 묶고 침을 뱉고 한번은 밀렵꾼의 아이를 납치하기까지 했다. 밀렵꾼의 소 뒷다리를 총으로 쏘고 소들이 고통에 신음하며 울도록 내버려두었다.

나는 분노에 굴복하는 일이 얼마나 쉬운지 상상할 수 있다. 거드름을 피우고 사팔눈을 한 그 면상에 주먹을 갈기고 싶다. 하지만 그럴 수 없다. 다이앤이 그랬듯이 결코 이길 수 없기 때문이다.

다이앤은 1985년 크리스마스 다음 날 자신이 지내는 오두막에서 잔인하게 살해된 채 발견되었다. 머리가 마체테로 쪼개져 있었다. 수년 전 자신이 사냥꾼한테서 압수한 그 마체테로. 누가 다이앤을 죽였는지 아무도 알지 못한다. 하지만 '눈에는 눈 이에는 이'로 실현하려는 정의는 그 숲에서 사냥하는 피그미족과 산을 이용해 방목하는 바트와Batwa족과 공원 관리자에게서 공감을 얻지 못했다.

클로딘은 15년 동안 이 일을 해오면서 단 한 번도 봉급을 받지 않았다. 진정한 보노보처럼 장관이나 경찰 공무원과 조심스럽게 차곡차곡 관계를 쌓아 올렸다. 그리고 마침내 지지와 신뢰

를 얻어냈다. 클로딘에게는 사람을 두들겨 패거나 아니면 보노
보를 150달러에 사고파는 거래를 트는 보호구역의 괴짜 외국인
연구자가 필요하지 않다. 나는 보노보를 훔칠 수도 없다. 살 수
도 없다. 그냥 서서 지켜볼 뿐이다.

클레멘스가 새끼 보노보를 안고 있다. 새끼 보노보가 작은
오렌지 조각을 먹기 시작한다. 분홍색 담요에 꼭 싸여 있다. 이
따금 먹기를 멈추고 클레멘스의 따뜻한 갈색 눈을 물끄러미 들
여다본다.

남자가 꼭뒤잡이를 하여 보노보를 끌고 가려고 한다. 내가
화를 이기지 못하고 소리를 지른다. 빅토르네 직원 한 사람이
내 팔을 붙잡는다.

"내버려두세요. 부인, 가게두세요."

보노보가 눈을 감고 클레멘스 옷자락을 두 손으로 꼭 말아
쥐며 낑낑거린다. 기운이 없어 오래 버티지 못한다. 곧 온몸에
서 힘이 풀린다. 남자가 보노보의 한쪽 팔을 거칠게 잡아당기
며 성큼성큼 걸어 트럭 야적장을 빠져나간다. 킨샤사에서 보노
보를 팔아보려고 애쓸 것이다. 보노보가 뒤돌아본다. 하지만 울
지 않는다.

클레멘스가 당황한 기색을 보이면서도 차분하게 말한다.

"내 품에 안겨 있었는데. 편안하게 내 품에 안겨 있었는데."

내 팔을 잡던 빅토르네 직원이 솔직히 말한다.

"칼을 갖고 있었습니다. 돈을 안 주고 보노보를 데려가려 들

면 보노보 목을 따버리겠다고 했어요."

롤라 야 보노보로 돌아오자 클로딘이 내 손을 꼭 잡는다.
"마음이 아프지요. 하지만 이러는 편이 나아요."
나는 클로딘에게 그 장면을 그대로 그려내듯 전한다.
"이 남자를 압니다. 야생동물 상인이지요. 그에게 돈을 냈다면 다음 주에 보노보 열 마리를 끌고 나타나 팔려고 들 거예요."
클로딘이 나를 안고 계속 말한다.
"언젠가 누군가 내게 이런 말을 했어요. '보노보를 향한 당신의 심장이 덜 뜨거워야 보호 활동에는 더 이롭다'라고요. 제 아이들이 아니에요. 야생동물입니다. 언젠가는 놓아주어야 해요."

관계 부처 조사관이 킨샤사 거리를 이 잡듯 뒤진다. 남자는 이미 뱀처럼 지하로 사라졌다. 보노보를 데리고.

34

이후 몇 주 동안 롤라 야 보노보는 내가 이제껏 겪어본 적이 없는 최악의 사태에 놓인다. 그런 일이 일어날 줄 미리 알았더라면 절대 가지 않았을 것이다. 안전하게 집에서 지내며 멀리서 흐느꼈을 것이다. 하지만 우리가 미래를 볼 수 있다면 이불 속에서 빠져나오려 할까.

2월, 독감이 킨샤사에 돌았다. 사람들이 꼬박 하루를 거의 움직이지도 못할 정도로 독하게 앓았다. 하지만 이튿날이면 멀쩡하게 자리를 털고 일어났다.

3월 11일 수요일, 보육장의 새끼 보노보 몇 마리가 기침을 콜록콜록 하고 콧물을 줄줄 흘렸다. 불안해할 필요는 없다. 사람 아기들처럼 새끼 보노보도 늘 콧물을 흘린다. 뇌 속에 예비 콧물이라도 저장해놓은 듯 종종 분수처럼 뿜기도 한다. 여느 엄마들이 그렇듯 마마들도 새끼 보노보를 애면글면 보살핀다. 따뜻한 차에 꿀과 레몬을 넣어 시도 때도 없이 떠먹인다. 비타민 C를 보충하려고 제철도 아닌 오렌지를 사오라고 사육사를 성가시게 군다. 만화 주인공인 플린트스톤Flintstone 모양의 종합 비타민을 꼬박꼬박 챙겨 먹인다. 동물진료 구역으로 내려가 증상을 진정시키는 연고나 기도氣道를 뚫고 부비강을 깨끗하게 하는 유칼립투스 도약塗藥을 찾는다. 며칠도 지나지 않아 보육장의 새끼 보노보들이 말끔하게 낫는다.

독감이 1집단인 미미네 집단을 덮친다. 보육장의 새끼 보노보들처럼 여기 보노보도 기침을 해대고 콧물을 흘린다. 바이러스가 재빨리 가슴으로 옮겨가 폐로 이어지는 공기 통로를 막는다. 보노보들이 숨을 쉬지 못한다. 폐가 돌로 변한 듯 헐떡이고 목구멍이 바늘구멍처럼 좁아진다.

3월 18일, 로자가 죽는다. 클로딘이 비상사태로 전환한다. 숲에 풀어놓을 예정으로 격리 중이던 보노보는 무슨 수를 써서라도 보호해야 한다. 롤라 야 보노보가 문을 닫고 방문객을 받지 않는다. 직원들이 배정받은 울타리를 지키고 낮 동안에는 서로 왕래를 삼간다. 날마다 옷을 소독한다. 모두들 손에서 항균 살균제 냄새가 난다.

수의사들이 증세가 심한 보노보를 따로 격리하고 2차 감염을 막기 위해 항생제를 투여한다. 새끼 보노보를 엄마한테서 떼어내어 우리 콩고 학생인 수지에게 맡겨 돌보도록 한다. 면밀하게 관찰할 수 있는 거의 모든 보노보의 생명을 구한다. 다행스럽게도 방사 예정인 보노보는 한 마리도 독감에 걸리지 않는다.

어느 날 오후, 키콩고가 숲에서 나오지 않는다. 수지가 한밤중에 나가 키콩고를 찾는다. 직원들은 뱀이 나올까 두려워 숲에 들어가기를 꺼린다. 어제도 사육사 한 명이 가분살모사 한 마리를 죽였다. 몸통 굵기가 사람 팔뚝만 하고 머리 크기가 주먹만 한 뱀이었다. 하지만 수지는 날이 밝을 때까지 기다린다면 때를 놓칠지도 모른다고 느낀다.

키콩고가 달빛 아래 쓰러져 있다. 엎드린 채 쭉 뻗어 있다. 숨소리가 너무 약해 수지가 입가에 얼굴을 바짝 대고서야 숨을 쉬는지 확인할 수 있을 정도다. 수지가 키콩고를 어깨에 들쳐 업고 동물진료 구역으로 발을 옮긴다. 키콩고가 무거워 허리가 절로 꺾인다. 수지가 키콩고 곁을 밤새 지킨다. 미음과 사과 몇 조각을 먹인다. 키콩고는 너무 쇠약해져 있다. 산소호흡기 없이는 숨도 쉬기 힘들다.

나는 더 이상 어찌해야 할지 몰라 기도를 읊조린다. 제발 하느님 키콩고는 데려가시면 안 돼요…… 제발 하느님 키콩고는 데려가시면 안 돼요…… 같은 기도를 웅얼거린다.

키콩고가 기운을 차린다. 그렇지 못한 보노보도 있다. 붉은 입술과 검은 속눈썹이 사랑스러운 로자. 이제 6개월이 지난 키산투Kisantu의 새끼 보노보. 내 머리카락을 갖고 놀기 좋아하던 킨부Kinbu. 혀가 턱까지 닿는 믹사Mixa. 미미에게서 갓 태어난 새끼 보노보. 그리고 가슴 아프게도 미미를 잃는다.

미미는 독감으로 죽지 않았다. 새끼를 낳고 나서 합병증으로 죽었다. 모두에게 커다란 충격을 안긴 이유는 미미가 새끼를 낳은 뒤 아픈 증상을 전혀 보이지 않았기 때문이다. 다른 새끼들처럼 그 새끼를 넘겨주었다. 그리고 며칠 뒤 미미가 눈을 감았다. 동시에 황후도 사라진다. 롤라 야 보노보가 그토록 휑한 모습은 이제껏 한 번도 본 적이 없다.

독감은 영장류에게 새로운 위협이 아니다. 바이러스가 한 숙주에게 무해하더라도 돌연변이를 일으켜 종을 뛰어넘을 때 위험해진다. 예를 들어, 조류독감은 물새한테는 거의 영향을 미치지 않는다. 하지만 인간에게는 치명적이다. 유럽과 아시아의 돼지 인플루엔자는 그 바이러스 유전자가 스스로 재배열하면서 H1N1 또는 돼지독감이 되었다.

호흡기 질환은 동물원에서도 보호구역에서도 야생 개체군에서도 골치 아픈 질병이다. 3월 26일, 링컨 파크 동물원Lincoln Park Zoo에서 침팬지 일곱 마리가 독감에 걸려 한 마리가 죽었다. 2006년에는 탄자니아 마할레Mahale에서 야생 침팬지 열두 마리가 비슷한 바이러스로 죽었다.

내가 눈으로 직접 본 경우는 이번이 처음이다. 야간 숙사에 앉아 키콩고의 손을 잡고서 아직 숨이 붙어 있어 산소마스크에 김이 서리는지 확인하기는 이번이 처음이다. 아침에 일어나 오늘은 누가 죽을까 불안해보기는 이번이 처음이다.

나는 그런 죽음을 겪을 때마다 보노보가 멸종을 향해 한 걸음 더 다가선 현실을 깨닫는다. 아무도 보노보가 얼마나 남았는지 모른다. 양키 스타디움을 가득 메울 만큼도 안 된다. 일반 감기만으로도 롤라 야 보노보가 이토록 심각할 수 있다면 치명적인 전염병은 보노보 개체군에 어떤 영향을 미칠까? 복수를 벼르는 군대는? 배고픈 마을 사람들은? 전 세계 보노보는 모두 한 숲에 산다. 나는 집단유전학자population geneticist가 아니다. 하지만 한 바구니에만 담겨 있는 달걀이 그리 바람직한 현상은 아닌 듯하다.

하지만 종의 생존이 내가 이미 저 세상으로 떠난 보노보의 사진을 몇 시간이고 들여다보는 이유가 아니다. 카타가 콧물을 흘리는지 하루에도 50번씩 확인하는 이유가 아니다. 한밤중에 울면서 깨는 이유가 아니다.

내가 보노보들이 성장하는 모습을 지켜보았기 때문이다. 마찬가지로 나는 마마 에스페랑스의 얼굴에서 젖살이 빠지고 높고 반듯한 광대뼈와 도톰한 입술이 자리 잡는 모습을 지켜보았다. 걸음걸이가 가벼운 발걸음에서 관능이 배어나는 흔들림으로 바뀌는 모습을 지켜보았다. 귀여움이 피어나더니 어느새 심장을 두근거리게 하는 눈부신 아름다움으로 변모하는 모습을 지켜보았다. 그런 에스페랑스를 보면 내 눈이 아플 지경이다. 우리끼리만 있을 때 에스페랑스는 내 손 안에 자신의 손을 쏙 집어넣고는 몸을 가까이 기울여 비밀을 속삭인다. 그런 비밀은 내가 믿을 만큼 중요한 사람이라는 것 외에는 아무런 의미도 띠지 않는다.

나는 에스페랑스를 사랑한다. 아주 단순하다. 삶은 늘 그렇게 돌아간다. 순식간에 5년이 흘렀다. 시나브로 한 나라와 한 국민과 수많은 보노보와 사랑에 빠져버렸다. 더구나 자라는 모습을 보았기 때문에 나이 들어가는 모습도 당연히 보리라고 여긴다.

하지만 그 시간이 늘 허락되는 건 아니다. 콩고에서 배운 한 가지가 있다면 바로 이것이다.

사랑하는 사람이 있다면 누구든 어디에 있든 붙들어라. 찾아서 있는 힘껏 꼭 붙들어라. 소심함과 조바심과 어색한 웃음을 견디어라. 당신의 심장에 닿아 고동치는 그 심장을 느껴라. 이 순간에, 이 소중한 순간에 여기 곁에 있어서 정말 고맙다고 전하라. 그러면 당신과 함께하리라. 그리고 분명 알리라. 자신들이 매우, 아주, 몹시 사랑받고 있음을.

35

친구의 남동생이 헤로인 과다 복용으로 생을 마감했을 때 친구는 이렇게 말했다. 가장 마음 아픈 일은 남동생이 영영 사라지는 것이었다고. 친구 가족은 장례식을 간소하게 치렀다. 남동생이 그렇게 세상을 떠나서 부끄러웠기 때문이다. 이후 사람들은 친구가 당황하지 않을까 무척 조심스러워하며 남동생 이름을 절대 입에 올리지 않았다. 마치 이 세상에 존재한 적이 없었던 것처럼.

콩고 사람들이 죽음을 대하는 태도는 사뭇 다르다. 콩고에서 누군가 눈을 감으면 그 죽음이 아무리 수치스러워도 아무리 끔찍해도 그 사람을 알던 모든 이들이 장례식에 간다. 그곳에서 춤을 춘다. 밤이 새도록 춤을 추며 그 사람이 살아낸 삶을, 그 사람의 손길이 닿은 사람을 축복한다.

보노보를 기리는 장례식은 없다. 다만 직원들은 보노보들이

이 세상에 존재하지 않았던 것처럼 이야기하지 않는다. 보노보들이 오스트레일리아쯤으로 옮겨가기로 결심한 듯이, 그래서 어느 때든 부를 수 있다는 듯이 이야기한다.

수의사 크리스핀이 경기장에서 키크위트를 앞에 두고 울고 있는 나를 본다. 키크위트는 엉덩이 밑에 사과를 여섯 알 숨겨두고 있다. 나는 항상 사과를 정확하게 세어놓는다. 그래야 모두 하나씩 먹을 수 있다. 오늘 아침 나는 습관적으로 열여덟 알을 세었다. 여섯 마리가 죽었다는 사실을 까맣게 잊고서. 남는 사과를 작은 조각으로 잘라 나누어 먹이려고 했다. 하지만 손이 심하게 떨리기 시작했다. 그래서 그만두고 키크위트에게 다 던져주었다.

크리스핀이 잠시 말없이 내 곁에 앉아 있다 이윽고 입을 연다.

"당신도 알다시피 키크위트는 다정하고 자상하지요. 키크위트가 다 자라면 미케노와 참 닮은 보노보가 될 것 같아요."

크리스핀이 내 얼굴을 찰싹 때린 듯한 기분이 든다. 나는 미케노를 생각하고 싶지 않다. 미케노를 생각하면 미미가, 로자가, 보롬베가, 그리고 죽은 다른 보노보들이 떠오를 테니까. 나는 그들을 그리워하지 않으려고 온힘을 쥐어짜면서 애쓰고 있다.

그날 오후 마마들이 내가 말루를 얼마나 질투했는지 이야기하면서 놀린다.

"버네사, 기억나요? 브라이언이 당신보다 말루를 더 사랑한다며 보호구역 여기저기 브라이언을 쫓아다닌 일이?"

나는 숨을 깊이 들이쉬며 마마들에게는 잔인하게 굴려는 의도가 전혀 없음을 스스로에게 일깨운다. 그러고 나서 천천히 대답한다.

"말루가 머리카락을 잡아당겼어요. 브라이언이 100킬로미터 내에 있으면 언제나 그 조그만 마녀가 머리카락을 잡아당기고 머리를 발로 찼다고요."

마미들이 소리친다.

"100킬로미터래! 말루가 찬 머리가 여기서 반둔두Bandundu 까지 날아갔겠네!"

우리는 말루가 어땠는지, 브라이언이 말루를 얼마나 아꼈는지 이야기를 나누며 웃는다. 죄책감과 슬픔과 고통이 밀려들지만 안도감 역시 든다. 아무도 말루를 잊지 않아서 말루가 행복할 듯싶다. 마마 앙리에트가 말한다.

"내 기억에 남아 있는 미미의 마지막 모습은 정말 가장 아름다워요. 미미가 새끼를 배자 우린 미미를 보육장으로 데려갔어요. 미미가 새끼를 두 번이나 잃었기 때문에 이번만큼은 조심하고 싶었거든요. 미미는 어린 보노보들 하나하나에게 참 다정했어요. 품에 안아주고, 생채기가 나면 입을 맞춰주고, 카타를 어린 수컷 보노보들한테서 지켜주고, 맛난 먹이를 아껴두었다가 로멜라에게 챙겨주고. 하루는 마마 이본이 보육장 문을 잠그지 않았어요. 미미가 일어서더니 문을 열고는 밖으로 걸어 나갔어요. 다른 데로 가지 않았어요. 미케노처럼 부엌으로 뛰어들어가 청량음료를 슬쩍하지도, 키콩고처럼 식탁에서 접시를 훔치지도 않았어요. 그저 한 정원사가 놓아둔 호스로 걸어갔어요. 그러고는 호스를 집어 들고 꽃에 물을 주기 시작했어요. 자신이 지켜본 정원사를 그대로 따라 하며. 난 앞으로 미미를 그렇게 기억할 거예요. 미미가 할머니처럼 꽃에 물을 주고, 그 곁에서 새끼 보노보들이 햇살을 가르며 뛰어노는 모습으로."

클로딘이 동물진료 구역에서 킨두가 새끼였을 때 잠들곤 하던 야간 우리를 보다가 나를 만나자 묻는다.

"마 셰르(내 사랑), 괜찮아요?"

"네, 괜찮아요."

말은 그렇게 하지만 눈에는 벌써 눈물이 차오른다. 나는 클로딘 앞에서 우는 게 정말 싫다. 클로딘처럼 침착하고 의연하고 싶다. 그런데 그러기는커녕 눈이 퉁퉁 붓고 얼굴이 울긋불긋해져 꼴이 영 말이 아니다.

클로딘이 엉성한 핑계를 앞세워 나를 집으로 쫓아낸다. 그리고 자신은 브라이언과 함께 날마다 롤라 야 보노보로 간다. 그 사이 나는 집에 남아 집 안 곳곳을 장식하고 있는 아프리카의 섬세한 예술품을 노려보거나 구석에 웅크린 채 책을 들여다본다.

브라이언은 다정하지만 조심성이 많다. 내가 간질을 앓는, 목소리를 불쑥 높이고 돌연 팩 움직이는 토끼라도 되는 듯 대한다. 브라이언도 죽은 보노보들을 생각하며 무척 마음 아파한

다. 하지만 그 감정을 상자에 꾹꾹 눌러 담아 단단히 봉해놓는
다. 나중에 풀 요량으로. 그리고 슬픔에 겨워 시도 때도 없이 눈
물을 보이는 내 모습에 몹시 전전긍긍해한다. 브라이언을 탓하
려는 게 아니다. 브라이언은 침착하게 행동해야 한다. 보노보들
이 기상천외한 일을 저지르니까.

1988년, 조 아너Joe Honner라는 기중기 기사가 사우스오스트
레일리아에 위치한 대럴 트리Darrell Tree의 농장에서 전봇대를 세
울 구멍을 파고 있었다. 세 살 된 아들을 옆 조종석에 앉힌 채
기중기를 운전했다.

순간 기중기가 팔을 휙 휘두르더니 전기가 흐르는 전선을 덮
쳤다. 1만 9000볼트의 전기가 끊어진 전선을 통해 기중기로 흘
러들었다. 더구나 기중기는 쇠로 만들어진 터라 초전도체였다.
조가 펄쩍 뛰어내리며 피했다. 하지만 아들이 조종석에 그대로
앉아 있었다. 조가 내달려 아들을 구하려 했다. 하지만 농부인
대럴이 조를 붙잡았다. 대럴은 아들이 움직이지 않는 한 괜찮다
고 말했다. 전기가 기중기 주변을 휘감으며 완벽한 회로를 만들
고 있지만, 가죽으로 된 조종석 내부에는 흐르지 않기 때문이
다. 아들이 잔뜩 겁을 집어먹고 울음을 터뜨렸다. 대럴이 아이
를 구할 밧줄을 가져오려고 돌아섰다. 그때 조가 앞으로 내달
렸다. 기중기에 손이 닿자마자 회로를 건드린 셈이 되어 전기가
몸 안으로 흘러들었다. 순간 몸이 활처럼 뒤로 휘며 그대로 그
자리에서 굳어버렸다.

대럴이 뛰어와 조를 회로 밖으로 밀쳐냈다. 두 사람은 의식을 잃고 쓰러졌다. 대럴이 정신을 차렸을 때 기사 아들이 기중기 옆 땅바닥에 동글게 몸을 만 채 누워 있었다. 전기가 오른쪽 귀 부근 머리를 지나면서 흐르고 있었다. 대럴이 다시 달려가 기사 아들을 기중기에서 끌어냈다. 대럴은 또다시 고압 전류에 의식을 잃었다. 다시 정신이 들었을 때 이번에는 조와 아들이 모두 기중기에서 떨어져 있었다. 하지만 두 사람 모두 숨을 쉬지 않았다. 대럴이 두 사람에게 인공호흡과 심폐소생술을 실시했다. 기사 아들은 목숨을 건졌지만 조는 구급차가 도착하기 전에 이미 숨을 거두었다.

대럴은 전기가 너무 강해 척추가 녹고 척추골이 부러졌다. 온몸에 예순여섯 바늘을 꿰매야 했고 전기충격으로 새끼발가락이 타서 없어졌다.

영웅주의든 이타주의든 일시적인 정신착란이든 무엇이라고 이름을 붙이고 싶든 심리학자부터 경제학자에 이르기까지 모두, 자신을 희생하면서까지 아무 상관도 없는 타인을 의도적으로 돕는 행동은 사람만이 지닌 독특한 특성이라고 주장한다. 래시Lassie*와 플리퍼Flipper**와 다른 여러 동물 영웅이 존재하지

---

* 에릭 나이트Eric Knigh의 베스트셀러를 영화화한 〈래시, 컴 홈Lassie Come Home〉(1943)에 나오는 명견 이름이다. 이 영화는 실화를 바탕으로 한 인간과 개의 우정을 다루고 있으며, 크게 성공하여 여러 편의 후속편이 제작되었고, 2020년 리메이크되었다.

만, 사람 이외에 어떤 생명체도 이타적인 성향을 지니고 있다는 확실한 증거를 아무도 제시하지 못했다. 그래서 그런 성향을 가리키는 말도 **인**도주의*humanitarianism*다.

우리 모두가 1만 9000볼트 전기가 가하는 충격을 무릅쓰고 아이를 구하려 달려들진 않을지라도 대다수는 작은 이타주의 행동을 자주 실천에 옮긴다. 이를테면, 자선단체에 기부를 하거나 헌혈을 한다. 우리는 수많은 실험을 설계하며 이타주의가 어디서 기원하는지 알아내려고 고심했다. 과연 타인의 행복을 내 행복보다 앞에 놓을 수 있는 심리적이고 감정적인 기제가 무엇일까?

독재자 게임*Dictator Game*은 타고난 이타심을 증명하는 유명한 실험이다. 예컨대, 100달러가 있다고 치자. 옆방에 누군가가 있다. 이전에도 만난 적이 없고 이후에도 만날 일이 없는 낯선 사람이다. 100달러 가운데 원하는 만큼 그 사람에게 줄 수 있다. 아니면 탐욕스런 독재자처럼 100달러를 전부 갖고 한 푼도 주지 않을 수도 있다. 냉엄한 경제 이론에 따르면, 다른 사람에게 한 푼도 주지 않아야 한다. 아는 사람도 아니다. 앞으로 다시 마주칠 일도 없다. 그런데 낯선 사람에게 왜 무언가를 건네야

**	영화 〈플리퍼〉(1996)에 나오는 돌고래 이름이다. 플리퍼는 자신을 구해준 주인공 소년과 함께 바다에 독극물을 버린 악당 무리를 소탕한다.

하는 걸까?

경제학자들이 거듭해서 알아낸 바에 따르면, 많은 사람이 절반을 선뜻 내어준다. 이런 이타주의는 세계 곳곳에서 서로 다른 여러 문화권에서 찾을 수 있다. 심지어 18개월밖에 안 된 아기들 사이에서도 볼 수 있다. 경제학자들은 이런 행동이야말로 우리가 사람으로 자리매김하는 자질이라고 말한다. 우리 모두는 이처럼 작은 행동으로 친절을 베푸는 능력을 지니고 있다. 때때로 이런 마음은 대럴 트리 같은 사람들의 영웅적인 행동으로 이어지기도 한다.

미미가 자신을 내던져 이미 죽은 리포포의 몸을 지키려고 한 이후, 브라이언이 보노보에게서 이타주의의 증거를 찾는 데 몰두해왔다. 그래서 브라이언은 지금 보노보와 독재자 게임을 하고 있다. 돈이 아니라 먹이를 이용해.

세멘드와가 똑바로 앉아 있다. 눈이 옆방에 놓인 먹이 더미에 쏠려 있다. 세멘드와는 오늘 아침을 걸렀다. 잔뜩 쌓아놓은 먹이 더미에는 파파야와 오이와 파인애플, 그리고 세멘드와가 가장 좋아하는 초록 사과가 있다. 세멘드와는 초록 사과라면 사족을 못 쓴다. 누군가 초록 사과를 세멘드와 몰래 감추고 있다는 의심만 들어도 그 사람 심장을 후벼 파낼 정도다.

다른 방에는 키크위트가 있다. 키크위트 역시 사과에서 눈을 떼지 못한다. 하지만 세멘드와만이 열 수 있는 문 뒤에 있다. 브라이언이 세멘드와의 문을 열어준다. 세멘드와가 사과가 놓인 방 안으로 들어온다. 키크위트가 큰 소리로 부른다. 그러자 세멘드와가 사과를 건드리지도 않고 키크위트 쪽으로 다가가 자신만이 열 수 있는 그 문을 잡고 연 다음, 키크위트를 방 안으로 들어오게 한다.

해냈다! 사실상 세멘드와가 100달러 가운데 절반을 키크위트에게 내준 셈이다. 세멘드와는 그저 키크위트와 함께 있는 게 좋아서 그렇게 행동하지 않았다. **먼저** 먹이를 먹고 난 다음, 적어도 사과라도 먹고 난 다음, 키크위트를 방 안으로 들어오게 할 수도 있었기 때문이다. 그런데 먹이에는 손도 대지 않았다. 성교조차 맺지 않았다. 그렇다고 세멘드와가 문을 여는 일에 집착한 것도 아니었다. 그 방의 다른 쪽에 빈 방으로 연결된 문이 있었기 때문이다. 다 아니었다. 세멘드와는 어떤 먹이도 먹지 않고 먼저 키크위트를 들어오게 했다. 그렇게 키크위트와 함께 나누어 먹었다.

브라이언은 얼굴에 희색이 가득하다. 이는 사람 이외의 영장류에게서 찾아낸, 이타주의를 입증하는 가장 강력한 증거다. 그 증거를 지금 막 보노보에게서 찾아냈다. 침팬지는 결코 이와 똑같이 행동하지 않는다. 브라이언이 이미 은감바 아일랜드의 침팬지와 비슷한 실험을 실시했다. 그 결과는 의심할 여지가 없었다. 침팬지는 먹이를 얻는 데 다른 침팬지의 도움이 필요하지 않으면 먹이를 함께 나누지 않았다.

브라이언이 세멘드와와 사케Sake와도 똑같은 실험을 했다.

사케는 보육장에 들어온 지 고작 일이 년밖에 안 된 암컷 새끼 보노보다. 더구나 세멘드와와 사케는 속해 있는 집단이 다르다. 즉 서로 낯선 이들이다. 만난 적도 없고 손길 한 번 닿은 적도 없다. 하지만 여전히 사케는 세멘드와를 방 안으로 들어오게 한다.

어떤 시각에서 보면 이는 전혀 놀랄 일이 아니다. 연민이든 이타주의든 도덕이든, 인간에게만 고유하다고 굳게 주장하는 이 소중한 특성들이 어디에선가 비롯하기 때문이다. 이들 특성은 그 첫 번째 사람이 어머니 자궁에서 떨어져 나오면서 뚝딱 생겨나지 않았다. 진화는 여정이다. 아주 작은 변화가 다음 변화로 이어진다. 연민이나 이타주의나 도덕 같은 우리 고유의 특성은, 우리가 다른 유인원과 공유하는 무엇인가를 토대로 그 위에 지어 올린 것이다.

600만 년 전, 우리와 유인원의 마지막 공동 조상이 서로 다른 세 갈래로 나뉘고, 결국 침팬지와 보노보와 우리가 되었다. 우리가 걸어온 여정 어디쯤에서 특별한 일들이 일어났다. 뇌가 커졌다. 불을 길들였다. 말을 시작했다. 하지만 이 모든 일은 단 한 가지 소박한 품성이 없었더라면 모래성에 불과했을지도 모른다. 바로 관대함이다. 관대함 덕분에 우리는 보다 유연하게 협력할 수 있다. 인간이 이룬 위대한 업적은 하나같이 생각을 나누는 데서, 타인의 사고와 개념을 토대로 쌓아 올린 데서 비롯한다.

첫 실험에서 우리는 침팬지가 협력할 수 있다는 점을 찾아
냈다. 하지만 잘 조정하여 관대함을 끌어낸 후에야 가능했다.
지능이 문제가 아니었다. 다른 누군가의 도움이 필요하다는 점
을 알아챌 만큼 똑똑했다. 하지만 감정이 가로막았다. 진화의
길을 걸어오던 어디쯤에선가 사람은 감정이 변해버렸다. 그래서
전쟁터에서조차 적군으로 싸우던 두 집단이 작은 선물을 주고
받고 어깨동무를 하며 노래를 부를 수 있다.

당연히 우리가 이 관대함을 늘 뛰어나게 발휘하는 건 아니
다. 귀 온도와 사진을 활용한 연구에서 우리는 침팬지가 낯선
침팬지의 소리를 듣거나 모습을 보았을 때 자신도 모르게 생리
적인 반응을 일으킨다는 점을 알 수 있다. 우리도 어느 정도 똑
같은 반응을 보인다. 아기일 때에도 낯익은 얼굴을 낯선 얼굴보
다 더 좋아한다. 점점 나이가 들어가면서 '우리'가 아닌 '그들'이
라고 인식하는 사람들에게 부정적으로 반응하는 경향이 강해
진다.

많은 이들이 공격성을 지지하는 생물학적 근거가 있다는 견
해에 불편함을 드러낸다. 공격성은 정신병이나 총, 마약이나 형
편없는 양육의 결과로 나타나는 성향이라고 믿고 싶어 한다. 하
지만 공격성을 지지하는 생물학적 근거가 존재한다면 공격성이
어떻게 작동하는지 밝혀내어 조정할 수 있는 전략을 세우는 일
이 책임 있는 태도가 아닐까?

어느 면에서 보면 우리는 이미 대책을 세워놓았다. 경찰력과 사법제도와 다른 여러 규제체제를 마련해놓고 있다. 기분이 내킬 때마다 침팬지처럼 난동을 부리지 못하도록. 우리가 지닌 결함을 인정하고 그 결함을 극복하고자 고군분투하는 일은 약점이 아니다. 결국 그런 태도야말로 우리가 사람으로 자리매김하는 자질이 아닐까?

오래전에 잃어버렸던 우리의 사촌 보노보는 어떨까? 보노보에게서 무엇을 찾아낼 수 있을까? 보노보를 주목해야 하는 이유가 무엇일까?

우리는 보노보와 침팬지를 비교해보면서 몇 가지 대답을 얻었다. 프란스 드 발이 샌디에이고 동물원에서 관찰한, 곡예에 가까운 성교는 과장이 아니었다. 토리의 호르몬 연구 결과가 뒷받침한다. 새끼 보노보들은 테스토스테론 수치가 놀라울 정도로 높다. 테스토스테론은 성적 욕구를 조절한다. 2007년 실험에서 테스토스테론 수치가 가장 높은 보노보는 두 살 된 암컷인 마시시Masisi였다.

야생에서 보노보는 동물원에서보다 성교를 덜 맺을지 모른다. 하지만 성적 기제가 보노보에게는 있지만 침팬지에게는 없다. 내가 롤라 야 보노보에서 실시한 새끼 보노보 성 연구 자료에 따르면, 보노보는 긴장을 풀어야 할 때 성교를 갖는다. 하지만 이런 행위를 새끼 침팬지에게서는 전혀 찾아볼 수 없다. 야생에서는 먹이가 넉넉하고 공간이 널찍하면 긴장이 풀리며 싸울 이유가 없을지도 모른다. 하지만 동물원에서는 공간도 제한되어 있고 먹이 시간도 정해져 있기 때문에 성교는 관대함을 부른다. 귀 온도 연구에서 우리가 알아낸 바에 따르면, 보노보는 낯선 보노보한테 부정적으로 반응하지 않는다. 누군가가 '우리' 편인지 '그들' 편인지 개의치 않은 듯 보인다.

보노보가 어떤 면에서 사람보다 관대하다면 왜 지능 수준을 우리만큼 개발하지 않은 걸까? 보노보가 그토록 관대하다면 왜 키크위트가 애플의 스티브 잡스를 대신하지 않는 걸까? 왜 이시로가 백악관에 입성하지 않는 걸까? 왜 보노보가 세계를 지배하지 않는 걸까?

대답을 하자면, 그럴 필요가 없기 때문이다. 사람으로서 식량과 자원을 구하기 위한 탐색이 우리가 내놓은 기발한 발상으로 이어졌다. 적과 싸워야 했고 포식자한테서 우리 자신을 지켜야 했고 사냥을 하여 고기를 얻어야 했다. 마침내 우리는 더욱 복잡한 존재가 되었고 지금 이 자리에 서 있게 되었다. 새처럼 하늘을 날고 물고기처럼 물속을 헤엄치고 손가락 끝으로 별을 만지며.

보노보에게는 먹이가 넉넉하다. 침팬지처럼 서로를 사냥하지 않는다. 암컷이 안전하다. 새끼가 자기 종족에게 죽임을 당하지 않는다. 보노보가 무언가를 바꾸고 싶어 할 마음이 왜 들까?

우리가 이 실험을 시작한 까닭은 어떤 계기로 사람이 그토록 똑똑해졌는지, 어떤 점이 보노보에게 **부족해** 보노보와 인간 사이에 결정적인 차이점이 생겨났는지 알고 싶었기 때문이다. 하지만 마지막에 남는 문제는, 어떤 존재가 되고 싶은가다. 세상을 수놓는 현대 문물의 기적 덕분에 삶이 퍽 달콤하다. 어느 순간 카리브해에서 마르가리타를 마시다가 다음 순간 로스앤젤레스에서 쇼핑을 즐길 수 있다. 현실 속 삶이 지루하면 책이나 영화 속 세계로 탈출할 수 있다. 필요한 건 인터넷에 다 있다. 스마트폰으로 음악을 듣고 사진을 찍고 맛집을 찾아간다.

당신과 내가 운이 좋은 사람이란 점만 빼면 그렇다. 80퍼센트가 넘는 사람들이 하루에 10달러도 안 되는 돈으로 생계를 꾸린다. 하루에 2만 5000명이 넘는 아이들이 빈곤으로 목숨을 잃는다. 4000만 명이 넘는 사람들이 인체면역결핍바이러스에 시달리고 있다. 1945년 이후 전쟁이 없던 날이 26일에 불과하다. 해마다 5억 명에 달하는 사람들이 말라리아에 걸린다. 10억 명이 넘는 사람들이 깨끗한 물을 마시지 못한다. 이제 내 나라로 사랑해야 될 꿈의 나라, 미국에서조차 10명 가운데 1명은 궁핍하게 산다.

결국 운명이 던진 주사위가 데굴데굴 굴러서 전 세계 어디에서든, 어느 가정에서든 태어날 수 있다면, 그리고 각각의 확률을 따져본다면 어떤 존재가 되고 싶은가? 보노보에게는 배고픔도 폭력도 빈곤도 거의 없다. 우리에게 뛰어난 지능과 찬란한 **문명**이 있지만, 보노보에게는 어느 소유물보다 가장 귀중한 것이 있다. 바로 평화다.

그런 이유 때문에 보노보가 중요하다. 전쟁 없는 세상을 여는 열쇠를 쥐고 있기 때문이다. 우리는 이미 침팬지한테서 배울 만큼 배웠다. 하지만 우리와 가까운, 살아 있는 또 다른 친척, 전쟁 없이 평화롭게 삶을 영위하는 그 친척과는 거리를 두고 있다. 이방인처럼 쌀쌀맞게 대하고 있다.

우리가 보노보를 잃는다면 보노보가 간직하고 있는 비밀을 영영 배울 수 없을 것이다. 더욱 안타까운 일은, 우리가 우리 자신을 영영 이해할 수 없을지도 모른다는 점이다. 보노보와 우리는 우리가 사람으로 자리매김하는 자질을 꽤 많이 함께 나누어 갖고 있기 때문이다.

36

브라이언이 세멘드와와 키크위트와 하루 종일 지내는 사이 클로딘은 공항에서 벨기에 귀족을 맞이한다. 영어권 사회에 사는 대다수가 그렇듯 나도 클로딘 안드레라는 이름을 들어본 적이 없었다. 그래서 프랑스어권에 사는 사람들에게 클로딘이 영웅이라는 점을 쉽게 잊는다. 클로딘은 민간인에게 수여하는 가장 영예로운 훈장 레지옹 도뇌르를 벨기에와 프랑스 두 나라에서 받았다. 《GEO》라는 프랑스 잡지는 클로딘을 '세상을 움직이는 여성'으로 선정했다. 프랑스 대통령 부인이었던 카를라 브루니–사르코지Carla Bruni-Sarkozy는 클로딘이 쓴 회고록의 열렬한 애독자라고 편지를 썼다. (〈악마는 프라다를 입는다〉에 나오는 메릴 스트립Meryl Streep보다 막강한 힘을 휘두르는) 《엘르》 프랑스어판 편집 책임자는 애정을 담아 클로딘을 '자매'라고 부른다.

분명 누구에게나 눈부시리라. 이브닝드레스를 차려 입고 상을 받을 때 그 모습은 정말 찬란하게 빛났으리라. 사르코지 부인에게 답장할 때에도 더할 나위 없이 우아했으리라. 하지만 내게는 마마 클로딘이다. 내가 밥을 잘 먹지 못하면 이맛살을 찌푸리고, 잠을 잘 자지 못하면 잔소리를 늘어놓는다. 어미 잃은 보노보를 예순 마리나 돌보아야 하고 이메일도 1000여 통이나 답장을 기다리고 있지만 날마다 저물녘이면 우리 숙소를 찾아와 내 뺨에 세 번 입을 맞추고 안색을 살피며 이렇게 묻는다.

"마 셰르(내 사랑), 괜찮아요?"

내가 천사라면 클로딘의 눈동자 색으로 하늘을 칠하리라.

나는 아침 9시 30분에 침대에서 끌려 나와 늪지괴물 같은 몰골을 하고 아침 식탁에 나타난다.

"죄송해요. 집이 다시 엉망이 되고 있네요."

내가 빅토르에게 미안한 마음을 전한다. 빅토르는 깨끗이 면도를 하고 시가를 피우며 라디오에 귀를 기울이고 있다.

"죄송하다고? 우리, 가족 아닌가?"

빅토르는 참 다정한 사람이라서 나는 그 따뜻한 포옹을 그날 하루를 버틸 바이오연료로 이용하기 시작한다. 내가 토스트한 조각을 와삭 베어 문다.

"무슨 소식을 듣고 있어요?"

"카빌라가 연설을 하고 있어요. 그렇게 불안해하지는 말고요."

카빌라가 다소 실망스런 행보를 보여왔다. 2006년 선거 이후 화합과 번영으로 강성한 콩고를 건설하겠다는 약속이 거의 실현되지 않았다. 동부에서는 전쟁이 아직 끝나지 않았다. 가장 잔혹한 범죄는 늘 그렇듯 여전히 여성들과 아이들을 대상으로 한다. 보고된 강간 범죄만 해도 2004년 4만 건에서 2009년 25만 건으로 크게 늘었다. 여러 비정부기구에서 모으는 끔찍한 증언이 쉼 없이 이어진다. 키부 남부에서 세 살 난 여자아이가 12살, 14살, 17살 자매와 함께 강간으로 목숨을 잃었다. 마시시 출신의 한 27세 여성은 한 달 동안 콩고 군대에 감금된 채 성 노예로 혹사당했다. 칼레헤^{Kalehe} 출신의 한 40세 여성은 집단 강간을 당하면서 4개월 된 뱃속 아기를 잃었다.

강간은 늘 전쟁 무기로 이용되었다. 제2차 세계대전이 벌어진 후 러시아 병사들은 동독 여성을 수천 명이나 강간했다. 하지만 여성들은 터놓고 말할 수 없었다. 독일을 나치의 손아귀에서 구한다는 소비에트 영웅의 선전과 들어맞지 않았기 때문이다. 동티모르와 아프가니스탄, 시에라리온, 코소보, 알제리에서도 비슷한 책략이 구사되었다. 벰바의 '새 출발 작전'은 예방접종 활동이라고 발표되었지만 집집마다 약탈하고 여성마다 강간했다.

제3세계 나라에서 밭을 갈고 작물을 돌보는 이는 여성이다. 여성이 집에서 꼼짝하지 못하면, 너무 두려워 밖으로 나오지 못하면, 먹을거리가 없다. 여성이 강간당했다는 이유로 가족에게 버림받는다면, 인체면역결핍바이러스에 걸린다면, 강간으로 낳은 아이를 억지로 키워야 한다면, 어떻게 공동체를 하나로 묶을 수 있을까?

　이런 일만으로도 끔찍한데 뒤이은 상황들을 보면 더욱 참혹하다. 강간이 단순히 군사전략으로만 이용되지 않는다. 세계 도처에서 군인들은 강간을 거의 자신들의 합법적 권리entitlement로 여긴다. 여성에게서 성을 갈취한다. 가게에서 우유를 사듯이, 생각할 필요도 없고 후회할 필요는 더더욱 없다는 듯이.

　강간만이 아니다. 2009년 4월 17일, 르완다 민병대가 어린아이 다섯 명을 불에 태워 죽였다. 5월 9일과 10일에는 왈리칼Walikale에서 민간인 수십 명이 죽임을 당했다. 2005년, 내가 처음 콩고에 발을 내디뎠을 때는 사망자수가 390만 명이었다. 2009년에는 그 수치가 540만 명까지 치솟았다.

　카빌라는 진전이 있다고 주장한다. 2009년 3월 5일, 마이마이 군지도자와 그 민병대가 사형을 선고받고 희생자에게 보상금으로 30만 달러를 지급했다. 2009년 1월 22일, 양을 애완동물로 데리고 다니는 사마귀 장군 은쿤다가 르완다 군대에 체포되었다. 은쿤다는 아내부터 카빌라까지 모두 손에 넣고 싶어 하기 때문에 르완다의 비밀 장소에 억류되어 있다. 누가 재판을 걸지는 확실하지 않지만 지금으로서는 안전하게 피신한 모양새다.

　휴전이 불안하게 이어지는 동안에도 반군이 땅에서 콜탄과 구리와 다이아몬드를 계속 긁어모은다. 안타깝게도 광물이 예전만큼 황금알을 낳는 거위가 아니다. 미국의 금융위기 여파로 콩고 전체가 심하게 몸살을 앓았다. 콩고에서 가장 풍부한 자원인 구리 생산량이 2008년 7월에 50퍼센트나 떨어졌다. 캘리포니아보다 넓은 광업 지역으로 코발트와 구리와 다이아몬드가 풍부한 카탕가에서는 폐업 사태가 속출했다. 2008년 말에만 30만 명에 달하는 광부가 일자리를 잃었다. 2009년 봄에는 고용된 사람이 단 한 명도 없었다. 콩고프랑이 곤두박질치고 정부 지출이 반토막이 났다.

카빌라가 중국과 90억 달러 사업 계획에 서명하기를 원한다. 병원, 철도, 대학, 공항을 광물과 교환한다는 내용이다. 중국이 포장도로망을 3배로 늘리고 3000킬로미터에 이르는 철도를 재건할 것이다. 철도는 벨기에가 반세기도 더 전에 놓은 탓에 성한 곳이 거의 없다. 이 사업 계획에 국제통화기금IMF이 이의를 제기했다. 콩고에 110억 달러 규모의 부채 탕감을 승인하기 직전이었다. 하지만 이제는 세계시장에서 광물 가격이 하락하는 탓에 콩고가 짊어지는 부채가 더 무거워질 수 있다고 주장한다. 2009년에는 90억 달러로, 중국과의 광물 교환 체결이 이루어졌던 2008년보다 훨씬 많은 구리를 살 수 있다. 국제통화기금에 따르면, 광물 가격이 낮은 수준에 머물 경우 콩고는 그 돈을 결코 갚을 수 없으며 계속 중국에 빚을 지게 된다. 국제통화기금은 다른 여러 나라 가운데 미국의 투표권 비중이 가장 높다. 그래서 중국이 아프리카에서 점점 힘과 영향력을 키우는 상황에 우려를 보내고 있다.

비유하자면, 카빌라가 국제통화기금에 가운뎃손가락을 들

어 보이고 있다. 그리고 국제통화기금의 쌍둥이 기관인 세계은
행World Bank이 인구가 2200만 명인 루마니아한테는 120억 달러
를 빌려주면서, 인구가 6800만 명인 콩고한테는 고작 3억 달러
만 빌려주었다고 덧붙인다. 북한과 러시아를 사업 동반자 명단
에 올리겠다는 위협도 잊지 않는다.

카빌라가 악독한 독재자는 아니더라도 콩고가 희망하던 영
웅적인 왕자도 아니다. 진짜 백마 탄 왕자가 나타나기를 기다
리는 동안 함께 놀러나 다니는 대타에 더 가깝다. 다음 선거는
2011년이다. 콩고는 그저 지켜볼 수밖에 없다. 희망을 버리지
않고.*

정오에 패니가 온다. 일본풍 무늬의 치마 주위로 시원한 바
람이 한 줄기 불어와 소용돌이를 일으킨다. 패니가 부탁한다.

"일주일은 머물 거죠? 그렇죠? 무언가 작업하고 있는데 버
네사가 꼭 보고 싶어 할 만한 거예요."

패니가 킨샤사로 돌아왔다. 그냥 집으로 돌아오고 싶었다

---

* 　조세프 카빌라는 2011년 11월 대통령선거에서도 승리했을 뿐만
　아니라 2019년 1월까지 18년간 독재자로 군림했다. 미국을 비롯한
　서구 강대국들은 콩고의 지하자원을 계속 헐값에 사들이기 위해
　카빌라가 계속 집권하길 공공연하게 바랐다. 2019년에야 평화적인
　정권교체가 이루어졌고 정치범 700여 명이 석방되었지만, 콩고의
　정치개혁은 여전히 요원한 상태에 머물러 있다.

는 것말고는 자신도 이유를 모른다. 패니는 정말 멋진 콩고 남자를 새로 사귄다. 두 사람은 콩고를 함께 재건하기를 바란다. 아직 세부사항은 좀 막연하지만.

패니가 얼마 전부터 다시 그림을 그린다. 집 뒤쪽에 화실을 꾸며놓았다. 나는 질감을 살린 굵은 선으로 격렬하게 캔버스를 채우는 패니의 그림자를 지켜본다. 패니가 내놓는 작품은 눈을 떼지 못할 만큼 매력적이면서도 혼돈으로 가득 차 있다. 클로딘이 동맥이 터지는 것처럼 보이는 진홍색 조각품을 자랑스럽게 식당에 걸어놓았다. 우리는 밥을 먹으며 그 의미를 곰곰 되새기고 있다.

나는 패니가 유명해지기를 바란다. 패니의 그림이 파리에서 가장 훌륭한 미술관에 걸리기를 진심으로 바란다. 콩고에는 패니 같은 목소리가 필요하다. 한 나라에 와서 몇 달 또는 몇 년을 보내면서 그 나라 이야기를 전할 수 있다고 여기는 나 같은 관광객이 많다. 하지만 우리는 그럴 수 없다. 나는 콩고가 어떤 운명을 맞을지 알지 못한다. 온갖 간섭을 하지만 우리는 도울 수 없다는 점을 안다. 세멘드와와 달리 우리의 목적이 진정으로 이타적이지 않기 때문이다. 우리가 베푸는 자선에는 늘 숨은 동기가 도사리고 있다. 우리가 건네는 선물에는 늘 숨은 의도가 감추어져 있다.

나는 절망할 수 있었다. 아직 극복해야 할 과업의 일부밖에 이해하지 못하는 거의 모든 외국인들처럼. 하지만 나는 그러지 않을 것이다. 콩고인의 정신을 알기 때문이다. 마마들과 수지와 패니, 이들은 모두 수많은 난관을 헤쳐왔다. 하지만 산송장이 아니다. 삶을 이어가고 있다. 언젠가 자유로워지리라는 믿음을 여전히 간직하고 있다는 듯이 삶을 살아내고 있다.

콩고 인구 가운데 열다섯 살 미만이 거의 절반을 차지한다. 이 아이들이 콩고에 미래를 선사할 것이다. 그 미래가 부디 보노보에게도 따뜻한 미래이기를 희망한다.

내 미래를 말하자면, 마마들 말이 옳다. 이제 핑계는 그만 대고 아이를 낳아야 한다.

딸이라면 이름을 말루라고 지을 것이다.[*]

---

[*] 이 책이 출간된 이후, 버네사 우즈와 브라이언 헤어는 딸을 낳았고 이름을 '말루'라고 지었다.

에코로 야 보노보

바산쿠수는 작은 마을이다. 길마다 흙먼지가 잔뜩 쌓여 있다. 큰길을 따라가다 오른쪽으로 꺾으면 지역 시장이 나온다. 그 시장 맞은편에 다 허물어져가는 콘크리트 건물이 서 있다. 옆면을 타고 검은곰팡이가 피어 있고 골진 철제 지붕에서 흘러나온 녹물이 벽에 스며들고 있다. 건물을 가로질러 누군가 푸른색으로 굵게 이렇게 써놓았다.

누 프로떼지옹 보노보 에 보노보 누 소버라

NOUS PROTÉGEONS BONOBOS ET BONOBOS NOUS SAUVERA

(우리는 보노보를 지키고 보노보는 우리를 구한다.)

전쟁이 벌어지는 동안 아버지 카빌라에게 충성스런 정부군이 포족 토착민의 수도인 보소 은구부Boso Ngubu를 점령했다. 군벌 벰바의 반군은 로포리 강가 에론다Elonda라는 마을에 진지를 구축했다. 두 군대가 반대 방향에서 행군해와서 나중에 에레케 전투Battle of Eleke라고 불리는 싸움이 일어나는 곳에서 마주쳤다. 포족은 무슨 일이 닥칠지 알 수 있었고 숲으로 도망쳤다. 며칠 동안 로포리강이 피로 붉게 물들어 흘러가는 광경을 지켜보았다. 시체 수백 구가 강을 따라 떠다녔다. 벰바의 증원군이 마링가Maringa강을 따라 남쪽에서 도착했다. 마링가강이 로포리강과 합류하는 지점에 바산쿠수가 있다. 두 달 뒤 카빌라의 정부군이 퇴각했다. 벰바가 그 지역을 넘겨받았다. 정부를 세우고 바산쿠수를 반군 지역으로 다스렸다. 아들 카빌라는 죽은 아버지의 직위를 물려받자 벰바를 초청했다. 벰바가 아들 카빌라의 경쟁자 무리에 들며 부통령 네 명 가운데 한 명이 되었다. 포족은 또 홀로 남겨졌다.

포족이 보노보의 수호자가 되겠다고 동의한 이후 그들의 삶이 바뀌었다. 초등학교 다섯 곳과 중등학교 두 곳에 1000여 명이 넘는 학생이 다닌다. 이들 학생은 지난 20년 동안 새 교과서를 구경도 못했다. 보노보가 학급마다 교과서와 책, 칠판, 연필, 펜을 선사했다. 병원은 수 킬로미터를 가야 나온다. 그래서 여성들은 어두컴컴한 오두막 더러운 바닥에서 아기를 낳았다. 보노보가 요와 이불과 위생용품을, 그리고 여성이 아이를 낳을 수 있는 밝은 분만실을 선사했다.

콩고의 여느 마을이 다 그렇듯 아이들이 누더기를 걸친 채

떼를 지어 축구를 한다. 제대로 된 경기를 해본 적도 없고 누더기말고는 걸친 적도 없었다. 보노보가 아이들에게 푸른 유니폼을 선사했다. 그 유니폼 등에는 방사 지역의 이름인 '에코로 야 보노보Ecolo ya Bonobo'가 새겨져 있다. '보노보의 땅'이라는 의미다. 이 바산쿠스 보노보 축구팀이 알려졌다시피 주 선수권 대회에서 우승을 차지했다.

의약품이 없었다. 보노보가 병원과 의료용품을 선사했다. 일자리가 없었다. 보노보가 역학조사관과 관리인과 행정직원이라는 일자리를 선사했다.

외부인이 나타나 콩고인을 돕다가 실패하면 대개는 그저 민망한 표정만 지을 뿐이다. 당신네 나라 여성들이 강간을 당하고 있다. 그래서 우리가 함께 병원에 와서 그 상처를 치료한다. 당신네 나라 사람들이 서로 죽이고 있다. 그래서 우리가 이곳에 와서 질서와 통제를 강화하는 몇 가지 시책을 시행한다. 당신네 나라의 들판이 버려지고 아이들이 굶주리고 있다. 그러니 여기로 와서 이 포우포우 자루를 가져가 제발 먹어라. 우리가 와서 돕고는 있지만 당신네 나라의 대의에는 희망이 보이지 않는다. 따라서 우리는 우리가 할 수 있는 일을 하고 나서 떠날 것이다.

보노보는 바산쿠수에 자긍심을 되찾아주었다. 학교와 병원과 축구 유니폼으로 주어진 보상은 포족이 올바른 일을 했기 때문에 받은 것이다. 2009년 6월 14일, 보노보 아홉 마리가 보호구역에서 방사 지역으로 옮겨졌다. 이제부터 이곳에서 포족과 더불어 살아갈 것이다. 마을 전체가 열렬한 환호로 맞이했다. 보노보들을 새 보금자리까지 호위했다.

그 보답으로 보노보는 자신의 비밀을 나눌 것이다. 초등학생들이 보노보는 화가 나면 서로 껴안는다는 점을 배울 것이다. 여성들이 보노보 암컷은 강하다는 점을 지켜볼 것이다. 남성들이 전쟁 없이도 삶을 살아갈 수 있다는 점을 이해할 것이다.

바산쿠수 사람들에게는 이제 다이아몬드나 금이나 콜탄보다 더욱 소중한 것이 생겼다. 어느 누구도 훔쳐갈 수 없는 것. 전쟁도 학살도 일으킬 수 없는 것. 이 보물은 희미하지만 반짝이는 희망의 빛을 간직한 채 나무 사이로 어둠의 경계를 밝히고 있다.

이시로가 천천히 걸어 올라간다. 몸이 좀 찌뿌둥하다. 여러 시간 동안 매우 비좁은 곳에 누워 있던 것처럼. 고개를 돌려 세멘드와와 로마미, 로멜라와 맥스를 바라본다. 모두 들뜬 표정으로 팔다리를 쭉 펴며 자리에서 일어나 두 눈을 깜빡인다.

공기에서 나는 향기가 다르다. 거의 잊었던 기억 한 조각. 톡 쏘는 열매 향. 엄마가 내쉬는 숨결. 이시로의 머리 가까이에 숲 달팽이 한 마리가 앉아 있다. 크기가 말아 쥔 주먹만 하다. 두툼한 발이 빛나는 자국을 남기는 광경은 낯설면서도 동시에 낯익다.

이곳은 더 어둡다. 서늘하다. 높고 푸른 우듬지가 태양을 가리고 있다. 이따금 보석처럼 반짝이는 붉은 이파리가 그 우듬지를 뚫고 떨어진다. 이끼가 성기게 덮인 채 쓰러져 있는 나무 너머로 영원보다 넓고 깊은 강이 흐른다. 강물에 밝은 하늘이 비친다. 하지만 물빛이 이시로의 눈동자만큼 검다.

이시로가 깊게 숨을 들이쉰다. 이파리 백만 장이 그 이름을 속삭인다. 발을 딛고 선 흙이 부드럽고 촉촉하다.

나머지 보노보들이 이시로 뒤에 나란히 선다. 그리고 함께 숲을 채운다.

더 이상 겁먹지도 버림받지도 길을 잃지도 않는다.

집이다.

자유다.

브라이언이 말루를 있는 힘껏 하늘로 던져 올리고 있다.

말루가 두 팔로 브라이언의 머리를 감싸고 있다.

므완다가 로멜라의 발에 입맞추며 털을 가다듬고 있다.

마마들. 왼쪽에서부터 이본, 앙리에트, 에스페랑스.

황후 미미가 무언가 할 말이 있다는 표정을 짓고 있

마마 이본과 보육장의 한 말썽꾸러기.

수의사 조수인 앤 마리와 로멜라.

카타가 나무상자에 실려
보호구역에 도착했다.

세멘드와가 그림 속
비너스처럼 누워 있다.

맥스가 쥬랜더 특유의 표정을 짓고 있다.
정말 터무니없을 정도로 잘 생겼다.

이시로가 발레리나처럼
통나무에서 뛰어내리고 있다.

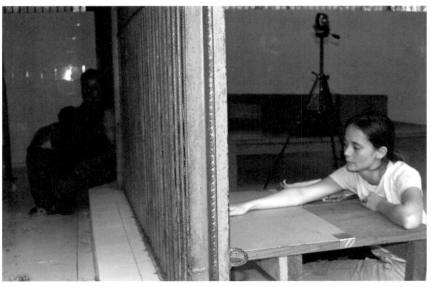

보노보가 새로운 물건에 어떻게 반응하는지 보고 있다. 버네사가 야간 숙사에서 마마 앙리에트와 키콩고에게 빨간 고슴도
치 인형을 보여주고 있다.

로댕의 '생각하는 사람' 자세로 유명한 미케노.

"슬픔이 너무 깊어서 이겨내지 못할 것 같아요."
클로딘이 카타를 품에 살포시 안고 있다.

자크가 마니에마를 들어 올려 품에 안는다. 마니에마는 보육장을 뛰쳐나오곤 한다.

타탄고가 암컷 보노보와 진한 입맞춤을 나누고 있다.

타탄고가 화가 나서 어마어마한 속도로 돌진하고 있다.

키크위트가 타탄고한테 들이받힌 뒤 호수로 내달린 후, 너무 속상한 나머지 수면에 비친 자신의 물그림자를 흩뜨리고 있다.

마시시가 독감에서 회복하는 데
도움이 되도록 꿀과 레몬을 넣은
따뜻한 차를 홀짝이고 있다.

암컷 두 마리가 서로 음부를 문지르고 있다.

느긋하게 일요일 오후의
여유를 즐기고 있는
보노보들.

젊은 수컷 보노보가 투레질을 하며
통나무에서 물속으로 데굴데굴 구르고 있다.

붉은 입술과 기다란 속눈썹이 사랑스러운 로자가
귀 온도를 재고 있는 동안 웃음을 멈추지 않는다.

롤라 야 보노보에 오는 어미 잃은 보노보는 여러분처럼 너 그러운 사람들 덕분에 살아남는다. 보노보를 후원하고 싶거나 기부하고 싶으면 '보노보의 친구'를 방문해주기를 바란다. 홈페이지는 www.bonobos.org이다. 기부금을 이곳 주소로도 보낼 수 있다.

Friends of Bonobos

P. O. Box 2652

Durham, NC 27715, USA.

어미 잃은 침팬지를 돕고 싶으면 제인 구달 연구소Jane Goodall Institute의 홈페이지 www.janegoodall.org를 방문하면 된다. 콩고의 강간 피해 여성을 돕고 싶으면 힐 아프리카Heal Africa의 홈

페이지 healafrica.org를 방문하면 된다. 내게 이메일을 보내고 싶으면 bonobohandshake@gmail.com으로 보내면 된다. 롤라 야 보노보의 이야기는 블로그 bonobohandshake.blogspot.com에서 계속 이어진다. 보노보의 사진과 동영상과 이야기를 찾고 싶다면 www.bonobohandshake.com을 방문하면 된다.

브라이언 헤어의 사랑과 남다른 인내심이 없었다면 이 책을 쓰지 못했을 것이다. 무너져내릴 때마다 늘 안아주었다. 여보, 고마워.

나를 해변 별장으로 데려가준 엄마에게 고마운 마음을 전한다. 언제나 보노보에게 더할 나위 없는 친구가 되어준 새러 그루언Sara Gruen에게 고마운 마음을 보낸다. 최고의 글쓰기 친구가 되어준 셰릴 커셴바움Sheril Kirshenbaum에게 고마움을 전한다. 끈기 있게 인터뷰를 글로 옮겨준 카라 슈뢰퍼Kara Schroepfer와 아다무 하마두Adamou Hamadou에게 고마움을 보낸다. 형편없는 농담과 끔찍한 내용을 추려준 새미Sammy와 브로니Bronnie에게 따뜻한 포옹을 보낸다. 교정해주고 함께 모험에 나서고 평소에도 훌륭하기 그지없는 멋진 리처드 랭엄과 놀라운 데비 콕스와 영감을 불러일으키는 도미니크 모렐에게 깊은 포옹을 보낸다.

로렌 마리노Lauren Marino에게 감사의 마음을 전한다. 뛰어난 편집 기술 덕분에 뒤죽박죽에 잘 알아들을 수 없던 내용이 멋진 이야기로 탈바꿈했다. 내 대리인인 맥스 브로크먼Max Brockman에게도 감사한 마음을 보낸다. 당신은 정말 최고다. 블로그 친구들과 결연 부모에게, 수년에 걸친 지지와 지원에 한없는 감사를 전한다. 의견은 하나도 빼놓지 않고 읽고 있으며 덕분에 기운을 내고 미소를 짓는다.

킨샤사는 패니와 빅토르가 없었다면 전혀 다른 곳이 되었을 것이다. 두 사람은 우리를 받아들이고 가족으로 대했다. 사육사들과 롤라 야 보노보의 직원들과, 특히 마마들에게 감사를 보낸다. 그 영혼을 언제까지나 소중한 보물처럼 간직할 것이다.

그 어떤 책도 클로딘 안드레가 지닌 용기와 친절을 올곧게 담아내지 못한다. 내 눈물을 닦아주고 살을 찌우고 이타적인 마음 같은 것이 이 세상에 존재함을 보여준 마마 클로딘에게 고마운 마음을 전한다.

마지막으로 이 세상을 거닐고 있든 또는 저 세상을 거닐고 있든 롤라 야 보노보의 모든 보노보들에게도 한마디 남기고 싶다. 너희들은 내게 정말 소중하다고, 너희들을 정말 사랑한다고, 날마다 잊지 않고 늘 마음에 담고 있다고. 이 마음을 전할 방법이 마땅치 않다는 걸 알고 있다. 내가 할 수 있는 최선은 내 기억으로 선물을 만드는 것이다. 그러면 모두가 너희들이 얼마나 특별한 존재인지 알게 될 테니까. 내가 그랬듯이 사람들이 너희들을 사랑하게 되기를, 그 사랑으로 너희들의 미래가 안전해지기를 희망한다.

보노보를 쓴 책이 많지 않다. 프랑스어를 아는 사람이라면 클로딘 안드레가 쓴 《야생의 다정함*Une Tendresse Sauvage*》을 꼭 읽어야 한다. 영어를 아는 독자에게는 프란스 드 발이 쓴 《보노보: 잊혀진 유인원Bonobo: The forgotten Ape》이 있다. 타카요시 카노는 아마 세계에서 가장 존경받는 보노보 연구자일 것이다. 그가 쓴 《마지막 유인원The Last Ape》은 보노보의 행동과 생태를 다룬 중요한 연구서다. 새러 그루언은 보노보를 주인공으로 한 첫 소설을 썼다. 《보노보의 집Ape House》이다.

인간 폭력의 기원에 관심이 있다면 리처드 랭엄과 데일 피터슨Dale Peterson이 쓴 《사악한 수컷Demonic Males》을 읽어야 한다.

콩고에 대한 기념비적인 책은 당연히 애덤 호크실드가 쓴 《레오폴드 왕의 유령》이다. 최근 몇 년 동안 가장 매혹적이면서 잔혹한 회고록은 브라이언 밀러Bryan Mealer가 쓴 《모든 존재는 살기 위해 싸워야 한다All things Must Fight to Live》이다. 린 노티지 Lynn Nottage의 퓰리처상 수상 작품인 《폐허Ruined》는 반드시 보아야 한다. 콩고의 역사를 알려면 로버트 에드거튼Robert Edgerton 이 쓴 《아프리카의 불안한 심장The Troubled Heart of Africa》이 정말 읽어볼 만하다. 끝으로 데이비드 렌톤David Renton과 데이비드 세든David Seddon과 레오 자이리그Leo Zeilig가 쓴 《콩고: 약탈과 저항 The Congo: Plunder and Resistance》은 콩고 내전과 그 속에서 강대국이 어떤 역할을 했는지 흥미진진하게 서술한다.

이런저런 모임에 나가거나 사람을 만나는 자리가 생기면 자연스레 소식을 서로 주고받기 마련이다. 그러면 나는 책을 한 권 번역하고 있다고 말하면서 어떤 책인지 간략하게 설명을 곁들이곤 한다. 상대방이 이해하기 쉽게, 하지만 지루하지 않게 되도록 짧은 한두 문장으로. 《보노보 핸드셰이크》도 그렇게 소개할 작정이었다. 그런데 그렇게 하지 못했다. 이 책에는 정말 여러 이야기가 촘촘하게 엮여 있기 때문이다.

우선 보노보 이야기가 있다. 새끼 보노보들이 사냥꾼 총에 어미를 잃고 상처투성이가 되어 롤라 야 보노보로 들어온다. 어떤 보노보들은 보름베처럼 절망과 고통을 이기지 못하고 끝내 삶을 놓아버린다. 하지만 어떤 보노보들은 로멜라처럼 슬픔이 가득한 마음에 다시 사랑을 피어내며 꿋꿋하게 삶을 이어나간다. 미미며 이시로며 세멘드와며 미케노며 개성이 넘치는 보노보를 하나하나 보고 있자면 너무나도 사랑스러워 웃음이 절로 쿡쿡 새어나온다. 그러다가도 어느 날 갑자기 한 보노보가 죽음의 문턱을 넘고, 남은 보노보들이 그 죽음에 마음 아파하는 모습을 보면 눈물이 핑 돈다. 보노보가 사람보다 더 사람답다.

다음으로 콩고 이야기가 있다. 콩고는 제2차 세계대전 이후 사상자수가 가장 많이 나온 전쟁이 벌어진 나라다. '자원의 저주'라는 말이 괜히 나온 게 아니다. 콩고의 풍부한 자원을 둘러싼 이권을 두고 강대국과 주변국과 자국 내 권력 집단이 실타래처럼 뒤엉켜 생지옥이 펼쳐진다. 그 고통을 고스란히 떠안는 이는 일반 민중이다. 특히 여성들과 아이들이 겪어내야 하는 시련은 참혹하기 그지없다(책머리에 나오는 자이나보 이야기는 말 그대로 충격 그 자체다). 그렇게 콩고가 걸어온 어두운 권력 투쟁과 전쟁의 역사를 배경으로 롤라 야 보노보에서 일하는 이들이 직접 겪은 전쟁 이야기를 들려준다. 보노보와 다르지 않다. 전쟁이 안긴 상처를 이겨내지 못한 이들이 있는 반면, 그 상흔을 보듬고 끝까지 희망을 놓지 않으며 굳건하게 다시 삶을 일으켜 세우는 이들도 있다.

그리고 버네사 이야기가 있다. 이토록 솔직하고 반가운 성장기가 또 있을까. 버네사는 무엇 하나 제대로 해낸 것 없이 뚜렷한 목표도 세우지 못한 채 이십 대를 보낸다. 그런 버네사가 '의미와 목적으로 충만한 삶'을 살고 싶다는 마음 하나와, 오롯이 온 존재를 내어주며 보살핀 침팬지 발루쿠를 향한 사랑 하나를 품고 용감하게 아프리카로 향한다.

물론 순탄하지 않다. 확신도 없다. 브라이언을 만나 사랑에 빠져 함께 꾸려나가는 삶도, 브라이언에 떠밀려 이제껏 듣도 보도 못한 보노보를 대상으로 진행하는 연구도 그렇다. 게다가 내전에 휩싸인 콩고에서는 하루가 멀다 하고 사람들이 죽어나간다. 말라리아를 비롯해 무서운 전염병에 걸려 수일 내로 죽을지도 모른다. 끔찍한 독사가 숙소 앞 계단에 똬리를 틀고 호시탐탐 노리고 있다. 정말 불안하기 짝이 없다.

하지만 버네사는 물러서지 않는다. 자신을 내어주는 법을 배우며 더디지만 한 걸음 한 걸음 앞으로 내딛는다. 브라이언이 주도하는 연구에서도 주변인으로 맴돌지 않는다. 보노보가 브라이언을 발톱의 때만큼도 여기지 않는다거나 브라이언이 프랑스어를 못한다는 사정이 있지만, 버네사는 여러 실험을 이끌어나가며 한 단계씩 성장한다. 마침내 자신만이 실험을 시작하며 어엿한 한 연구자로 발돋움한다. 그 여정에서 롤라 야 보노보를 세운 클로딘, 그리고 보노보들을 엄마처럼 돌보는 마마들과 차곡차곡 쌓는 우정은 단연 돋보인다. 보노보와 맺는 우정에는 비할 바가 못 되지만.

누구나 인생을 놓고 고민하는 때가 닥친다. 그 고민이 평생이 걸린 진로와 결혼을 앞에 두고 빠진 고민이라면 깊어질 수밖에 없다. 버네사는 그 고민을 솔직한 고백과 유쾌한 글 솜씨로 흥미진진하게 풀어낸다. 버네사라는 예민한 관찰자가 없었다면, 버네사라는 탁월한 글쓴이가 없었다면 보노보 이야기가, 콩고 이야기가, 롤라 야 보노보 사람들 이야기가, 브라이언과 티격태격 키워나가는 사랑 이야기가 이토록 재미나게 읽힐까. 삶과 죽음의 경계를 아무렇지 않게 넘나들며 야생동물 보호활동에 헌신하는 용감하고 강인한 여성들 이야기가 이토록 벅차게 다가올까. 어미 잃은 슬픔을 딛고 마침내 당당하게 숲으로 걸어 들어가는 이시로를 이토록 온 마음으로 응원할 수 있을까.

　빼놓을 수 없는 이야기가 한 가지 더 있다. 과학과 실험 이야기다. 보노보와 생김새는 비슷하지만 성격이나 생리나 사회 조직이 뚜렷하게 대조를 이루는 침팬지 이야기는 정말 흥미롭다(어쩌면 두 종이 그렇게 다를 수 있는지. 내 안에 존재하는 서로 다른 두 자아, 지킬과 하이드를 보는 듯하다). 하지만 그 실험 하나하나가 사람을 사람으로 자리매김하는 것이 무엇인지 보다 깊이 알아나가는 길과, 나아가 이 세상에서 폭력을 몰아내고 평화를 일구는 노력과 잇닿아 있다는 목소리는, 그래서 개인의 성장이 세계의 성장과 서로 궤를 같이하며 나아갈 때 더욱 의미가 빛난다는 목소리는 그 울림이 꽤나 묵직하다. 이 책의 한국어판이 나오는 과정에 내가 보탠 미미한 도움이 그 울림에 조금이라도 깊이를 더할 수 있기를 소망해본다.

2022년 10월
김진원

단행본

André, C. (2006), *Une Tendresse Sauvage*, Paris: Calmann-Levy.

Axelrod, R. (1984), *The Evolution of Cooperation*, New York: Basic Books.

Axelrod, R. (1997), *The Complexity of Cooperation*, Princeton, NJ: Princeton University Press.

Butcher, T. (2008), *Blood River: A Journey to Africa's Broken Heart*, London: Grove Press.

Clark, J. F. (2002), *The African Stakes of the Congo War*, New York: Palgrave Macmillan.

Collier, P. (2007), *The Bottom Billion: Why the Poorest Countries Are Failing and What Can Be Done About It*, New York: Oxford University Press.

Conrad, J. (1963), *Heart of Darkness*, New York: W. W. Norton & Company.

De Waal, F. (2005), *Our Inner Ape: A Leading Primatologist Explains Why We Are Who We Are*, New York: Riverford Books.

De Witte, L. (2001), *The Assassination of Lumumba*, New York: Verso.

Edgerton, R. B. (2002), *The Troubled Heart of Africa: A History of the Congo*, New York: St Martin's Press.

Fouts, R. (1997), *Next of Kin: My Conversations with Chimpanzees*, New York: Avon Books Inc.

Furuichi, T., and Thompson, J. (2008), *The Bonobos: Behavior, Ecology, Genetics and Conservation*, New York: Springer.

Hochschild, A. (1998), *King Leopold's Ghost: A Story of Greed, Terror and Heroism in Colonial Africa*, New York: Houghton Mifflin.

Kano, T. (1992), *The Last Ape: Pygmy Chimpanzee Behavior and Ecology*, Stanford, CA: Stanford University Press.

Mealer, B. (2008), *All Things Must Fight to Live: Stories of War and Deliverance in Congo*, New York: Bloomsbury.

Messinger, D. (2006), *Grains of Golden Sand: Adventures in War-Torn Africa*, Fine Print Press.

Nest, M., Grignon, F., and Kisangani, E. F. (2006), *The Democratic Republic of Congo: Economic Dimensions of War and Peace*, London: Lynne Rienner Publishers.

Nzongola- Ntalaja, G. (2002), *The Congo: From Leopold to Kabila-A People's History*, New York: Zed Books.

Peterson, D., and Ammann, K. (2003), *Eating Apes*, Berkely, CA: University of California Press.

Prunier, G. (2009), *Africa's World War: Congo, the Rwandan Genocide, and the Making of a Continental Catastrophe*, New York: Oxford University Press.

Renton, D., Seddon, D., Zeilig, L. (2007), *The Congo: Plunder and Resistance*, New York: Zed Books.

Savage- Rumbaugh, S. (1994), *Kanzi: The Ape on the Brink of the Human Mind*, New York: John Wiley and Sons, Inc.

Tayler, J. (2000), *Facing the Congo: A Modern Day Journey into the Heart of Darkness*, New York: Three Rivers Press.

Turner, T. (2007), *The Congo Wars*, New York: Zed Books.

Wrangham, R., and Peterson, D. (1996), *Demonic Males: Apes and the Origins of Human Violence*, New York: Houghton Miffl in Company.

Wrong, M. (2000), *In the Footsteps of Mr. Kurtz: Living on the Brink of Disaster in Mobutu's Congo*, New York: Perennial.

Yerkes, R. M. (1925), *Almost Human*, New York: The Century Co.

학술지

André, C., et al. (2008), "The Conservation Value of Lola ya Bonobo Sanctuary", In *The Bonobos: Behavior, Ecology, and Conservation*, ed. T. Furuichi and J. Thompson. New York: Springer.

Autesserre, S. (2006), "Local Violence, National Peace? Postwar 'Settlement' in the Eastern D.R. Congo (2003~2006)", *African Studies Review* 49(3):1~29.

Boesch, C., Crockford, C., Herringer, I.,Wittig, R., Moerius,Y., and Normand, E. (2008), "Intergroup Conflicts Among Chimpanzees in Taï National Park: Lethaall VViioolleenncce and the Female Perspective", *American Journal of Primatology* 70:519~532.

Boesch, C., Head, J.,Tagg, N., Arandjelovic, M.,Vigiland, L., and Robbins, M. (2007), "Fatal Chimpanzee Attack in Loango National Park, Gabon", *International Journal of Primatology*, 28:1025~1034.

Chiwengo, N. (2008), "When Wounds and Corpses Fail to Speak: Narratives of Violence and Rape in Congo (DRC)", *Comparative Studies of South Asia, Africa, and the Middle East*, 28(1):78~92.

Clark, J. F. (1998), "The Nature and Evolution of the State in Zaire", *Studies in Comparative International Development* 32(4):3~21.

Clark, J. F. (2002), "The Neo-colonial Context of the Democratic Experiment of Congo-Brazzaville", *African Affairs* 101:171~192.

De Waal, F. B. M. (1988), "The Communicative Repertoire of Captive Bonobos (Pan Paniscus) Compared to That of Chimpanzees",

Behavior 106:183~251.

Draulans, D., and Van Krunkelsven, E. (2002), "The Impact of War on Forest Areas in the Democratic Republic of Congo", *Oryx* 36(1): 35~40.

Farmer, K. H. (2002), "Pan-African Sanctuary Alliance: Status and Range of Activities for Great Ape Conservation", *American Journal of Primatology* 58:117~132.

Fehr, E., and Fischbacher, U. (2003), "The Nature of Human Altruism", *Nature* 425:785~791.

Fehr, E., Fischbacher, U., and Gaechter, S. "Strong Reciprocity, Human Cooperation, and the Enforcement of Social Norms", *Human Nature* 13(1):1~25.

Fehr, E., and Gaechter, S. (2002), "Altruistic Punishment in Humans", *Nature* 415:137~140.

Fehr, E., and Rockenbach, B. (2003), "Detrimental Effects of Sanctions on Human Altruism", *Nature* 422:137~140.

Frushone, J. "New Congolese Refugees in Tanzania", United States Committee for Refugees (USCR), December 24, 2002.

Goossens, B., Setchell, J. M., Dilambaka, E.,Vidal, C., and Jamart, A. (2003), "Successful Reproduction in Wild-Released Orphan Chimpanzees (Pan trogglodytes troglodytes)", *Primates* 44: 67~69.

Goossens, B., Setchell, J. M.,Tchidongo, E., Dilambaka, E.,Vidal, C., Ancrenaz, M., and Jamart, A. (2005), "Survival, Interactions with Conspecifics and Reproduction in 37 Chimpanzees Released into the Wild", *Biological Conservation* 123:461~475.

Haney, C., Banks, C., and Zimbardo, P. (1973), "Interpersonal Dynamics in a Simulated Prison", *International Journal of Criminology and Penology* 1:69~97.

Hare, B., Melis, A., Woods, V., Hastings, S., and Wrangham, R. (2007), "Tolerance Allows Bonobos to Outperform Chimpanzees on a

Cooperative Task", *Current Biology* 17(7):619~623.

Kabemba, C. (2005), "Transitional Politics in the DRC: The Role of Key Stakeholders", *Journal of African Elections* 4(1):165~180.

Kassa, Michael, "Humanitarian Assistance in the DRC", In *Challenges of Peace Implementation: The UN Mission in the Democratic Republic of the Congo*, ed. Mark Malan and Joao Gomes Porto. Pretoria: Institute for Security Studies, 2004.

Knight, R. (2003), "Expanding Petroleum Production in Africa", *Reviews of African Political Economy* 30(96):335~339.

Langford, D. J. (2006), "Social Modulation of Pain as Evidence for Empathy in Mice", *Science* 312:1967~1970.

Laporte, N. T., Stabach, J. A., Grosch, R., Lin, T. S., Goetz, S. and J., "Expansion of Industrial Logging in Central Africa", *Science* 316:1451.

Marsh, N., et al (1997), "The Gaboon Viper, Bitis Gabonica: Hemorrhagic, Metabolic, Cardiovascular and Clinical Effects of the Venom", *Life Sciences* 6(8):763~769.

Medana, I. M., and Turner, G. H. (2007), "Plasmodium Falciparum and the Blood-Brain Barier-Contacts and Consequences", *Journal of Infectiouss Diseases* 195:921~923.

Melis, A., Hare, B., and Toomasello, M. (2006), "Chimpanzees Recruit the Best Collaborators", *Science* 311(5765):1297~1300.

Merckx, M., and Vander Weyden, P. (2007), "Parliamentary and Presidential Elections in the Democratic Republic of Congo, 2006", *Electoral Studies* 26:797~837.

Montague, D., "Stolen Goods: Coltan and Conflict in the Democratic Republic of Congo", *SAIS Review* 22(1):103~118.

Ngolet, F. (2000), "African and American Connivance in Congo-Zaire", *Africa Today* 47(1):65~85.

Nishida, T., and Kawanaka, K. (1985), "Within-Group Cannibalism by Adult Male Chimpanzees", *Primates* 26(3):274~284.

Olsson, O., and Congdon Fors, H. (2004), "Congo: The Prize of Predation", *Journal of Peace Research* 41(3):321~336.

Reyntjens, F. (2001), "Briefing: The Democratic Republic of Congo, From Kabila to Kabila", *African Affairs* 100:311~317.

Ron, J. (1994), "Primary Commodities and War: Congo-Brazzaville's Ambivalent Resource Curse", *Comparative Politics* 37(1):61~81.

Schatzberg, M. (1997), "Beyond Mobutu: Kabila and the Congo", *Journal of Democracy* 8(4):70~84.

Stanford, C. (1998), "The Social Behavior of Chimpanzees and Bonobos: Empirical Evidence and Shifting Assumptions", *Current Anthropology* 39(4):399~420.

Talley, L. Spiegel, P. B., and Girgis, M. (2001), "An Investigation of Increasing Mortality Among Congolese Refugees in Lugufu Camp,Tanzania, May-June 1999", *Jouurrnal of Refugee Studies* 14(4): 412~427.

Tratz, E. P., and Heck, H. (1954), "Der Afriikanische Anthropoide 'Bonobo', eine Neue Menshenaffengattung", *Saugetierkundliche Mitteilungen* 2:97~101.

Tutin, C. E., Ancrenaz, M., Paredes, J., Wacher-Vallas, M., Vidal, C., Goossens, B., Bruford, M. W., and Jamart, A. (2001), "Conservation Biology Framework for the Release of Wild Born Orphaned Chimpanzes into the Conkouati Reserve, Congo", *Conservation Biology* 15(5):1247~1257.

Uenzelmann-Neben, G. (1998), "Neogene Sedimentation History of the Coongo Fan", *Marine and Petroleum Geology* 15:635~650.

VandeBerg, J. L., and Zola, S. M. (2005), "A Unique Biomedical Resource at Risk", *Nature* 437:30~32.

Walton, G. E., and Bower, T. G. R. (1993), "Newborns Form 'Prototypes' in Less Than 1 Minute", *Psychological Science* 4(3):203~205.

Watts, D. (2004), "Intracommunity Coalitionary Killing of an Adult Male Chimpanzee at Ngogo, Kibale National Park, Uganda",

International Journal of Primatology 25(3):507~523.

Weiss, H. F. (2007), "Voting for Change in the DRC", *Journal of Democracy* 18(2):138~151.

White, B. (2005), "The Political Undead: Is It Possible to Mourn for Mobutu's Zaire?", *African Studies Review* 48(2):65~85.

Wilke, D. S., and Carpenter, J. F. (1999), "Bushmeat Huntingg in the Congo Basin: An Assessment of Impacts and Optionnss for Mitigation", *Biodiversity and Conservation* 8:927~955.

Wilson, M. L., Wallauer, W. R., and Pusey, A. E. (2003), "New Cases of Intergroup Violence Among Chimpanzees in Gombe National Park, Tanzania", *International Journal of Primatology* 25(3):523~549.

Wrangham, R., and Wilson, M. L.. (2003), "Intergroup Relations in Chimpanzees", *Annual Review of Anthropology* 32:363~392.

Wrangham, R., and Wilsonn,, M. L. (2004), "Collective Violence: Comparisons Between Youths and Chimpanzees", *Annals New York Academy of Sciences* 1036:233~256.

Wrangham, R.,,, Wilson, M. L., and Muller, M. N. (2006), "Comparative Ratteess of Violence in Chimpanzees and Humans", *Primates* 47:14~26.

논문

"Addendum to the Report of the Panel of Experts on the Illegal Exploitation of Natural Resources and Other Forms of Wealth of DR Congo", *UN Security Council*, November 10, 2001.

"Children at War: Creating Hope for Their Future", *Amnesty International*, October 2006.

"Chimpanzees in Research: Strategies for Their Ethical Care, Management, and Use", Committee on Long-Term Care of Chimpanzees, Institute for Laboratory Animal Research, Commission on Life Sciences, National Research Council, 1997.

"China's Commodity Hunger: Implications for Africa and Latin America", *Deutche Bank Research*, June 13, 2006.

"The Curse of Gold: Democratic Republic of Congo", *Human Rights Watch*, 2005.

"D. R. Congo: War Crimes in Bukavu", *Human Rights Watch Briefing Paper*, June 2004.

"Democratic Republic of Congo: Torture and Killings by State Security Agents Still Endemic", *Amnesty International*, 2007.

"First Assessment of the Armed Groups Operating in DR Congo", Letter dated April 1, 2002 from the Secretary-General addressed to the President of the Security Council.

"From Kabila to Kabila: Prospects for Peace in the Congo", International Crisis Group, Marrch 16, 2001.

"Interim Report of thhee Panel of Experts on the Illegal Exploitation of Natural Resources and Other Forms of Wealth of the Democratic Republlic of the Congo", *UN Security Council*, May 22, 2002.

"Mass Rape: Time for Remedies", *Amnesty International*, 2004.

"Mortality in the Democratic Republic of Congo: An Ongoing Crisis", *International Rescue Committee*, 2007.

"Seeking Justice: The Prosecution of Sexual Violence in the Congo War", *Human Rights Watch*, March 2005.

"Struggling to Survive: Children in Armed Conflict in the Democratic Republic of the Congo", *Watchlist on Children and Armed Conflict*, April 2006.

"Supporting the War Economy in the DRC: European Companies and the Coltan Trade", *International Peace Information Service*, January 2002.

Myers, K. "Petroleum, Poverty and Security", *Chatham House*, June 2005.

Pendergast, J., and Thomas-Jensen, C. "Averting the Nightmare Scenario in Eastern Congo", *Enough*, September 2007.

"Situation in the Central African Republic: In the Case of *The Prosecution v. Jean Pierre Bemba*", *International Criminal Court*, May 23, 2008.

Stenberg, A. "D R Congo: Presidential and Legislative Elections July – October 2006", *Norwegian Centre for Human Rights*, February 2007.

"The War Within the War: Sexual Violence Against Women and Girls in Eastern Congo", *Human Rights Wattcch*, June 2007.

"'We Will Crush You': The Restriction of Political Space in the Democratic Republic of Congo", *Human Rights Watch*, 2008.

기사 및 방송

"Africa's Unmended Heart", *The Economist*, June 11, 2009, 20~22.

Argetsinger, A., "The Animal Within", *The Washington Post*, May 24, 2005.

Blomfield, A., "I Played Piano for Congo Warlord Laurent Nkunda", Telegraph.co.uk, November 4, 2008.

Caarrroll, R., "US Chose to Ignore Rwandan Genocide", *The Guardian*, March 31, 2004.

"Deal with Rebel General", *Africa Research Bulletin*, July 1~31, 2007, 16936.

"DRC: Call for Investigation into Fire That Destroyed Presidential Candidate's TV and Radio Station", *International News Safety Institute*, September 20, 2006.

Elliott, F., and Elkins, R., "UN Shame over Sex Scandal", *The Independent*, January 7, 2007.

"Epidemic of Rape", *Africa Research Bulletin*, October 1~31, 2007.

Gettleman, J., "Mai Mai Fighters Third Piece in Congo's Violent Puzzle", *The New York Times*, November 21, 2008.

Hutcheon, S., "Out of Africa: The Blood Tantalum in Your Mobile Phone", *The Sydney Morning Herald*, May 8, 2009.

Hutchinson, E. O., "Clinton Kept Hotel Rwanda Open", Alternet.org, January 3, 2005.

Kron, J., "Kinshasa Walking a Tightrope to Rebuild Economy", *Daily Nation*, May 15, 2009.

Parker, I., "Swingers", *The New Yorker*, July 30, 2007.

Polgreen, L., "Congo's Riches, Looted by Renegade Troops", *The New York Times*, November 16, 2008.

Price, S., "Why Trouble Flared in Buukkaavu", *New African*, July 2004.

Repke, I., and Wensierski, P., "Lost Red Army Children Search for Fathers", *Spiegel Online*, August 16, 2007.

"Rogue General Wreakkss HHavoc: Laurent Nkunda Is Making Himself Master of the Kivu Region", *Africa Research Bulletin*, July 1~31, 2007.

Todd, B., "Congo, Coltan, Conflict", *Heinz College*, March 15, 2006.

"U.N. Saays Congo Rebels Carried Out Cannibalism and Rapes", *The New York Times*, January 16, 2003.

옮긴이 **김진원**

이화여자대학교에서 국어국문학을 공부했다. 사보 편집기자로 일했으며 환경 단체에서 텃밭 교사로 활동했다. 어린이 도서관 자원봉사 활동을 하면서 어린이와 청소년 책에 관심을 갖게 되어 현재 '어린이책 작가교실'에서 글공부를 하고 있다. '한겨레 어린이청소년책 번역가그룹'에서 활동했다. 《폴 크루그먼, 좀비와 싸우다》《부의 흑역사》《아이엠 C-3PO》《경제학의 모험》《노인을 위한 시장은 없다》《협상가를 위한 감정 수업》《예일은 여자가 필요해》《책을 읽을 때 우리가 보는 것들》《세상 모든 꿈을 꾸는 이들에게》《학교여, 춤추고 슬퍼하라》 등을 우리말로 옮겼다.

보노보 핸드셰이크

1판 1쇄 찍음 2022년 10월 21일
1판 1쇄 펴냄 2022년 11월 7일

지은이	버네사 우즈
옮긴이	김진원
펴낸이	김정호

펴낸곳	디플롯
출판등록	2021년 2월 19일(제2021-000020호)
주소	10881 경기도 파주시 회동길 445-3 2층
전화	031-955-9503(편집) · 031-955-9514(주문)
팩스	031-955-9519
이메일	dplot@acanet.co.kr
페이스북	https://www.facebook.com/dplotpress
인스타그램	https://www.instagram.com/dplotpress

책임편집	김진형
디자인	박연미, 이대웅

ISBN   979-11-979181-2-4 03400

디플롯은 아카넷의 교양 · 에세이 브랜드입니다.